工业和信息化
精品系列教材

OceanBase
分布式数据库技术与应用

杨传辉 许世杰 王新强／主编
杨志丰 纪兆华 周连兵／副主编

OceanBase Technology
and Application

人民邮电出版社
北京

图书在版编目（CIP）数据

OceanBase分布式数据库技术与应用 / 杨传辉，许世杰，王新强主编. -- 北京：人民邮电出版社，2024.8
工业和信息化精品系列教材
ISBN 978-7-115-64019-2

Ⅰ．①O… Ⅱ．①杨… ②许… ③王… Ⅲ．①分布式数据库－教材 Ⅳ．①TP311.133.1

中国国家版本馆CIP数据核字(2024)第061927号

内 容 提 要

本书较为全面地介绍OceanBase分布式数据库的环境部署、运维、性能优化和应用等方面的知识。全书共8个项目，包括认识分布式数据库、管理集群和租户、创建和管理数据库对象、管理数据与视图、管理分布式数据库、管理事务与分布式执行计划、认识存储架构和优化性能与运维管理，为读者提供全面的知识体系。本书设置任务实施，供读者对所学知识进行练习。

本书可以作为高校计算机相关专业课程的教材，也可以作为OceanBase认证的配套教材，还适合数据库维护人员、计算机软件开发的专业人员和广大计算机爱好者自学使用。

◆ 主　　编　杨传辉　许世杰　王新强
　　副 主 编　杨志丰　纪兆华　周连兵
　　责任编辑　王照玉
　　责任印制　王　郁　焦志炜
◆ 人民邮电出版社出版发行　　北京市丰台区成寿寺路11号
　　邮编　100164　电子邮件　315@ptpress.com.cn
　　网址　https://www.ptpress.com.cn
　　大厂回族自治县聚鑫印刷有限责任公司印刷
◆ 开本：787×1092　1/16
　　印张：13.75　　　　　　　　　2024年8月第1版
　　字数：376千字　　　　　　　　2024年8月河北第1次印刷

定价：59.80元

读者服务热线：(010)81055256　印装质量热线：(010)81055316
反盗版热线：(010)81055315
广告经营许可证：京东市监广登字 20170147 号

专家委员会名单

纪兆华　北京信息职业技术学院
李宏达　福建信息职业技术学院
周连兵　东营职业学院
王小宁　兰州职业技术学院
邓小飞　武汉职业技术学院
陈　静　山东劳动职业技术学院
徐希炜　潍坊职业学院
华　驰　江苏信息职业技术学院
王　斌　广东工贸职业技术学院
顾润龙　兰州资源环境职业技术大学
杨功元　新疆农业职业技术大学
易国键　重庆电子科技职业大学
温常青　江西环境工程职业学院
汪　应　重庆工程职业技术学院
杨　晶　包头职业技术学院
邱立国　湖南信息职业技术学院
孙文升　高校毕业生就业协会
崔　珂　北京奥星贝斯科技有限公司

前言

OceanBase分布式数据库已连续多年稳定支撑"双十一",采用"三地五中心"城市级容灾新标准,它在被誉为"数据库世界杯"的TPC-C和TPC-H测试上都刷新过世界纪录。OceanBase分布式数据库采用自研一体化架构,兼顾分布式架构的扩展性与集中式架构的性能优势,用一套引擎同时支持在线事务处理和在线分析处理的混合负载,具备数据强一致、高扩展、高可用、高性价比、高度兼容Oracle/MySQL、稳定可靠等特征,不断用技术降低用户使用数据库的门槛。它现已助力金融、政务、商贸、互联网等多个行业的用户实现关键业务系统升级。

本书全面贯彻落实党的二十大精神,以社会主义核心价值观为引领,加强基础研究、发扬斗争精神,为加快建设教育强国、科技强国、人才强国、添砖加瓦。本书采用"教、学、做一体化"的教学方法,为培养高端应用型人才提供合适的教学与训练内容。本书在讲解技术的过程中,注重对读者的自学指导,提供相应的学习资源,帮助读者更好地掌握相关知识和技能。

本书为OceanBase认证官方指定教材,主要特点如下。

(1)全面系统:本书以OceanBase认证内容为基础,涵盖OceanBase分布式数据库的核心知识,包括认识分布式数据库、管理集群和租户、创建和管理数据库对象、管理数据与视图等,为读者提供全面的知识体系。

(2)深入浅出:本书采用简洁明了的语言,使读者能够轻松理解分布式数据库的核心概念和技术,掌握实际应用中的操作技巧。

(3)实践性强:本书注重理论与实践的结合,提供丰富的案例和实践操作指导,帮助读者在实践中掌握分布式数据库的应用和管理技巧,提高解决实际问题的能力。

(4)突出亮点:本书强调OceanBase分布式数据库的独特性和优势,详细介绍其技术架构、特性和应用场景,使读者能够更好地了解和掌握分布式数据库领域的相关技术和发展趋势。

本书由北京奥星贝斯科技有限公司(OceanBase)组织编写,OceanBase CTO杨传辉、高校毕业生就业协会的许世杰和天津中德应用技术大学的王新强任主编,OceanBase首席架构师杨志丰、北京信息职业技术学院的纪兆华和东营职业学院的周连兵任副主编。

由于编者水平和经验有限,书中难免存在不足之处,恳请读者批评指正。读者可登录人邮教育社区(www.ryjiaoyu.com)下载本书相关资源。

编 者

2024年7月

目录

项目 1

认识分布式数据库 ··· 1

项目导言 ··· 1
学习目标 ··· 1
任务 1.1　认识数据库 ·· 1
　任务描述 ··· 1
　任务技能 ··· 2
　　技能点 1.1.1　了解数据库技术 ··· 2
　　技能点 1.1.2　了解数据库的应用 ·· 2
　　技能点 1.1.3　认识关系数据库 ··· 3
　　技能点 1.1.4　认识集中式数据库 ·· 4
　　技能点 1.1.5　认识分布式系统与分布式数据库 ···························· 4
任务 1.2　了解并部署 OceanBase 分布式数据库 ··································· 6
　任务描述 ··· 6
　任务技能 ··· 7
　　技能点 1.2.1　认识 OceanBase 分布式数据库 ······························· 7
　　技能点 1.2.2　了解 OceanBase 分布式数据库应用领域 ·················· 10
　　技能点 1.2.3　了解 OceanBase 分布式数据库系统架构 ·················· 12
　　技能点 1.2.4　认识 OceanBase 分布式数据库客户端工具 ··············· 13
　　技能点 1.2.5　了解 OceanBase 分布式数据库部署 ························ 14
　任务实施　部署 OceanBase 分布式数据库 ······································· 15
项目总结 ··· 27
课后习题 ··· 27

项目 2

管理集群和租户 ·· 28

项目导言 ··· 28
学习目标 ··· 28
任务 2.1　管理集群 ··· 28

任务描述 ··· 28
任务技能 ··· 29
 技能点 2.1.1 掌握集群基本操作 ·· 29
 技能点 2.1.2 连接 OceanBase 分布式数据库 ··· 30
 技能点 2.1.3 设置集群参数 ·· 32
 技能点 2.1.4 管理集群中的 Zone ··· 36
 技能点 2.1.5 添加 OBServer 节点 ·· 37
任务实施 管理 OceanBase 分布式数据库集群 ··· 38
任务 2.2 管理租户与用户 ·· 40
任务描述 ··· 40
任务技能 ··· 41
 技能点 2.2.1 管理资源 ··· 41
 技能点 2.2.2 管理资源池 ··· 43
 技能点 2.2.3 管理租户 ··· 45
 技能点 2.2.4 管理用户权限 ·· 48
任务实施 创建租户与用户 ··· 54
项目总结 ··· 58
课后习题 ··· 58

项目 3

创建和管理数据库对象 ·· 59

项目导言 ··· 59
学习目标 ··· 59
任务 3.1 创建数据库与数据表 ·· 59
任务描述 ··· 59
任务技能 ··· 60
 技能点 3.1.1 认识数据库对象 ··· 60
 技能点 3.1.2 创建与管理数据库 ··· 60
 技能点 3.1.3 创建与管理数据表 ··· 63
 技能点 3.1.4 创建与管理表组 ··· 73
任务实施 创建学生管理数据库 ·· 75
任务 3.2 创建和管理索引 ·· 78
任务描述 ··· 78
任务技能 ··· 78
 技能点 3.2.1 认识索引 ··· 78

技能点 3.2.2　创建与管理索引 ··· 78
任务实施　创建学生管理数据库索引 ··· 80
项目总结 ··· 82
课后习题 ··· 82

项目 4

管理数据与视图 ·· 83

项目导言 ··· 83
学习目标 ··· 83
任务 4.1　管理数据 ··· 83
 任务描述 ··· 83
 任务技能 ··· 84
  技能点 4.1.1　插入数据 ··· 84
  技能点 4.1.2　修改数据 ··· 85
  技能点 4.1.3　删除数据 ··· 85
 任务实施　向学生管理数据库中插入数据 ··· 86
任务 4.2　查询数据 ··· 91
 任务描述 ··· 91
 任务技能 ··· 91
  技能点 4.2.1　了解 SELECT 语句的语法结构 ··· 91
  技能点 4.2.2　认识基本子句 ··· 91
  技能点 4.2.3　认识运算符 ··· 93
  技能点 4.2.4　认识函数 ··· 94
  技能点 4.2.5　连接查询 ··· 95
 任务实施　查询学生管理数据库中的数据 ··· 97
任务 4.3　认识与管理视图 ··· 99
 任务描述 ··· 99
 任务技能 ··· 99
  技能点 4.3.1　认识视图 ··· 99
  技能点 4.3.2　了解视图的优势与特点 ··· 99
  技能点 4.3.3　创建和管理视图 ··· 100
 任务实施　创建视图 ··· 101
项目总结 ··· 103
课后习题 ··· 103

项目 5

管理分布式数据库 ……………………………………………………………… 104

- 项目导言 …………………………………………………………………………… 104
- 学习目标 …………………………………………………………………………… 104
- 任务 5.1 认识分布式数据库操作 …………………………………………………… 104
  - 任务描述 ……………………………………………………………………… 104
  - 任务技能 ……………………………………………………………………… 105
    - 技能点 5.1.1 认识分区副本类型 ……………………………………… 105
    - 技能点 5.1.2 配置数据均衡 …………………………………………… 108
    - 技能点 5.1.3 动态扩容和缩容 ………………………………………… 110
  - 任务实施 动态扩容 OceanBase 分布式数据库 ……………………………… 112
- 任务 5.2 管理分布式数据库对象 …………………………………………………… 115
  - 任务描述 ……………………………………………………………………… 115
  - 任务技能 ……………………………………………………………………… 115
    - 技能点 5.2.1 管理分区 ………………………………………………… 115
    - 技能点 5.2.2 管理副本 ………………………………………………… 127
    - 技能点 5.2.3 管理 LOCALITY ………………………………………… 127
  - 任务实施 创建分区实现数据存储与查询 …………………………………… 129
- 项目总结 …………………………………………………………………………… 134
- 课后习题 …………………………………………………………………………… 134

项目 6

管理事务与分布式执行计划 …………………………………………………… 136

- 项目导言 …………………………………………………………………………… 136
- 学习目标 …………………………………………………………………………… 136
- 任务 6.1 管理事务 ………………………………………………………………… 136
  - 任务描述 ……………………………………………………………………… 136
  - 任务技能 ……………………………………………………………………… 137
    - 技能点 6.1.1 认识事务 ………………………………………………… 137
    - 技能点 6.1.2 事务控制 ………………………………………………… 138
    - 技能点 6.1.3 控制数据并发 …………………………………………… 139
    - 技能点 6.1.4 设置事务隔离级别 ……………………………………… 141
    - 技能点 6.1.5 读数据的弱一致性 ……………………………………… 141
  - 任务实施 基于 student 表进行事务操作 …………………………………… 143

任务 6.2　管理分布式执行计划 147
　任务描述 147
　任务技能 147
　　技能点 6.2.1　认识 SQL 执行计划 147
　　技能点 6.2.2　认识分布式执行计划和并行查询 148
　　技能点 6.2.3　生成分布式执行计划 153
　　技能点 6.2.4　启用并行查询 154
　　技能点 6.2.5　控制分布式执行计划 155
　　技能点 6.2.6　优化并行查询 157
　任务实施　使用分布式执行计划查询数据 158
项目总结 160
课后习题 160

项目 7

认识存储架构 162

项目导言 162
学习目标 162
任务 7.1　存储数据 162
　任务描述 162
　任务技能 163
　　技能点 7.1.1　认识存储架构 163
　　技能点 7.1.2　认识数据存储 164
　　技能点 7.1.3　认识 MemTable 165
　　技能点 7.1.4　认识 SSTable 165
　　技能点 7.1.5　认识压缩与编码 166
　任务实施　设置学生管理数据库中表压缩方式与数据编码格式 168
任务 7.2　转储与合并 170
　任务描述 170
　任务技能 170
　　技能点 7.2.1　转储 170
　　技能点 7.2.2　合并 172
　任务实施　转储所有租户数据并合并 175
项目总结 178
课后习题 178

项目 8

优化性能与运维管理 179

- 项目导言 179
- 学习目标 179
- 任务 8.1 优化性能 179
  - 任务描述 179
  - 任务技能 180
    - 技能点 8.1.1 认识性能调优 180
    - 技能点 8.1.2 优化系统性能 180
    - 技能点 8.1.3 优化业务模型 186
    - 技能点 8.1.4 性能测试 192
  - 任务实施 OceanBase 分布式数据库性能调优 193
- 任务 8.2 运维管理与未来发展 196
  - 任务描述 196
  - 任务技能 196
    - 技能点 8.2.1 监控与告警 196
    - 技能点 8.2.2 巡检与问题排查 199
    - 技能点 8.2.3 应急处理 202
    - 技能点 8.2.4 分布式数据库未来发展 204
  - 任务实施 检查 OceanBase 分布式数据库集群运行状态 205
- 项目总结 207
- 课后习题 207

项目 1
认识分布式数据库

01

项目导言

随着人工智能、物联网、5G技术快速革新发展，在海量数据和互联网级负载的双重压力下，集中式数据库面临诸多挑战。2010年，OceanBase分布式数据库坚信分布式数据库代表未来，作为原生分布式数据库的实践者、信仰者，历经多年的艰难探索，已成长为全球原生分布式数据库的技术引领者。本项目通过认识数据库和了解并部署OceanBase分布式数据库两个任务，任务1.1对传统数据库和分布式数据库进行了对比，介绍了分布式数据库的特点及传统数据库和分布式数据库的区别，任务1.2介绍了OceanBase分布式数据库及其应用领域、系统架构、客户端工具。

学习目标

知识目标
- 了解数据库的应用；
- 熟悉数据库技术；
- 熟悉数据库类别；
- 熟悉分布式数据库。

技能目标
- 具备熟悉OceanBase分布式数据库架构组成的能力；
- 具备部署OceanBase分布式数据库的能力。

素养目标
- 具有较强的实践能力和组织能力；
- 具有团结协作、乐于助人的精神；
- 具有勤奋刻苦、自强进取、努力学习的精神。

任务 1.1 认识数据库

任务描述

数据库是按照数据结构来组织、存储和管理数据的仓库，是一个长期存储在计算机内的、有组织的、可共享的、统一管理的、大量数据的集合。层次数据库、网状数据库和关系数据库先后出现，并且随着云计算的发展和大数据时代的到来，分布式数据库也应运而生。分布式数据库是一种结合数据库技术与分布式技术的数据库，主要用于海量数据的存储。本任务主要包含了解数据库技术、了解数据库的应用、认识关系数据库、认识集中式数据库和认识分布式系统与分布式数据库 5 个技能点，通过对这 5 个技能点的学习，可对数据库的几种类型有所了解。

任务技能

技能点 1.1.1　了解数据库技术

在日常生活中对物品进行整理，将其分门别类地存放到指定的容器（衣柜、收纳箱、抽屉等）中，这个过程就类似数据存储。数据库（Database，DB）就是一个能够存储大量数据的容器，数据库能够将数据长期地、有组织地、可共享地存储在计算机系统中。

1. 数据库技术

数据库技术是研究、管理和应用数据库的一门软件科学，也是信息系统的核心技术。其主要研究的是数据库的结构、存储、设计、管理和应用的理论以及实现方法，最后通过理论研究的成果实现对数据库中数据的处理。

数据库技术经历了多年的发展，已经在理论研究和系统开发上取得了辉煌的成就，成为现代计算机技术的重要组成部分。

2. 数据库

数据库是一种用于存储和管理数据的系统。它可以被视为一个电子化的文件柜，用于组织和存储大量结构化或半结构化数据。数据库可以存储各种类型的数据，例如文本、数字、图像、音频和视频等。

数据库的主要优势包括数据的持久化存储、数据的结构化和组织、数据的高效检索和查询、数据的安全性和并发控制等。

技能点 1.1.2　了解数据库的应用

目前数据库几乎已经应用到了各个领域，并在不同应用领域中衍生出不同的数据库，比较有代表性的包括多媒体数据库、移动数据库、空间数据库、信息查询系统等。

1. 多媒体数据库

多媒体数据库（Multimedia Database）是数据库技术与多媒体技术结合的产物，主要存储如声音、图像和视频等与多媒体相关的数据。多媒体数据库能够采用计算机多媒体技术、网络技术和传统数据库技术，按照一定的格式共享数据。多媒体数据库会将多媒体数据转换为二进制形式存储，但数据量比较大，需要的存储空间较大。

2. 移动数据库

移动数据库（Mobile Database）是基于可移动设备发展起来的，其特点是可以随时随地获取和访问数据，为一些商务应用和紧急情况的处理带来了很大的便利。移动数据库主要应用于邮件收发、行政审批、即时通信等场景，这些应用都具有重要的意义和巨大的实用价值。

3. 空间数据库

空间数据库（Spatial Database）主要应用于地理信息系统和计算机辅助设计（Computer-Aided Design，CAD）系统，是发展迅速的数据库类型之一。该类数据库能够使用特定的文件形式和组织结构将空间数据存储到存储介质中，空间数据库弥补了传统数据库在空间的表示、存储、查询和管理上的不足，具备存储数据量庞大、高可访问性、空间数据模型复杂等特点。

4. 信息查询系统

用户使用信息查询系统查询需要的数据的过程是：用户输入查询条件，信息查询系统根据查询条件在数据库中查找对应信息并返回，数据库在信息查询系统中的作用就是进行数据的存储和查询，数据库是信息查询系统的重要组成部分。在众多信息查询系统中，百度信息查询系统是较为常用的，如图 1-1 所示。

图 1-1　百度信息查询系统

技能点 1.1.3　认识关系数据库

关系数据库建立在关系数据模型的基础上，是借助集合、代数等数学概念及方法来处理数据的数据库。在该类数据库中，数据以行和列的形式进行存储，行和列可组成表（其结构类似于 Excel 表格），一组数据表可组成数据库，用户可通过结构化查询语言（Structured Query Language，SQL）对数据库中的数据进行查询，关系数据库中的数据表结构如图 1-2 所示。

EngagementID	EntertainerID	CustomerID	StartDate	EndDate	<< 其他列 >>
5	1003	10006	2007-09-11	2007-09-14	…
7	1002	10004	2007-09-11	2007-09-18	…
10	1003	10005	2007-09-17	2007-09-26	…
12	1001	10014	2007-09-18	2007-09-26	…

图 1-2　关系数据库中的数据表结构

1. 关系数据库的特点

关系数据库是主流的数据库，许多数据库管理系统的数据模型都是基于关系数据模型开发的。关系数据库作为目前使用率最高的数据库类型之一，其主要特点如下所示。

（1）存储方式：使用表格形式存储数据，数据以行和列的方式进行存储，查询方便。

（2）存储结构：按照结构化的方法存储数据，每个数据表都在存储数据前定义结构，可以提高数据表的稳定性和可靠性，但在数据存入后修改数据表的结构就会十分困难。

（3）存储规范：关系数据库中的数据表具有特定的结构，能够满足数据的组织和查询需求，避免了数据重复，可以规范数据并充分利用存储空间。

（4）扩展方式：关系数据库的瓶颈体现在对多个数据表的操作过程中，由于关系数据库将数据存储在数据表中，当数据表越来越多时，表与表之间会存在复杂的关系，这提高了对计算机处理能力的要求。

（5）查询方式：关系数据库使用结构化查询语言对数据库中的数据进行查询操作。

（6）读写性能：关系数据库以降低读写性能为代价提高了数据存储的可靠性，导致处理海量数据时效率会明显下降。

2. 常用的关系数据库管理系统

数据库管理系统（Database Management System，DBMS）是一种用于建立、使用和维护数据库的软件系统，能够对数据库进行统一的管理和控制，以保证数据库的安全性和完整性。用户可以通过数据库管理系统访问数据库中的数据。数据库管理系统是开发和测试人员应掌握的软件，目前商品化的数据库管理系统以关系数据库为主导，常用的关系数据库管理系统包括 MySQL、SQL Server、Oracle 等。

技能点 1.1.4　认识集中式数据库

集中式数据库是一种经典、传统的数据库。集中式数据库由一台处理设备和相关存储设备组成，仅在同一位置进行数据的存储，多个用户可同时访问数据库读取或修改数据。由于只有一个数据库文件，所以用户可以更容易地获得完整的数据视图以及进行数据的定位和维护。集中式数据库如图 1-3 所示。

图 1-3　集中式数据库

集中式数据库分类如下。

（1）一主多备集中式数据库：由一台主机和多台数据备份机组成，并且备份机可在主机宕机的情况下代替主机提供服务，备份节点以同步方式接收主机日志。除一主多备外，集中式数据库还可部署为一主多从，从节点以异步的方式接收主机日志。

（2）一写多读集中式数据库：此类集中式数据库通常用于写少读多的场景。此类集中式数据库由多个计算节点组成，其中一个节点提供写服务，其余节点提供读服务，当提供写服务的节点宕机时，其余节点仍能够正常提供读服务。

（3）多写多读集中式数据库：多个计算节点共享数据存储，每个节点都能够提供读写服务，采用分布式锁或集中式锁的方式解决写冲突。

技能点 1.1.5　认识分布式系统与分布式数据库

分布式系统由一组相互独立的计算机组成，从用户使用角度来看它是一个整体。分布式系统能够有效地解决单台计算机无法满足大量数据存储需求的问题，使用分布式系统的数据库就是分布式数据库。分布式系统与分布式数据库的介绍如下。

1. 分布式系统

随着信息技术的发展，业务量和数据量越来越大，一台计算机的性能已经无法满足存储需求，只有采用多台计算机才能适应大规模的应用场景。将一个复杂的问题拆分为多个小问题并逐一解决，多台用于解决小问题的计算机一起组成了分布式系统。分布式系统主要应用于以下两个场景。

（1）分布式计算

分布式计算是指将一个计算量巨大的任务拆分为多个子任务，并将子任务分配给多台计算机同时进行处理，最后将多个计算结果汇总形成最终结果。目前分布式计算已经成为计算机科学领域的一个研究方向，分布式计算如图 1-4 所示。

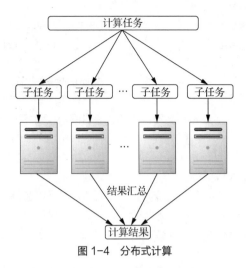

图 1-4 分布式计算

（2）分布式存储

分布式存储是指对数据进行分片，将数据均匀地分布到多台独立的存储设备中。分布式存储系统采用可扩展的系统结构，利用位置服务器定位存储信息，不但解决了传统集中式数据库中单存储服务器的瓶颈问题，而且提高了系统的可靠性、可用性和扩展性，分布式存储如图 1-5 所示。

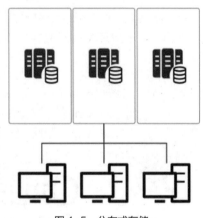

图 1-5 分布式存储

2. 分布式数据库

在云计算和大数据时代，数据量越来越大，传统的关系数据库的查询速度和数据存储量已经无法满足需求，分布式数据库的出现就很好地解决了这一问题。分布式数据库由小型计算机系统构成，每个计算机系统都能够单独放在任意位置，处于不同位置的计算机通过网络连接，共同组成一个完整的、全局的，逻辑上集中、物理上分散的大型数据库。与集中式数据库相比，分布式数据库能够将数据保存到不同地区、不同集群中，能够有效保证数据的安全性和可用性，能够存储更多的数据。虽然分布式数据库是在集中式数据库的基础上发展而来的，但并不是简单地将集中式数据库分散就能实现分布式数据库。分布式数据库的特点如下。

（1）数据独立：分布式数据库具有数据的逻辑独立性、物理独立性以及分布独立性（分布透明性）。分布独立性使得用户无须关心数据的逻辑分片、数据物理存储位置的分布明细、冗余数据一致性等。

（2）集中与自治的数据共享控制机构：分布式数据库具有两层数据共享控制机构，分别为集中和自治,通常情况下采用集中和自治相结合的控制机构。各部分数据库管理系统单独管理局部数据,具有自治功能,同时系统设有集中控制机构,负责协调各部分数据库管理系统的工作,执行全局应用。

(3)自动复制透明性:用户不用关心数据库各个节点的复制情况,被复制的数据的更新都由系统自动完成。

(4)易于扩展:分布式数据库的服务器软件支持透明的水平扩展,可以增加多台计算机以进一步分布数据和分担处理任务。

常用的分布式数据库如下。

(1) OceanBase 分布式数据库

OceanBase 分布式数据库区别于开源数据库的再发行产品,它基于分布式架构和通用服务器,实现了金融级可靠性及数据一致性,不依赖特定硬件架构,具备高可用、高可扩展、低成本、高性能等核心技术优势。OceanBase 分布式数据库图标如图 1-6 所示。

图 1-6　OceanBase 分布式数据库图标

(2) TiDB

TiDB 是一款由 PingCAP 公司研发设计的开源分布式数据库,该数据库结合了传统的关系和非关系数据库的特性。TiDB 兼容 MySQL,支持无限的水平扩展,具备强一致性和高可用性等特性。TiDB 数据库图标如图 1-7 所示。

(3) GaussDB

GaussDB 是华为自主研发的,融合了华为在数据库领域多年的经验并结合企业级场景需求的分布式数据库,其定位为企业级云分布式数据库。GaussDB 侧重构筑传统数据库的企业级能力和互联网分布式数据库的高扩展和高可用能力。GaussDB 数据库图标如图 1-8 所示。

图 1-7　TiDB 数据库图标

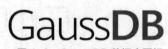
图 1-8　GaussDB 数据库图标

任务 1.2　了解并部署 OceanBase 分布式数据库

任务描述

OceanBase 分布式数据库首创"三地五中心"城市级故障自动无损容灾新标准,具备卓越的水平扩展能力,是全球首家通过 TPC-C 标准测试的分布式数据库,单集群规模超过 1500 节点。本任务涉及认识 OceanBase 分布式数据库、了解 OceanBase 分布式数据库应用领域、了解 OceanBase 分布式数据库系统架构、认识 OceanBase 分布式数据库客户端工具和了解 OceanBase 分布式数据库部署 5 个技能点,通过对这 5 个技能点的学习,可以完成在 Linux 操作系统中对 OceanBase 分布式数据库的部署。

任务技能

技能点 1.2.1　认识 OceanBase 分布式数据库

OceanBase 分布式数据库旨在提供高性能、高可用性和可扩展性的数据存储和处理能力，广泛应用于电商交易、支付结算、物流管理和大数据分析等场景。

1. OceanBase 分布式数据库特点

OceanBase 分布式数据库基于分布式架构和通用服务器实现了金融级可靠性及数据一致性，拥有 100%知识产权，具有极致高可用、透明可扩展、分布式、多租户、低成本等特点，具体如下。

（1）极致高可用

OceanBase 分布式数据库采用无共享（Shared-Nothing）的多副本架构，让整个系统没有任何单点故障，确保系统持续可用。OceanBase 分布式数据库不仅独创"三地五中心"容灾架构方案，建立金融行业无损容灾新标准，做到城市级故障 RPO（恢复点目标）=0、RTO（恢复时间目标）<30 秒，还支持同城/异地容灾，可实现多地多活，满足金融行业最高级别的 6 级国际标准灾难恢复能力，保障数据零丢失。"三地五中心"容灾架构如图 1-9 所示。

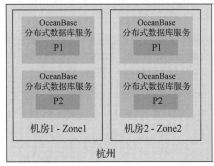
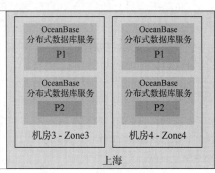

图 1-9　"三地五中心"容灾架构

（2）透明可扩展

OceanBase 分布式数据库的总控服务和分区级负载均衡能力使系统具有极强的可扩展性，不仅可以在线进行平滑扩容，在扩容后可自动实现系统负载均衡，还可以通过准内存处理架构实现高性能数据服务。另外，OceanBase 分布式数据库支持超大规模集群动态扩展。

（3）分布式

OceanBase 分布式数据库的分布式计算引擎基于"同一份数据，同一个引擎"原则，能够让系统中多个计算节点同时支持在线实时交易及实时分析两种场景，"一份数据"的多个副本可以存储成多种形态，用于不同工作的混合负载，从根本上保证数据一致性。

（4）多租户

OceanBase 分布式数据库采用了单集群多租户设计方式，一个集群内可以包含多个相互独立的租户。在 OceanBase 分布式数据库中，租户是资源分配的单位，是数据库对象管理和资源管理的基础。OceanBase 分布式数据库通过租户实现资源隔离，让每个数据库服务的实例感知不到其他实例的存在，并通过权限控制确保不同租户数据的安全性。多租户架构如图 1-10 所示。

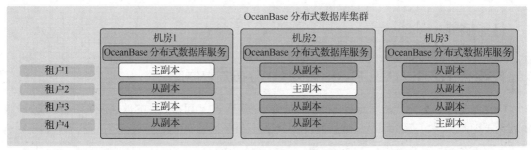

图 1-10 多租户架构

（5）低成本

OceanBase 分布式数据库的存储引擎基于分层、有序、面向磁盘的数据结构 LSM-Tree（Log Structured Merge Tree），存储成本降低 70%～90%。OceanBase 分布式数据库原生支持多租户架构，同集群可为多个独立业务提供服务，并对租户间的数据进行隔离，无须为不同的服务部署单独的服务器，降低部署和运维成本。

（6）高兼容性

OceanBase 分布式数据库针对 Oracle、MySQL 这两种应用较广泛的数据库生态都给予了很好的支持，并且支持过程语言、触发器等高级特性，提供自动迁移工具，支持迁移评估和反向同步以保障数据迁移安全，可应用于金融、政府、运营商等关键行业核心场景。

（7）安全可靠

OceanBase 分布式数据库实现了代码级可控，是单机分布式一体化架构，得到了大规模金融核心场景 9 年可靠性验证。OceanBase 分布式数据库支持完备的角色权限管理体系，数据存储和通信全链路透明加密。

（8）自主知识产权

OceanBase 分布式数据库由蚂蚁集团自主研发，不基于 MySQL 或者 PostgreSQL 等开源数据库，不会存在基于开源数据库产品的技术限制问题。

（9）国产化适配

OceanBase 分布式数据库支持全栈国产化解决方案，迄今已支持中科可控 H620 系列、华为 TaiShan 200 系列、长城擎天 DF720 等整机，完成与海光 C86 7185/7280、鲲鹏 920、飞腾 FT-2000+等 CPU 的适配互认工作。同时，OceanBase 分布式数据库还支持银河麒麟 V4、V10 和 UOS V20 等国产操作系统，并与上层中间件东方通 TongWeb V7.0、金蝶 Apusic 应用服务器软件 V9.0 等完成适配互认工作。

2. OceanBase 分布式数据库与传统数据库对比

传统数据库经过多年的发展，已经非常成熟。但在当前的大数据时代，传统数据库在产品架构、数据可靠性和服务高可用性、扩展性、应用场景、使用成本等多方面依然面临较多挑战，分布式数据库可以有效解决这些问题，是未来数据库发展的重点方向。OceanBase 分布式数据库与传统数据库对比如表 1-1 所示。

表 1-1 OceanBase 分布式数据库与传统数据库对比

	传统数据库	OceanBase 分布式数据库
产品架构	经典的"单点集中式"架构，采用"全共享"（Shared-Everything）架构； 基于高端硬件（比如 IBM 高端服务器和 EMC 高端存储设备等）设计	原生的分布式数据库，采用业界最严格的基于消息传递且具有高度容错特性的分布式一致性算法（Paxos）； 基于普通计算机硬件设计，不需要高端硬件

续表

	传统数据库	OceanBase 分布式数据库
数据可靠性和服务高可用性	利用高端硬件保证数据可靠性；采用"主从复制"方式，在主节点故障的情况下，会有数据损失，并且不能自动恢复服务，恢复服务时间通常以小时为单位计算	以普通计算机硬件为基础，利用 Paxos 保证数据可靠性；在主节点故障的情况下，Paxos 可以保证数据无损，并且自动选举并恢复服务，恢复服务时间在 30s 以内
扩展性	数据存储只能在单点内实现纵向扩展，最终必然触及单点架构下的容量上限；计算节点通常无法扩展，少数模式下可做计算节点扩展，但多个计算节点之间仍需访问单点共享存储，并且可扩展的计算节点数量有限	数据节点和计算节点均可以在传统数据库中常见的技术架构下实现水平扩展；数据节点和计算节点均没有数量限制，在网络带宽足够的前提下，可以扩充至任意数目
应用场景	集中在企业客户（金融企业、电信企业、政企等）的核心系统；无法应对互联网业务场景，应用案例很少	支付宝、网商银行、阿里巴巴的众多业务，以及多家外部商业银行；逐渐迈向传统业务
使用成本	比较昂贵；需要支付高端硬件的费用、高昂的软件授权费用以及产品服务费用	较低；基于普通计算机硬件的设计降低了硬件费用，对软件授权费用和产品服务费用也有影响

3. OceanBase 分布式数据库发展历程

OceanBase 分布式数据库在阿里巴巴内部经过了约 10 年的孕育和发展后才逐步推广到外部市场。OceanBase 分布式数据库发展历程详细说明如表 1-2 所示。

表 1-2　OceanBase 分布式数据库发展历程详细说明

时间	描述
2010 年	OceanBase 分布式数据库项目启动。最初它只是一个分布式存储的项目，通过应用程序编程接口（Application Programming Interface，API）形式供应用访问，项目负责人为阳振坤（曾在北京大学、微软等工作，一直从事分布式系统相关研究工作）。淘宝的收藏夹是 OceanBase 分布式数据库的第一个业务，这个业务是单表非常大的业务，淘宝现在也依然是 OceanBase 分布式数据库的用户
2013 年	该阶段的第一个用户是阿里妈妈，OceanBase 分布式数据库完成了一个报表和批处理的业务，该业务目前也依然运行在 OceanBase 分布式数据库上面
2014 年	OceanBase 分布式数据库应用于蚂蚁金服，开始应用于金融级的场景，该阶段的第一个用户是网商银行，网商银行是纯电子化的银行，所有核心交易都运行在 OceanBase 分布式数据库上。并且，在这一年的"双十一"活动中，OceanBase 分布式数据库正式接入支付宝的部分流量
2016 年	OceanBase 分布式数据库正式发布 1.0 版本，增强了分布式事务等能力，支付宝交易、支付、会员、积分等核心链路也都运行在 OceanBase 分布式数据库上，并经历了多次"双十一"峰值流量的考验
2017 年	OceanBase 分布式数据库开始应用到多家金融用户，如南京银行
2019 年	OceanBase 分布式数据库正式发布 2.0 版本，相比于 1.0 版本有很多改进，不仅增加了对 Oracle 的兼容，还实现了在一个集群内同时运行两种模式。另外，OceanBase 分布式数据库提升了混合事务/分析处理（Hybrid Transactional/Analytical Processing，HTAP）能力，一套数据库同时支持联机事务处理（Online Transaction Processing，OLTP）和联机分析处理（Online Analytical Processing，OLAP）的业务
2020 年	OceanBase 分布式数据库成立独立公司，开展独立的商业化运营
2021 年	OceanBase 分布式数据库成功入选 Forrester 首份分布式数据库报告

续表

时间	描述
2020 年	OceanBase 分布式数据库成立独立公司,开展独立的商业化运营,OceanBase 分布式数据库进入 3.0 时代
2021 年	OceanBase 分布式数据库成功入选 Forrester 首份分布式数据库报告
2022 年	OceanBase 分布式数据库采用全新的单机分布式一体化架构,OceanBase 分布式数据库正式发布 4.0 版本
2023 年	OceanBase 分布式数据库推出单机分布式一体化产品
现今	OceanBase 分布式数据库经过充分验证、多年打磨、厚积薄发,现已成长为全球原生分布式数据库的技术引领者

技能点 1.2.2　了解 OceanBase 分布式数据库应用领域

OceanBase 分布式数据库是一个通用的关系数据库,可以应用到银行、保险证券、互联网等领域,满足多个行业的需求。

1. 银行

在银行领域,OceanBase 分布式数据库为中国工商银行、网商银行、西安银行、南京银行等多家银行提供服务,能够轻松实现多库多活,满足交易系统的高并发、低时延的要求。目前,中国工商银行基于 OceanBase 分布式数据库数据多副本、高可用和多地灾备的能力,结合不同的副本字段实现了"数据库同城双活、异地 RPO=0 的两地三中心方案"的容灾部署。在 OceanBase 分布式数据库的"两地三中心"的城市级容灾架构中,OceanBase 分布式数据库集群被分别部署到了主城市和备城市从而形成两地部署,在主城市中建立了两个数据中心(Internet Data Center,IDC)分别为"IDC-1"和"IDC-2",在备城市中建立了"IDC-3",最终形成了"两地三中心"的容灾架构。此架构的优点在于当主城市发生断电等问题导致 IDC 无法正常提供服务时,备城市的 IDC 仍能够提供数据存取服务。"两地三中心"的城市级容灾架构如图 1-11 所示。

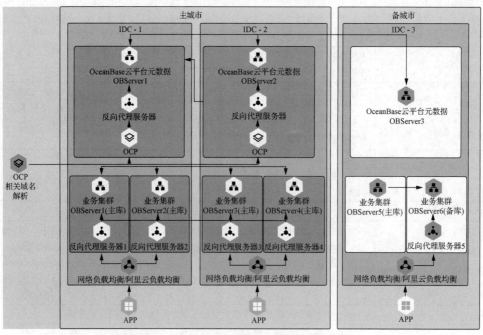

图 1-11　"两地三中心"的城市级容灾架构

2. 保险证券

在保险证券领域，OceanBase 分布式数据库基于通用硬件和本地存储，以及良好的扩展能力，在业务不中断的前提下，为中国人民保险、中华保险、招商证券等多家企业提供扩容和缩容的服务。其中，中国人民保险使用的副本分别部署在主备两个机房，主机房部署 3 个副本，备机房部署 2 个副本，并且备机房还部署一个单副本的 OceanBase 分布式数据库备集群。此架构简称"5+1"集群部署架构，具备双机房双活和容灾能力，解决了高并发保单处理速度慢的问题。中国人民保险 OceanBase 分布式数据库架构如图 1-12 所示。

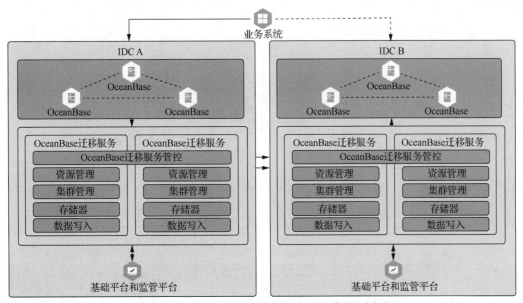

图 1-12 中国人民保险 OceanBase 分布式数据库架构

3. 互联网

在互联网领域，OceanBase 分布式数据库在建立之初就采用了基于云数据库架构的多租户模式，租户之间的资源彼此隔离，为支付宝、淘宝等多家企业提供数据库服务。其中，支付宝中交易、积分等业务的核心链路都运行在 OceanBase 分布式数据库上，日常每秒会进行上万笔交易，"双十一"期间，每秒可以进行几十万笔交易。并且，支付宝是典型的 OLTP 数据库场景，其对 OceanBase 分布式数据库的所有核心特性进行了验证，包括响应时间、处理速度、事务的完整性、并发量等，将 OceanBase 分布式数据库真正打磨成了金融级数据库。目前，OceanBase 分布式数据库已经覆盖支付宝 100%核心链路，支撑全部五大业务板块。图 1-13 所示为 2021 年 OceanBase 分布式数据库支持支付宝"绿色减排"的情况。

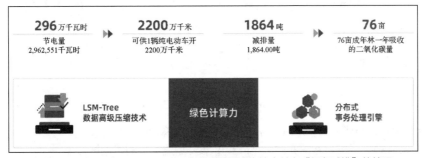

图 1-13 2021 年 OceanBase 分布式数据库支持支付宝"绿色减排"的情况

技能点 1.2.3　了解 OceanBase 分布式数据库系统架构

OceanBase 分布式数据库采用分布式计算架构，各个节点之间完全对等，每个节点都有自己的 SQL 引擎、存储引擎、事务引擎。OceanBase 分布式数据库运行在由普通服务器组成的集群之上，具备高可扩展性、高可用性、低成本、与主流数据库高度兼容等特性，由 Zone、Server、Tenant、Unit、Log Stream、Leader、Follower、P 等部分组成，OceanBase 分布式数据库系统架构如图 1-14 所示。

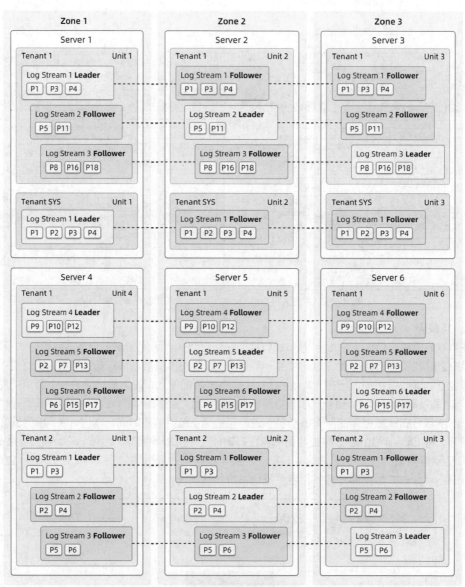

图 1-14　OceanBase 分布式数据库系统架构

OceanBase 分布式数据库系统架构中各部分的介绍如下。

（1）Zone：OceanBase 分布式数据库集群部署需要配置的可用区。

（2）Server：服务器，是可用区的组成部分。

（3）Tenant：租户，是资源分配的单位，是数据库对象管理和资源管理的基础。Tenant SYS 为系统租户。

（4）Unit：资源单元，是一个租户使用 CPU 内存的最小逻辑单元，也是集群扩展和负载均衡的基本单位。在集群节点上下线扩容、缩容时会动态调整资源单元在节点上的分布，进而实现资源的均衡使用。

（5）Log Stream：系统日志流，用于在多个副本之间同步状态。

（6）Leader：在一个可用区内部的数据只有一个副本，用户存储的数据在分布式集群内部可以存储多个副本，用于故障容灾或分散读取压力，不同的可用区可以存储同一个数据的多个副本，多个副本中有且只有一个副本可进行修改操作，叫作主副本（Leader）。当主副本所在节点发生故障的时候，一个从副本会被选举为新的主副本并继续提供服务。

（7）Follower：从副本，主副本外的其他副本，并且副本之间由共识协议保证数据的一致性。

（8）P1~P*n*：分区，OceanBase 分布式数据库中的分区。

技能点1.2.4　认识OceanBase 分布式数据库客户端工具

目前，OceanBase 分布式数据库提供了两种类型的客户端工具，分别是黑屏客户端工具和白屏客户端工具，它们能够连接 OceanBase 分布式数据库，并对 OceanBase 分布式数据库进行日常的管理操作。其中，黑屏客户端工具即命令窗口工具，包括 OceanBase 分布式数据库客户端和 MySQL 客户端；白屏客户端工具即平台工具，包括 OceanBase 分布式数据库云平台（OceanBase Cloud Platform，OCP）、OceanBase 分布式数据库开发者中心（Oceanbase Developer Center，ODC）。通过这些工具，数据库管理员（Database Administrator，DBA）和开发者可以更好地访问、使用 OceanBase 分布式数据库。

1. OceanBase 分布式数据库客户端

OceanBase 分布式数据库客户端（OBClient）兼容 MySQL 和 Oracle 对 OceanBase 分布式数据库的访问，是较好的黑屏客户端工具。并且，OBClient 是一个可交互的批处理查询工具，有命令行用户界面，在连接数据库时可以充当客户端。OBClient 运行时，需要指定 OceanBase 分布式数据库的连接信息。在连接上 OceanBase 分布式数据库后，可以通过 OBClient 运行包含常用的 MySQL 命令的数据库命令、SQL 语句和 PL 语句等，完成多种任务，如计算、存储和输出查询结果，创建数据库对象，检查和修改对象定义，开发和运行批处理脚本，管理数据库和修改参数等。OceanBase 分布式数据库客户端如图 1-15 所示。

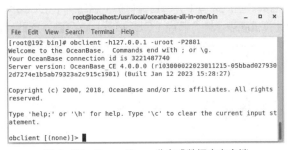

图 1-15　OceanBase 分布式数据库客户端

2. MySQL 客户端

MySQL 客户端是 MySQL 数据库命令行的客户端，需要单独安装。OceanBase 分布式数据库全面兼容 MySQL，可以使用标准的 MySQL 客户端连接 OceanBase 分布式数据库，推荐使用 5.6 或 5.7 版本的 MySQL 客户端。可以在 MySQL 的命令行环境里，运行 MySQL 命令和 SQL

语句来执行任务。

3. OceanBase 分布式数据库云平台

OCP 是 OceanBase 分布式数据库的管理平台，不仅提供对 OceanBase 分布式数据库集群和租户等的全生命周期管理服务，还提供对 OceanBase 分布式数据库相关资源（主机、网络和软件包等）的管理服务。

4. OceanBase 分布式数据库开发者中心

OceanBase 分布式数据库开发者中心是为 OceanBase 分布式数据库量身打造的企业级数据库开发平台，旨在帮助用户安全、高效地使用数据库。ODC 界面如图 1-16 所示。

图 1-16　ODC 界面

技能点 1.2.5　了解 OceanBase 分布式数据库部署

OceanBase 分布式数据库是一个分布式集群，其生产环境中至少有 3 台计算机，即集群中业务数据有 3 份，这种部署方式即三副本部署方式。大部分客户案例里，OceanBase 分布式数据库集群的计算机数是 3 或 5 的倍数。生产环境中，每台计算机上启动一个 OceanBase 分布式数据库进程（observer），此时一台计算机就表示一个节点（OBServer），三副本集群架构如图 1-17 所示。

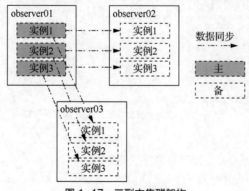

图 1-17　三副本集群架构

每个节点只有一个 observer 进程。observer 进程的实例不是独立的进程,是 observer 进程内部的线程集。多实例指的是实例 1、实例 2 和实例 3。对于每个实例,在 3 台计算机上都有对应的数据,同名的实例属于同一个实例,表示"一主两备"。

本书采用的部署方式为三副本部署方式,通过 OceanBase 分布式数据库集群安装部署工具(OceanBase Deployer,OBD)部署。OBD 可通过修改安装文件中的 default-example.yaml 默认配置文件进行配置,默认配置文件中指定了很多 observer 进程的启动配置项,每个配置项后的半角冒号":"与后面的值之间要有一个半角空格,配置项说明如表 1-3 所示。

表 1-3 配置项说明

配置类	配置项名	配置示例	备注
user	username	admin	中控主机连接 OceanBase 分布式数据库节点的用户名,也是 OceanBase 分布式数据库要部署的用户名
user	password	123456	中控主机连接 OceanBase 分布式数据库节点的密码
oceanbase-ce	servers	-name:server1 IP:192.168.0.11	指定服务器 IP 地址
oceanbase-ce	home_path	/home/admin/oceanbase-ce	OceanBase 分布式数据库工作目录
oceanbase-ce	data_dir	/data	存储 OceanBase 分布式数据库的数据文件目录
oceanbase-ce	redo_dir	/redo	存储 OceanBase 分布式数据库的事务日志目录
oceanbase-ce	devname	ens33	和 oceanbase-ce 配置类中的 servers 配置项指定的 IP 地址对应的网卡名
oceanbase-ce	zone	zone1 zone2 zone3	zone 是逻辑机房的概念。三副本集群下有 3 个 zone
oceanbase-ce	production_mode	false	是否为生产模式
obproxy-ce	servers	-192.168.0.10	OBProxy 是 OceanBase 分布式数据库的专用的代理服务器,可以部署在应用服务器
obproxy-ce	home_path	/home/admin/obproxy	OBProxy 默认安装路径

任务实施 部署 OceanBase 分布式数据库

在对 OceanBase 分布式数据库概念、发展历程、应用领域、系统架构以及客户端工具等相关知识进行学习后,可以通过以下步骤实现 OceanBase 分布式数据库的部署。

(1)本次 OceanBase 分布式数据库的部署选择 1 台用于存储 OceanBase 分布式数据库安装包和集群配置信息的中控主机(ob-master)以及 4 台用于部署 OceanBase 分布式数据库集群的目标主机,即 zone1(ob-server1、ob-server2)、zone2(ob-server3、ob-server4),部署配置说明如表 1-4 所示。

表 1-4　部署配置说明

计算机名称	IP 地址	物理 CPU	内存	磁盘存储空间
ob-master	192.168.0.10	1 核	1GB	200GB
ob-server1	192.168.0.11	4 核	8GB	200GB
ob-server2	192.168.0.12	4 核	8GB	200GB
ob-server3	192.168.0.13	4 核	8GB	200GB
ob-server4	192.168.0.14	4 核	8GB	200GB

（2）按照表 1-4 所示的部署配置说明安装并配置 CentOS，完成后可以对中控主机及目标主机的名称进行设置，命令如下所示。

```
# ob-master
[root@localhost ~]# hostnamectl set-hostname ob-master
# ob-server1
[root@localhost ~]# hostnamectl set-hostname ob-server1
# ob-server2
[root@localhost ~]# hostnamectl set-hostname ob-server2
# ob-server3
[root@localhost ~]# hostnamectl set-hostname ob-server3
# ob-server4
[root@localhost ~]# hostnamectl set-hostname ob-server4
```

ob-master 名称设置结果如图 1-18 所示。

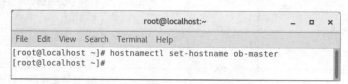

图 1-18　ob-master 名称设置

（3）分别进入 5 个节点的/etc/sysconfig/network-scripts/目录，修改 ifcfg-ens33 文件，对 IP 地址进行设置，之后重启主机，使 IP 地址设置生效。其中，ob-master 节点 IP 地址设置命令如下所示。

```
[root@ob-master ~]# vim /etc/sysconfig/network-scripts/ifcfg-ens33
DEVICE=ens33                #网卡名称
TYPE=Ethernet               #设置网卡类型
ONBOOT=yes                  #设置网卡在 Linux 操作系统启动时激活
BOOTPROTO=static            #设置为静态 IP 地址
IPADDR=192.168.0.10         #设置 IP 地址
NETMASK=255.255.255.0       #设置子网掩码
GATEWAY=192.168.0.1         #设置网关地址
DNS1=114.114.114.114        #设置域名服务器（Domain Name Server，DNS）地址
[root@ob-master ~]# systemctl restart network.service
[root@ob-master ~]# ifconfig
```

IP 地址设置结果如图 1-19 所示。

```
[root@ob-master ~]# vim /etc/sysconfig/network-scripts/ifcfg-ens33
[root@ob-master ~]# systemctl restart network.service
[root@ob-master ~]# ifconfig
ens33: flags=4163<UP,BROADCAST,RUNNING,MULTICAST>  mtu 1500
        inet 192.168.0.10  netmask 255.255.255.0  broadcast 192.168.0.255
        inet6 fe80::20c:29ff:fe03:9c10  prefixlen 64  scopeid 0x20<link>
        ether 00:0c:29:03:9c:10  txqueuelen 1000  (Ethernet)
        RX packets 2328  bytes 356348 (347.9 KiB)
        RX errors 0  dropped 0  overruns 0  frame 0
        TX packets 2196  bytes 273438 (267.0 KiB)
        TX errors 0  dropped 0 overruns 0  carrier 0  collisions 0

lo: flags=73<UP,LOOPBACK,RUNNING>  mtu 65536
        inet 127.0.0.1  netmask 255.0.0.0
        inet6 ::1  prefixlen 128  scopeid 0x10<host>
        loop  txqueuelen 1000  (Local Loopback)
        RX packets 633  bytes 54868 (53.5 KiB)
```

图 1-19　IP 地址设置

其他 4 个节点的 IP 地址设置命令如下所示。

[root@ob-server1 ~]# vim /etc/sysconfig/network-scripts/ifcfg-ens33
DEVICE=ens33
TYPE=Ethernet
ONBOOT=yes
BOOTPROTO=static
IPADDR=192.168.0.11
NETMASK=255.255.255.0
GATEWAY=192.168.0.1
DNS1=114.114.114.114

[root@ob-server2 ~]# vim /etc/sysconfig/network-scripts/ifcfg-ens33
DEVICE=ens33
TYPE=Ethernet
ONBOOT=yes
BOOTPROTO=static
IPADDR=192.168.0.12
NETMASK=255.255.255.0
GATEWAY=192.168.0.1
DNS1=114.114.114.114

[root@ob-server3 ~]# vim /etc/sysconfig/network-scripts/ifcfg-ens33
DEVICE=ens33
TYPE=Ethernet
ONBOOT=yes
BOOTPROTO=static
IPADDR=192.168.0.13
NETMASK=255.255.255.0
GATEWAY=192.168.0.1

DNS1=114.114.114.114

[root@ob-server4 ~]# vim /etc/sysconfig/network-scripts/ifcfg-ens33
DEVICE=ens33
TYPE=Ethernet
ONBOOT=yes
BOOTPROTO=static
IPADDR=192.168.0.14
NETMASK=255.255.255.0
GATEWAY=192.168.0.1
DNS1=114.114.114.114

（4）进入 ob-master 节点的/etc 目录，进行 hosts 文件的修改，在 hosts 文件中依次添加 IP 地址和对应的主机名称对网络进行映射，命令如下所示。

[root@ob-master ~]# vim /etc/hosts
192.168.0.10　ob-master
192.168.0.11　ob-server1
192.168.0.12　ob-server2
192.168.0.13　ob-server3
192.168.0.14　ob-server4

网络映射结果如图 1-20 所示。

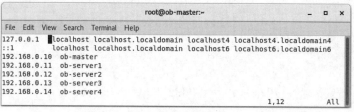

图 1-20　网络映射

（5）使用 scp 命令将修改后的 hosts 文件分发到其他 4 个节点的/etc 目录，命令如下所示。

[root@ob-master ~]# scp -r /etc/hosts root@ob-server1:/etc/
[root@ob-master ~]# scp -r /etc/hosts root@ob-server2:/etc/
[root@ob-master ~]# scp -r /etc/hosts root@ob-server3:/etc/
[root@ob-master ~]# scp -r /etc/hosts root@ob-server4:/etc/

hosts 文件分发结果如图 1-21 所示。

（6）在 ob-master 节点上生成 SSH 密钥后，将其分发到其他 4 个节点，完成 SSH 的免密设置，命令如下所示。

[root@ob-master ~]# ssh-keygen -t rsa
[root@ob-master ~]# ssh-copy-id　root@ob-master
[root@ob-master ~]# ssh-copy-id　root@ob-server1
[root@ob-master ~]# ssh-copy-id　root@ob-server2
[root@ob-master ~]# ssh-copy-id　root@ob-server3
[root@ob-master ~]# ssh-copy-id　root@ob-server4

生成 SSH 密钥结果如图 1-22 所示。

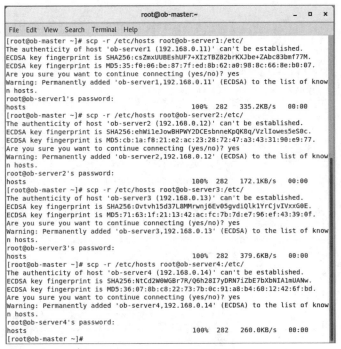

图 1-21　hosts 文件分发

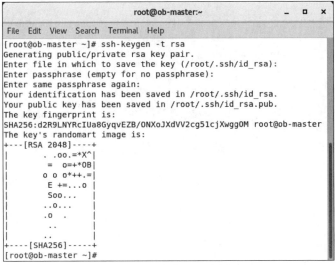

图 1-22　生成 SSH 密钥

（7）更新 NTP 时钟同步服务，并在更新完成后对 /etc 目录中的 ntp.conf 配置文件进行修改。将 server 1.centos.pool.ntp.org iburst、server 2.centos.pool.ntp.org iburst、server 3.centos.pool.ntp.org iburst 等内容删除后，把 server 0.centos.pool.ntp.org iburst 修改为 server 0.cn.pool.ntp.org iburst，命令如下所示。

[root@ob-master ~]# yum install ntp ntpdate -y
[root@ob-master ~]# vim /etc/ntp.conf
server 0.cn.pool.ntp.org iburst

更新 NTP 时钟同步服务结果如图 1-23 所示，修改 ntp.conf 结果如图 1-24 所示。

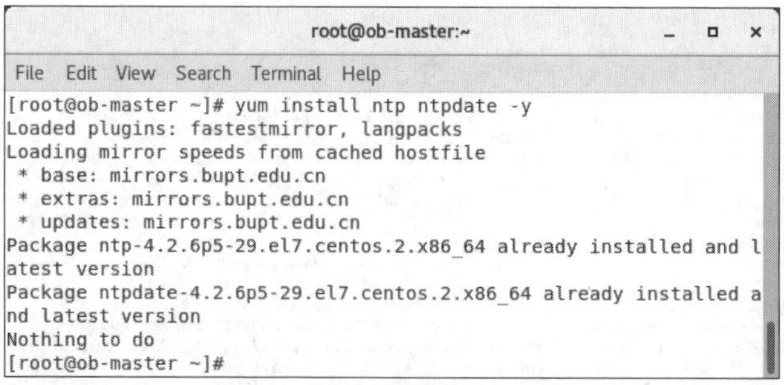

```
root@ob-master:~
File  Edit  View  Search  Terminal  Help
[root@ob-master ~]# yum install ntp ntpdate -y
Loaded plugins: fastestmirror, langpacks
Loading mirror speeds from cached hostfile
 * base: mirrors.bupt.edu.cn
 * extras: mirrors.bupt.edu.cn
 * updates: mirrors.bupt.edu.cn
Package ntp-4.2.6p5-29.el7.centos.2.x86_64 already installed and l
atest version
Package ntpdate-4.2.6p5-29.el7.centos.2.x86_64 already installed a
nd latest version
Nothing to do
[root@ob-master ~]#
```

图 1-23　更新 NTP 时钟同步服务

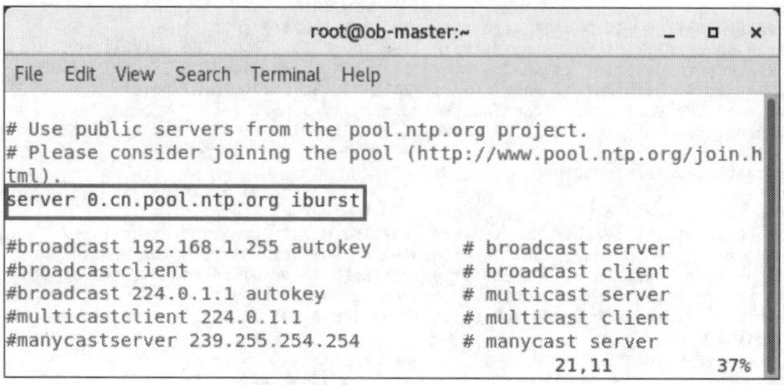

```
root@ob-master:~
File  Edit  View  Search  Terminal  Help
# Use public servers from the pool.ntp.org project.
# Please consider joining the pool (http://www.pool.ntp.org/join.h
tml).
server 0.cn.pool.ntp.org iburst

#broadcast 192.168.1.255 autokey        # broadcast server
#broadcastclient                        # broadcast client
#broadcast 224.0.1.1 autokey            # multicast server
#multicastclient 224.0.1.1              # multicast client
#manycastserver 239.255.254.254         # manycast server
                                                21,11         37%
```

图 1-24　修改 ntp.conf

（8）重新启动 NTP 时钟同步服务并进行验证，命令如下所示。

```
[root@ob-master ~]# systemctl start ntpd
[root@ob-master ~]# systemctl enable ntpd
[root@ob-master ~]# timedatectl set-ntp yes
#用于验证
[root@ob-master ~]# ntpstat
[root@ob-master ~]# ntpdate ntp1.aliyun.com
[root@ob-master ~]# timedatectl
```

重启 NTP 时钟同步服务并验证结果如图 1-25 所示。

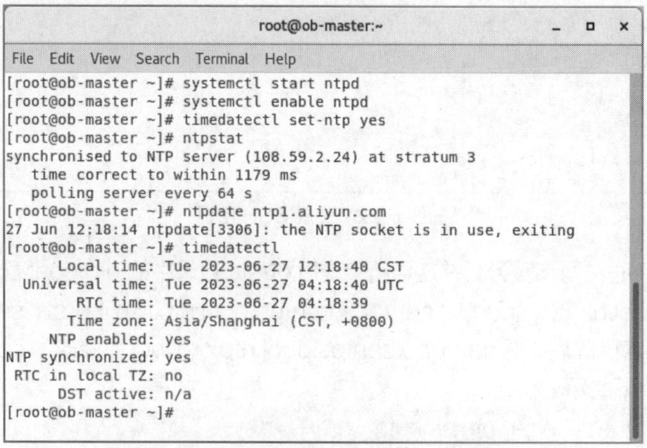

```
root@ob-master:~
File  Edit  View  Search  Terminal  Help
[root@ob-master ~]# systemctl start ntpd
[root@ob-master ~]# systemctl enable ntpd
[root@ob-master ~]# timedatectl set-ntp yes
[root@ob-master ~]# ntpstat
synchronised to NTP server (108.59.2.24) at stratum 3
   time correct to within 1179 ms
   polling server every 64 s
[root@ob-master ~]# ntpdate ntp1.aliyun.com
27 Jun 12:18:14 ntpdate[3306]: the NTP socket is in use, exiting
[root@ob-master ~]# timedatectl
      Local time: Tue 2023-06-27 12:18:40 CST
  Universal time: Tue 2023-06-27 04:18:40 UTC
        RTC time: Tue 2023-06-27 04:18:39
       Time zone: Asia/Shanghai (CST, +0800)
     NTP enabled: yes
NTP synchronized: yes
 RTC in local TZ: no
      DST active: n/a
[root@ob-master ~]#
```

图 1-25　重启 NTP 时钟同步服务并验证

（9）将/etc 目录下的 ntp.conf 文件分别发送到其他 4 个节点，并在分发完成后分别启动 NTP

时钟同步服务，命令如下所示。

[root@ob-master ~]# scp -r /etc/ntp.conf root@ob-server1:/etc/
[root@ob-master ~]# scp -r /etc/ntp.conf root@ob-server2:/etc/
[root@ob-master ~]# scp -r /etc/ntp.conf root@ob-server3:/etc/
[root@ob-master ~]# scp -r /etc/ntp.conf root@ob-server4:/etc/

分别进入其他 4 个节点，重启 ntpd
[root@ob-server1 ~]# systemctl start ntpd
[root@ob-server1 ~]# systemctl enable ntpd
[root@ob-server1 ~]# timedatectl set-ntp yes
[root@ob-server1 ~]# ntpstat
[root@ob-server1 ~]# ntpdate ntp1.aliyun.com
[root@ob-server1 ~]# timedatectl

[root@ob-server2 ~]# systemctl start ntpd
[root@ob-server2 ~]# systemctl enable ntpd
[root@ob-server2 ~]# timedatectl set-ntp yes
[root@ob-server2 ~]# ntpstat
[root@ob-server2 ~]# ntpdate ntp1.aliyun.com
[root@ob-server2 ~]# timedatectl

[root@ob-server3 ~]# systemctl start ntpd
[root@ob-server3 ~]# systemctl enable ntpd
[root@ob-server3 ~]# timedatectl set-ntp yes
[root@ob-server3 ~]# ntpstat
[root@ob-server3 ~]# ntpdate ntp1.aliyun.com
[root@ob-server3 ~]# timedatectl

[root@ob-server4 ~]# systemctl start ntpd
[root@ob-server4 ~]# systemctl enable ntpd
[root@ob-server4 ~]# timedatectl set-ntp yes
[root@ob-server4 ~]# ntpstat
[root@ob-server4 ~]# ntpdate ntp1.aliyun.com
[root@ob-server4 ~]# timedatectl

发送 ntp.conf 文件结果如图 1-26 所示。

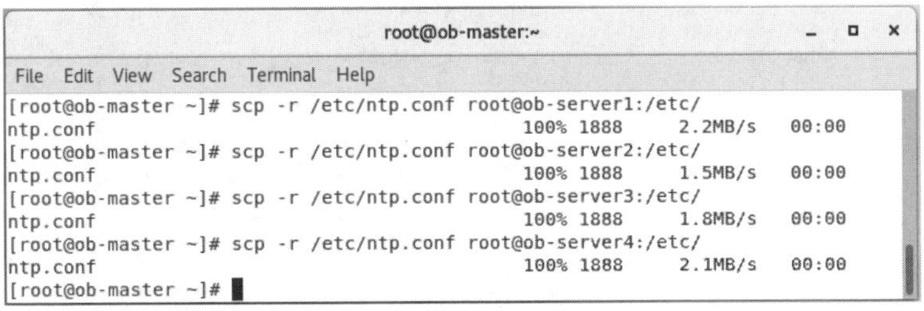

图 1-26　发送 ntp.conf 文件

（10）进入/etc/security 目录对 limits.conf 配置文件进行修改，使用 soft nofile 和 hard nofile 将进程最大打开文件描述符的数量调整为 655350 个，使用 soft stack 和 hard stack 将栈空间改为 20480KB，使用 soft nproc 和 hard nproc 将单个用户可用的最大进程数改为 655360 个，使用 soft core 和 hard core 将内核文件大小设置为无限制，设置完毕后注销用户，重新登录后查看配置，命令如下所示。

```
[root@ob-master ~]# vim /etc/security/limits.conf
root soft nofile 655350
root hard nofile 655350
* soft nofile 655350
* hard nofile 655350
* soft stack 20480
* hard stack 20480
* soft nproc 655360
* hard nproc 655360
* soft core unlimited
* hard core unlimited


# 注销用户，重新登录后查看配置
[root@ob-master ~]# ulimit -a
```

修改 limits.conf 配置文件结果如图 1-27 所示，查看配置结果如图 1-28 所示。

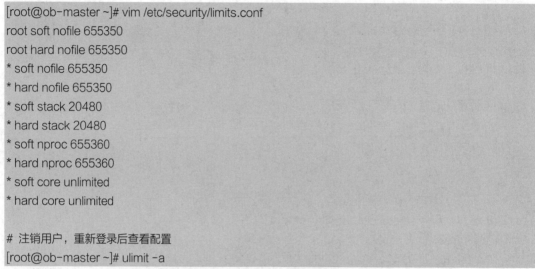

图 1-27 修改 limits.conf 配置文件

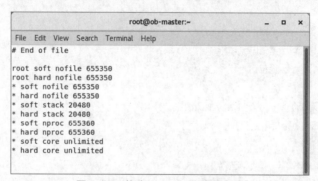

图 1-28 查看配置

（11）将 limits.conf 配置文件分发至其他 4 个节点的/etc/security 目录，注销用户，重新登录后查看配置，命令如下所示。

[root@ob-master ~]# scp -r /etc/security/limits.conf root@ob-server1:/etc/security/
[root@ob-master ~]# scp -r /etc/security/limits.conf root@ob-server2:/etc/security/
[root@ob-master ~]# scp -r /etc/security/limits.conf root@ob-server3:/etc/security/
[root@ob-master ~]# scp -r /etc/security/limits.conf root@ob-server4:/etc/security/

[root@ob-server1 ~]# ulimit -a
[root@ob-server2 ~]# ulimit -a
[root@ob-server3 ~]# ulimit -a
[root@ob-server4 ~]# ulimit -a

分发 limits.conf 配置文件结果如图 1-29 所示，查看 ob-server1 节点中的配置结果如图 1-30 所示。

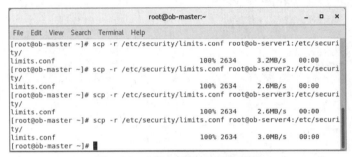

图 1-29　分发 limits.conf 配置文件

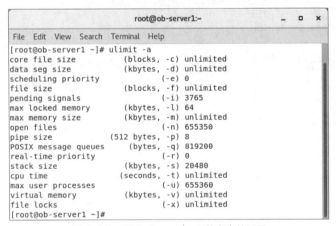

图 1-30　查看 ob-server1 节点中的配置

（12）分别对 5 个节点进行关闭防火墙操作后，关闭 SELinux 子安全系统，命令如下所示。

关闭防火墙
[root@ob-master ~]# systemctl disable firewalld
[root@ob-master ~]# systemctl stop firewalld
[root@ob-master ~]# systemctl status firewalld

[root@ob-server1 ~]# systemctl disable firewalld

```
[root@ob-server1 ~]# systemctl stop firewalld
[root@ob-server1 ~]# systemctl status firewalld

[root@ob-server2 ~]# systemctl disable firewalld
[root@ob-server2 ~]# systemctl stop firewalld
[root@ob-server2 ~]# systemctl status firewalld

[root@ob-server3 ~]# systemctl disable firewalld
[root@ob-server3 ~]# systemctl stop firewalld
[root@ob-server3 ~]# systemctl status firewalld

[root@ob-server4 ~]# systemctl disable firewalld
[root@ob-server4 ~]# systemctl stop firewalld
[root@ob-server4 ~]# systemctl status firewalld

# 关闭 SELinux 子安全系统
[root@ob-master ~]# vim /etc/selinux/config
SELINUX=disabled

#使更改生效
[root@ob-master ~]# setenforce 0
#检查更改是否生效
[root@ob-master ~]# sestatus

[root@ob-master ~]# scp -r /etc/selinux/config root@ob-server1:/etc/selinux/
[root@ob-master ~]# scp -r /etc/selinux/config root@ob-server2:/etc/selinux/
[root@ob-master ~]# scp -r /etc/selinux/config root@ob-server3:/etc/selinux/
[root@ob-master ~]# scp -r /etc/selinux/config root@ob-server4:/etc/selinux/

[root@ob-server1 ~]# setenforce 0
[root@ob-server1 ~]# sestatus

[root@ob-server2 ~]# setenforce 0
[root@ob-server2 ~]# sestatus

[root@ob-server3 ~]# setenforce 0
[root@ob-server3 ~]# sestatus

[root@ob-server4 ~]# setenforce 0
[root@ob-server4 ~]# sestatus
```

关闭防火墙结果如图 1-31 所示。

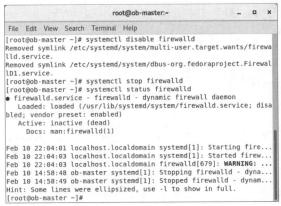

图 1-31　关闭防火墙

（13）在 ob-master 节点中，进入/usr/local 目录，使用 Wget 下载工具进行 OceanBase 分布式数据库的 all-in-one package 的下载和安装，命令如下所示。

```
[root@ob-master ~]# cd /usr/local/
# 下载 all-in-one package
[root@ob-master local]# wget -i -c https://obbusiness-private.oss-cn-shanghai.aliyuncs.com/download-center/opensource/oceanbase-all-in-one/7/x86_64/oceanbase-all-in-one-4.0.0.0-100120230113164218.el7.x86_64.tar.gz
# 解压并安装 all-in-one package
[root@ob-master local]# tar -xzf oceanbase-all-in-one-4.0.0.0-100120230113164218.el7.x86_64.tar.gz
[root@ob-master local]# cd oceanbase-all-in-one/bin/
[root@ob-master bin]# ./install.sh
[root@ob-master bin]# source ~/.oceanbase-all-in-one/bin/env.sh
```

安装 all-in-one package 结果如图 1-32 所示。

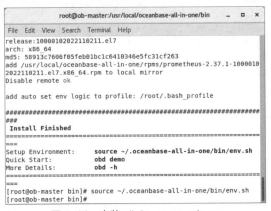

图 1-32　安装 all-in-one package

（14）检测 all-in-one package 是否安装成功，如果可以找到 oceanbase-all-in-one 下的 obd 和 obclient 的路径，则表示 all-in-one package 安装成功，命令如下所示。

```
[root@ob-master bin]# which obd
[root@ob-master bin]# which obclient
```

检测 all-in-one package 是否安装成功结果如图 1-33 所示。

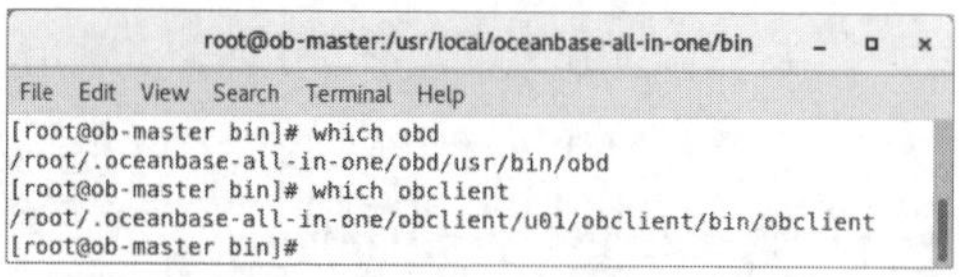

图 1-33 检测 all-in-one package 是否安装成功

（15）切换到 oceanbase-all-in-one/conf/autodeploy 目录，可以对 default-example.yaml 文件进行修改，包括对用户名和密码的修改，以及对每台计算机的 IP 地址、home_path、data_dir 和 redo_dir 等内容的修改，命令如下所示。

```
[root@ob-master bin]# cd ..
[root@ob-master oceanbase-all-in-one]# cd conf/autodeploy/
[root@ob-master autodeploy]# vim default-example.yaml
user:
   username: root
   password: 123456
oceanbase-ce:
   servers:
    - name: server1
      ip: 192.168.0.11
    - name: server2
      ip: 192.168.0.12
    - name: server3
      ip: 192.168.0.13
    - name: server4
      ip: 192.168.0.14
   global:
      home_path: /home/admin/oceanbase/ob
      data_dir: /data/ob
      redo_dir: /redo/ob
      devname: ens33
      production_mode: false
   server1:
      zone: zone1
   server2:
      zone: zone1
   server3:
      zone: zone2
   server4:
      zone: zone2
obproxy-ce:
   servers:
    - 192.168.0.10
```

```
global:
    home_path: /home/admin/obproxy
```

（16）配置文件修改完成后，即可通过 obd cluster deploy 命令部署 OceanBase 分布式数据库集群，命令如下所示。

```
[root@ob-master autodeploy]# obd cluster deploy obtest -c default-example.yaml
```

部署 OceanBase 分布式数据库集群结果如图 1-34 所示。

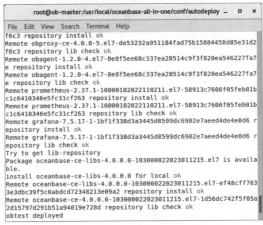

图 1-34　部署 OceanBase 分布式数据库集群

项目总结

通过对分布式数据库相关知识的学习，读者可对数据库技术、分类及其应用有初步认识，对 OceanBase 分布式数据库的概念、应用领域、系统架构、客户端工具及部署有所了解，并能够通过所学知识实现 OceanBase 分布式数据库的部署。

课后习题

1. 选择题

（1）下列不属于分布式数据库的是（　　）。
　　A. OceanBase　　　B. GaussDB　　　C. TiDB　　　D. Oracle

（2）以下不属于 OceanBase 分布式数据库特点的是（　　）。
　　A. 基于数据模型　　B. 极致高可用　　C. 透明可扩展　　D. 高兼容性

（3）OceanBase 分布式数据库提供了（　　）种类型的客户端工具。
　　A. 1　　　　　　　B. 2　　　　　　　C. 3　　　　　　　D. 4

（4）OceanBase 分布式数据库已经覆盖支付宝（　　）核心链路，支撑全部五大业务板块。
　　A. Hive　　　　　　B. HDFS　　　　　C. Yarn　　　　　D. 100%

2. 简答题

（1）简述关系数据库的特点。
（2）简述分布式计算的概念。

项目 2
管理集群和租户

项目导言

多租户技术是一种软件架构技术,可以实现多个用户共用相同的系统或程序组件,并且可以确保用户之间的数据隔离。随着经济社会的发展以及人们对信息化认识程度的提高,用户对系统的个性化需求越来越多、对系统的安全性要求越来越高。另外,许多用户属于中小型企业,又面临降成本、促成效的迫切需求,对于他们来说,多租户技术更加重要。本项目包含两个任务,分别为管理集群和管理租户与用户,任务2.1主要介绍OceanBase分布式数据库部署完成后的集群创建与管理的操作,任务2.2讲解如何在OceanBase分布式数据库集群中创建资源、资源池以及管理租户和用户权限。

学习目标

知识目标
- 了解集群的概念及基本操作;
- 熟悉使用集群连接OceanBase分布式数据库的方法;
- 了解租户的管理方法。

技能目标
- 具备管理集群中的Zone的能力;
- 具备管理租户资源池的能力;
- 具备管理用户权限的能力。

素养目标
- 具备精益求精、坚持不懈的精神;
- 具有团队协作的能力。

任务 2.1 管理集群

任务描述

数据库集群要求集群各节点都具有相同的操作系统版本和数据库系统版本,甚至补丁包的版本也要保持一致。一般数据库集群分为主库和从库,主库负责写数据,从库负责读数据,这样可以做到将读和写两个任务分离,并且集群可以进行故障的自动处理。OceanBase 分布式数据库由多个可用区部署,每个可用区中包含的每个 observer 进程表示一个数据库节点,具有较强的集群容灾能力,当集群中某个可用区或节点发生故障时,集群能将任务从故障节点迁移至正常节点。本任务涉及创建集群、连接 OceanBase 分布式数据库、设置集群参数、管理集群中的 Zone 和添加 OBServer 节点 5 个技能点,通过对这 5 个技能点的学习,可以完成管理 OceanBase 分布式数据库集群的操作。

任务技能

技能点 2.1.1 掌握集群基本操作

OceanBase 分布式数据库部署成功后,如果需要创建新的集群,可通过 OBD 实现。创建集群时应确保计算机满足软硬件要求、可以连接公网,并且需保证中控主机中已经安装了 OBD。集群基本操作按照创建集群、启动和重启集群、查看集群信息的步骤进行,若确认不再使用集群,可删除集群。

1. 创建集群

创建集群时需要对 OBD 安装目录中的 default-example.yaml 配置文件进行修改(或根据集群业务需求复制该文件并重命名后进行配置的更改),注意根据自身计算机情况修改配置文件,创建集群的语法格式如下所示。

```
obd cluster deploy <deploy_name> -c <deploy_config_path>
```

参数说明如下所示。

(1)deploy_name:创建的集群名称。

(2)deploy_config_path:配置文件的路径。

创建集群时会检查配置文件中的 home_path 和 data_dir 指向的目录文件是否为空,若目录文件不为空,则报错。此时可以加上 -f 选项,强制清空目录文件。

2. 启动和重启集群

当创建集群完成后,集群处于未运行的状态,此时需要通过 OBD 启动集群的相关服务进程以及端口,语法格式如下所示。

```
obd cluster start <deploy_name>
```

当集群运行一段时间后因配置更改需要重启服务器使配置生效时,应确保待重启的 OceanBase 分布式数据库集群为多副本集群,且副本数大于等于 3,这样 OceanBase 分布式数据库集群会轮转重启(各数据副本逐一进行重启),重启过程中业务不停服,重启集群的语法格式如下所示。

```
obd cluster restart <deploy_name>
```

参数 deploy_name 表示要启动的集群名称。

3. 查看集群信息

启动集群后可使用 SQL 语句通过 oceanbase.DBA_OB_SERVERS 视图查看 OBServer(OceanBase 分布式数据库服务器)的详细信息,语法格式如下所示。

```
obclient[(none)]>SELECT * FROM oceanbase.DBA_OB_SERVERS;
```

oceanbase.DBA_OB_SERVERS 视图字段说明如表 2-1 所示。

表 2-1 oceanbase.DBA_OB_SERVERS 视图字段说明

字段名称	类型	描述
SVR_IP	varchar(46)	服务器 IP 地址
SVR_PORT	bigint(20)	服务器端口号
ID	bigint(20)	集群为其分配的唯一 ID
ZONE	varchar(128)	OBServer 节点所属的 Zone
SQL_PORT	bigint(20)	OBServer 节点用于服务 SQL 请求的端口
WITH_ROOTSERVER	varchar(3)	YES：存在 RootService 总控服务。 NO：没有 RootService 总控服务
STATUS	varchar(64)	ACTIVE：OBServer 节点与 RootService 总控服务心跳联系正常。 INACTIVE：OBServer 节点与 RootService 总控服务失去心跳联系。 DELETING：OBServer 节点正在删除中
START_SERVICE_TIME	timestamp(6)	OBServer 节点启动服务时间。 NULL：当前没有启动服务。 有效值：OBServer 节点启动服务的时间
STOP_TIME	timestamp(6)	OBServer 节点停止服务的时间。 NULL：当前没有停止服务。 有效值：OBServer 节点停止服务的时间
BLOCK_MIGRATE_IN_TIME	timestamp(6)	OBServer 节点禁止迁入数据的时间。 NULL：当前没有禁止迁入数据。 有效值：禁止迁入数据的时间
LAST_OFFLINE_TIME	timestamp(6)	OBServer 上次下线的时间。 NULL：OBServer 节点没有下线过。 有效值：OBServer 节点的上次下线时间
BUILD_VERSION	varchar(256)	OBServer 节点二进制构建版本号

4. 删除集群

当集群不再使用或出现问题时，可将其删除，语法格式如下所示。

```
obd cluster destroy <deploy_name> [-f]
```

参数说明如下所示。

（1）deploy_name：所需删除的集群名称。

（2）-f：检查到工作目录下有运行中的进程时，强制停止进程。

技能点 2.1.2 连接 OceanBase 分布式数据库

在成功创建 OceanBase 分布式数据库后，用户需要通过客户端工具与 OceanBase 分布式数据库建立连接才能使用。OceanBase 分布式数据库常用的连接方式包含两种：通过 OBClient 连接或通过 MySQL 客户端连接。

1. 通过 OBClient 连接

通过 OBClient 连接 OceanBase 分布式数据库前应确保中控主机中已经安装了 OBClient。通过 OBClient 连接 OceanBase 分布式数据库有两种方式，分别为通过 OBProxy 连接和直连。

（1）通过 OBProxy 连接

通过 OBProxy 连接 OceanBase 分布式数据库需要指定 OBProxy 的 IP 地址和端口号，语法格式如下所示。

```
obclient -h10.10.10.1 -u****@obtenant#obdemo -P2883 -ppassword -c -A oceanbase
#或
obclient -h10.10.10.1 -uobdemo:obtenant:**** -P2883 -ppassword -c -A oceanbase
```

参数说明如下所示。

① -h：OBProxy 的 IP 地址。

② -u：提供租户名、用户名和集群名，其格式有两种，即"用户名@租户名#集群名"或者"集群名:租户名:用户名"。租户的管理员用户名默认是 root。

③ -P：提供 OceanBase 分布式数据库连接端口号，也是 OBProxy 的监听端口号，默认是 2883，可以自定义。

④ -p：提供用户账户密码。

⑤ -c：表示在运行环境中不要忽略注释。

⑥ -A：表示在连接 OceanBase 分布式数据库时不自动获取统计信息。

⑦ oceanbase：访问的数据库的名称，可以更改为业务数据库。

（2）直连

直连需要指定 OBServer 的 IP 地址和端口号进行连接。OceanBase 分布式数据库有系统租户和普通租户。系统租户下存放 OceanBase 分布式数据库管理的各种内部元数据信息；普通租户下存放用户的各种数据和数据库元信息。普通租户通过直连方式连接时，需要确保租户的资源分布在指定 OBServer 上，如果租户的资源未分布在指定 OBServer 上，则无法通过直连将指定 OBServer 连接到租户，直连的语法格式如下所示。

```
obclient -h10.10.10.1 -u****@obtenant -P2881 -ppassword -c -A oceanbase
```

参数 -u 用于提供租户的连接用户的账户，格式为"用户名@租户名"。

2. 通过 MySQL 客户端连接

当需要使用 OceanBase 分布式数据库的 MySQL 租户时，可以通过 MySQL 客户端连接相应租户。通过 MySQL 客户端连接 OceanBase 分布式数据库前，需要确保本地已正确安装 MySQL 客户端。本书使用的 OceanBase 分布式数据库版本为 4.0，支持的 MySQL 客户端版本包括 5.5、5.6 和 5.7。通过 MySQL 客户端连接 OceanBase 分布式数据库有两种方式，分别为通过 OBProxy 连接和直连。

（1）通过 OBProxy 连接

MySQL 客户端中通过 OBProxy 方式连接 OceanBase 分布式数据库的方式与 OBClient 中通过 OBProxy 连接的方式类似，语法格式如下所示。

```
$mysql -h10.10.10.1 -u****@obmysql#obdemo -P2883 -ppassword -c -A oceanbase
#或
$mysql -h10.10.10.1 -uobdemo:obmysql:**** -P2883 -ppassword -c -A oceanbase
```

（2）直连

MySQL 客户端中通过直连方式连接 OceanBase 分布式数据库的方式与 OBClient 中通过直连连接的方式类似，语法格式如下所示。

```
mysql -h10.10.10.1 -uusername@obmysql -P2881 -ppassword -c -A oceanbase
```

技能点 2.1.3　设置集群参数

OceanBase 分布式数据库集群配置可以通过设置集群参数来实现。OceanBase 分布式数据库的集群参数即集群级配置项，通过集群参数的设置可以控制集群的负载均衡、合并时间、合并方式、资源分配和模块开关等。系统租户可以查看和设置集群参数，普通租户只能查看集群参数，无法设置集群参数。

当 OBServer 服务器启动且没有指定参数时，使用系统默认参数。在 observer 进程启动成功后，参数值将持久化到 /home/admin/oceanbase/etc/observer.config.bin 文件中。

不同集群参数的数据类型不同，集群参数数据类型如表 2-2 所示。

表 2-2　集群参数数据类型

数据类型	说明
BOOL	布尔类型，可选值为 true/false
CAPACITY	容量单位类型，可选值为 b（B，字节）、k（KB，千字节）、m（MB，兆字节）、g（GB，吉字节）、t（TB，太字节）、p（PB，拍字节）。默认值为 m，单位字母不区分大小写
DOUBLE	双精度浮点数类型，占用 64 bit 存储空间，精确到小数点后 15 位，有效位数为 16 位
INT	整型，支持正负整数和 0
MOMENT	时刻类型，格式为 hh:mm（例如 02:00），或者特殊值 disable 表示不指定时间。目前仅用于 major_freeze_duty_time 参数
STRING	字符串类型，用户输入的字符串的值
STRING_LIST	字符串列表类型，即以半角分号";"分隔的多个字符串
TIME	时间类型，支持 μs（微秒）、ms（毫秒）、s（秒）、m（分钟）、h（小时）、d（天）等单位。默认值为 s，单位字母不区分大小写

查询与修改集群参数的介绍如下所示。

1. 查询集群参数

查询集群参数可理解为查看集群级配置项，可以通过 SQL 语句查询配置项来确认某配置项属于集群级配置项还是租户级配置项，语法格式如下所示。

obclient[(none)]>SHOW PARAMETERS [SHOW_PARAM_OPTS];

其中，[SHOW_PARAM_OPTS]可指定为[LIKE '匹配模式' | WHERE 表达式]，SHOW PARAMETERS 返回结果中的集群参数字段如表 2-3 所示。

表 2-3　SHOW PARAMETERS 返回结果中的集群参数字段

列名	含义
zone	所在的 Zone
svr_ip	IP 地址
svr_port	端口号
name	配置项名
data_type	配置项的数据类型，如 STRING、CAPACITY 等
value	配置项的值。由于在修改配置项的值时，支持修改指定 Zone 或 Server 的配置项的值，故不同 Zone 或 Server 对应的配置项的值可能不同
info	配置项的说明信息

续表

列名	含义
section	配置项所属的分类，如下所示。 SSTABLE：表示 SSTable 相关的配置项。 OBSERVER：表示 OBServer 相关的配置项。 ROOT_SERVICE：表示 RootService 相关的配置项。 TENANT：表示租户相关的配置项。 TRANS：表示事务相关的配置项。 LOAD_BALANCE：表示负载均衡相关的配置项。 DAILY_MERGE：表示合并相关的配置项。 CLOG：表示 Clog 相关的配置项。 LOCATION_CACHE：表示 Location Cache 相关的配置项。 CACHE：表示缓存相关的配置项。 RPC：表示远程过程调用（Remote Procedure Call，RPC）相关的配置项。 OBPROXY：表示 OBProxy 相关的配置项
scope	配置项范围字段。 TENANT：表示配置项为租户级别的配置项 CLUSTER：表示配置项为集群级别的配置项
source	当前值来源
edit_level	定义配置项的修改行为，如下所示。 READONLY：表示参数不可修改。 STATIC_EFFECTIVE：表示参数可修改但需要重启 OBServer 才会生效。 DYNAMIC_EFFECTIVE：表示参数可修改且修改后动态生效

2．修改集群参数

集群参数可通过 SQL 语句进行修改，仅系统租户可以修改集群级配置项，普通租户无法修改集群级配置项。通过该方式修改的集群参数会立即同步到集群节点的参数文件中，但是不会同步到 OBD 的集群部署配置文件中。同时修改多个集群级配置项时，需要使用半角逗号","将它们分隔。修改集群参数语法格式如下所示。

```
obclient[(none)]>ALTER SYSTEM [SET]
        parameter_name = expression [SCOPE = {MEMORY | SPFILE | BOTH}]
            [COMMENT [=] 'text']
            [SERVER [=] 'ip:port' | ZONE [=] 'zone'];
```

参数说明如下。

（1）expression：用于指定修改后配置项的值。

（2）SCOPE：用于指定本次配置项修改的生效范围，默认值为 BOTH。其可选值介绍如下。

① MEMORY：表示仅修改内存中的配置项，修改立即生效，且本次修改在 Server（运行 observer 进程的服务器）重启以后会失效。

② SPFILE：表示仅修改配置表中的配置项，当 Server 重启以后才生效。

③ BOTH：表示既修改配置表中的配置项，又修改内存中的配置项，修改立即生效，且 Server 重启以后配置值仍然生效。

（3）SERVER 或 ZONE：SERVER 用于指定集群中要修改的 Server，ZONE 用于指定集群中要修改的 Zone。ALTER SYSTEM 命令不能同时指定 Server 和 Zone。指定 Server 时，仅支持指定一个 Server；指定 Zone 时，仅支持指定一个 Zone。如果修改集群级配置项时不指定

Server 也不指定 Zone，则表示本次修改在整个集群内生效。

集群级别的配置项不能由普通租户设置，也不能通过系统租户为普通租户设置。一个配置项为集群级别还是租户级别，可根据 SHOW PARAMETERS LIKE 'parameter_name';命令的运行结果来判断。

常用集群级配置项如表 2-4 至表 2-8 所示。

表 2-4 副本相关配置项

配置项名	功能描述
enable_rereplication	用于设置是否开启自动补副本的功能，其值为布尔类型，无须重启 OBServer
ls_meta_table_check_interval	用于设置 DBA_OB_LS_LOCATIONS/CDB_OB_LS_LOCATIONS 视图的后台巡检线程的检查间隔，其值为时间类型，取值范围为[1ms,+∞)，默认值为 1s，需要重启 OBServer
sys_bkgd_migration_change_member_list_timeout	用于设置副本迁移时变更 Paxos 成员组操作的超时时间，其值为时间类型，默认值为 1h，取值范围为[0s,24h]，无须重启 OBServer
sys_bkgd_migration_retry_num	用于设置副本迁移失败时的最多重试次数，其值为整型，默认值为 3，取值范围为[3, 100]，需要重启 OBServer

表 2-5 备份恢复相关配置项

配置项名	功能描述
backup_data_file_size	用于设置备份数据文件的容量，其值为容量单位类型，取值范围为[512M,4G]，默认值为 4G，需要重启 OBServer
restore_concurrency	用于设置从备份恢复租户数据时的最大并发度，其值为整型，取值范围为[0, 512]，默认值为 0，需要重启 OBServer

表 2-6 集群相关配置项

配置项名	功能描述
all_server_list	用于显示集群中的所有服务器地址，其值为字符串，默认值为空值，无须重启 OBServer
cluster	用于设置本 OceanBase 分布式数据库集群名，其值为字符串，默认值为 obcluster，无须重启 OBServer
cluster_id	用于设置本 OceanBase 分布式数据库集群 ID，其值为整型，取值范围为[1, 4294901759]，默认值为 0，无须重启 OBServer
rpc_timeout	用于设置集群内部请求的超时时间，其值为时间类型，取值范围为[0,+∞)，默认值为 2s，无须重启 OBServer

表 2-7 CPU 相关配置项

配置项名	功能描述
cpu_count	用于设置系统 CPU 总数，其值为整型，取值范围为[0, +∞)，默认值为 0，无须重启 OBServer
server_balance_cpu_mem_tolerance_percent	在节点负载均衡策略中，用于设置 CPU 和内存资源不均衡的容忍度。其值为整型，取值范围为[1,100]，默认值为 5，无须重启 OBServer
server_cpu_quota_max	用于设置系统可以使用的最大 CPU 配额，其值为双精度浮点数类型，取值范围为[1,16]，默认值为 1，需要重启 OBServer

续表

配置项名	功能描述
server_cpu_quota_min	用于设置系统可以使用的最小 CPU 配额,系统会自动预留,其值为双精度浮点数类型,取值范围为[1,16],需要重启 OBServer
workers_per_cpu_quota	用于设置分配给每个 CPU 配额的工作线程数量,其值为整型,取值范围为[2,20],默认值为 10,无须重启 OBServer

表 2-8　内存相关配置项

配置项名	功能描述
datafile_disk_percentage	表示占用 data_dir 所在磁盘(磁盘 data_dir 所在磁盘会被 OceanBase 分布式数据库系统初始化用于存储数据)总空间的百分比,其值为整型,取值范围为[0,99],默认值为 0,无须重启 OBServer
data_disk_usage_limit_percentage	用于设置数据文件最大可以写入的百分比,超过这个阈值后,将禁止数据迁入,其值为整型,取值范围为[50,100],默认值为 90,无须重启 OBServer
enable_sql_operator_dump	用于设置是否允许 SQL 处理过程的中间结果写入磁盘以释放内存,其值为布尔类型,默认值为 true,无须重启 OBServer
memory_chunk_cache_size	用于设置内存分配器缓存的内存容量,其值为容量单位类型,取值范围为[0M,+∞),默认值为 0,无须重启 OBServer
memory_limit	表示可用的总内存大小,其值为容量单位类型,取值范围为[4096M,+∞),默认值为 0,无须重启 OBServer
memory_limit_percentage	用于设置系统总可用内存大小占总内存大小的百分比,其值为整型,取值范围为[10,90],默认值为 80,无须重启 OBServer。当 memory_limit 值不为 0 时优先使用 memory_limit 的值
system_memory	用于设置系统预留给租户 ID 为 500 的租户的内存容量,其值为容量单位类型,取值范围为[0M,+∞),默认值为 0,无须重启 OBServer
use_large_pages	用于管理数据库使用的内存大页,其值为字符串,取值可为 false、true 或 only,默认值为 false,需要重启 OBServer

常用租户级配置项中用户登录相关配置项,如表 2-9 所示。

表 2-9　用户登录相关配置项

配置项名	功能描述
connection_control_failed_connections_threshold	用来指定用户错误登录尝试的阈值,其值为整型,取值范围为[0,2147483647],默认值为 0,无须重启 OBServer
connection_control_min_connection_delay	指定超过错误登录尝试的阈值之后的错误登录锁定的最小时长,其值为整型,取值范围为[1000,2147483647],默认值为 1000,单位为毫秒,无须重启 OBServer
connection_control_max_connection_delay	指定错误登录锁定时长的最大值,当时长达到这个最大值之后就不再增长,其值为整型,取值范围为[1000,2147483647],默认值为 1000,单位为毫秒,无须重启 OBServer

3. 通过 OBD 修改集群参数

使用 OBD 修改集群参数时需要在 OBD 所在的计算机上进行操作,语法格式如下所示。

```
obd cluster edit-config <deploy_name>
```
修改完成后需要运行 obd cluster reload <deploy_name> 或 obd cluster restart <deploy_name> --wp 命令，根据提示运行对应命令即可完成集群参数的修改。

技能点 2.1.4　管理集群中的 Zone

Zone 是一个逻辑概念，是对服务器进行管理的容器。从物理层面来讲，一个 Zone 通常等价于一个机房或一个 IDC。

一个 OceanBase 分布式数据库集群通常会分布在同城的 3 个机房中，同一份数据的 3 个副本分别分布在 3 个机房中（即 3 个 Zone 中）。

OceanBase 分布式数据库支持数据跨地域（Region）部署，为了满足地域级容灾需求，Region 之间的距离通常较远。一个 Region 可以包含一个或者多个 Zone。例如，某 OceanBase 分布式数据库集群部署在某城市（某一 Region）且分布在 3 个 IDC 中，每个 IDC 中有 3 台服务器，所以每个 IDC 中的 3 台服务器组合成一个 Zone。同城三中心部署如图 2-1 所示。

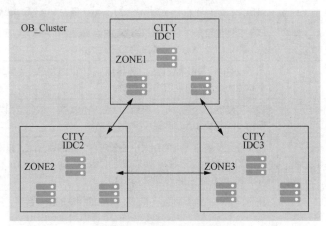

图 2-1　同城三中心部署

OceanBase 分布式数据库集群经过一段时间的使用后，会因为业务需求的更改需要对集群中的 Zone 进行添加或删除，并且在添加或删除过程中会对 Zone 进行启动或停止等相关操作。

1. 添加或删除 Zone

Zone 可通过 SQL 语句进行添加或删除，在集群中添加或删除 Zone 的操作通常用于集群扩容或缩容等场景，语法格式如下所示。

```
obclient[(none)]>ALTER SYSTEM {ADD|DELETE} ZONE zone_name;
```

说明如下。

（1）该语句仅支持系统租户运行。

（2）参数 zone_name 表示目标 Zone 的名称，每条语句每次仅支持添加或删除一个 Zone。

（3）通过 ALTER SYSTEM ADD ZONE zone_name;添加一个 Zone 后，如果需要在集群中使用该 Zone，还需要在该 Zone 上添加 OBServer 分配资源并增加副本信息。

（4）在删除一个 Zone 之前，需要保证该 Zone 下已不存在 OBServer，否则会导致删除失败。

Zone 添加完成后，可以使用系统租户通过 SQL 语句查询 oceanbase.DBA_OB_ZONES 视图，检查 Zone 的状态。

2. 启动或停止 Zone

Zone 可通过 SQL 语句进行启动或停止的操作。在集群中启动或停止 Zone 的操作通常用于允许或禁止 Zone 内的所有物理服务器对外提供服务的场景，语法格式如下所示。

```
obclient[(none)]>ALTER SYSTEM {START|STOP|FORCE STOP} ZONE zone_name;
```

说明如下。

（1）该语句仅支持系统租户运行。

（2）参数 zone_name 为目标 Zone 的名称，每条语句每次仅支持启动或停止一个 Zone。

（3）STOP ZONE 与 FORCE STOP ZONE 的说明如下。

① STOP ZONE 表示主动停止 Zone。运行包含该参数的语句后，系统会检查各分区数据副本的日志是否同步，以及多数派副本是否均在线。仅当所有条件都满足后，包含该参数的语句才能运行成功。

② FORCE STOP ZONE 表示强制停止 Zone。运行包含该参数的语句后，系统不会检查各分区数据副本的日志是否同步，仅检查多数派副本是否均在线。如果多数派副本均在线，包含该参数的语句就会运行成功。

3. 修改 Zone 的配置信息

OceanBase 分布式数据库提供了 SQL 语句来修改 Zone 的配置信息，包括 Zone 归属的 Region、所在的机房以及 Zone 的类型。修改 Zone 的配置信息的语法格式如下所示。

```
obclient[(none)]>ALTER SYSTEM {ALTER|CHANGE|MODIFY} ZONE zone_name SET [zone_option_list]
zone_option_list:
    zone_option [, zone_option ...]
zone_option:
    | region
    | idc
    | zone_type {READWRITE}
```

说明如下。

（1）该语句仅支持系统租户运行。

（2）ALTER|CHANGE|MODIFY：ALTER、CHANGE、MODIFY 三者的功能相同，可以使用任意一个来修改 Zone 的 Region 字段。

（3）zone_name：目标 Zone 的名称，每条语句每次仅支持修改一个 Zone。

（4）zone_option_list：用于指定目标 Zone 待修改的字段，同时修改多个字段时，各字段之间用半角逗号","分隔。其可选值及说明如下。

① region：Zone 所在 Region 的名称，默认为 default_region。

② idc：Zone 所在机房的名称，默认为空。

③ zone_type：可指定目标 Zone 为读写 Zone（对应值为 READWRITE）。

技能点 2.1.5　添加 OBServer 节点

向集群中添加 OBServer 节点时，需要在 OBD 所在计算机的操作用户下，新建一个配置文件，并使用该配置文件和 OBD 进行部署，语法格式如下所示。

```
obd cluster deploy <deploy_name> -c <deploy_config_path>
```

说明如下。

（1）deploy_name：部署集群名称，可以理解为配置文件的别名。

（2）deploy_config_path：配置文件名。

任务实施　管理 OceanBase 分布式数据库集群

通过对管理集群相关知识的学习，可以熟悉 OceanBase 分布式数据库集群的基本操作和连接 OceanBase 分布式数据库的方法。本任务将介绍如何管理 OceanBase 分布式数据库集群，步骤如下所示。

（1）在中控主机上通过 obd 命令启动名为 obtest 的 OceanBase 分布式数据库集群，该命令能够自动启动 OceanBase 分布式数据库的服务进程以及端口，命令如下所示。

[root@ob-master autodeploy]# obd cluster start obtest

（2）集群启动完成后，执行 obd cluster list 命令查看 OceanBase 分布式数据库集群信息，命令如下所示。

[root@ob-master autodeploy]# obd cluster list

查看 OceanBase 分布式数据库集群信息结果如图 2-2 所示。

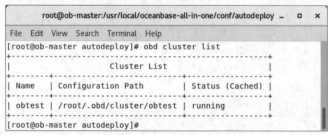

图 2-2　查看 OceanBase 分布式数据库集群信息

（3）使用系统租户的 root 用户，在中控主机中通过 OBProxy 连接 OceanBase 分布式数据库，命令如下所示。

[root@ob-master ~]# obclient –h192.168.0.10 –P2883 –uroot@sys

在中控主机中连接 OceanBase 分布式数据库结果如图 2-3 所示。

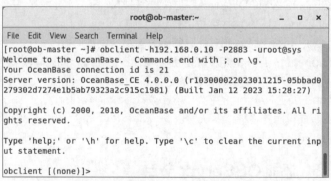

图 2-3　在中控主机中连接 OceanBase 分布式数据库

（4）成功连接 OceanBase 分布式数据库后，使用 SHOW PARAMETERS 命令查询集群参数信息，查询条件设置为 edit_level='static_effective'和 name='stack_size'，命令如下所示。

obclient [(none)]> SHOW PARAMETERS WHERE edit_level='static_effective' AND name='stack_size';

查询集群参数信息结果如图 2-4 所示。

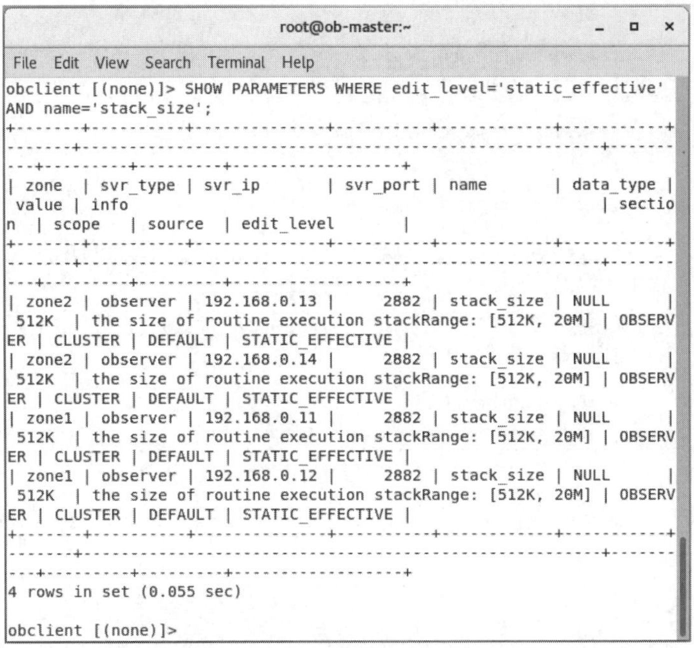

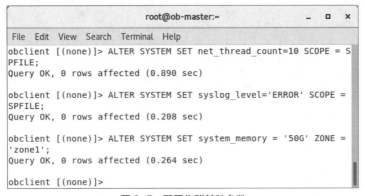

图 2-4　查询集群参数信息

（5）设置网络 I/O 线程数为 10，设置系统日志级别为 ERROR 并设置 Server 重启后生效，设置系统预留给租户的内存容量为 50GB，命令如下所示。

obclient [(none)]> ALTER SYSTEM SET net_thread_count=10 SCOPE = SPFILE;
obclient [(none)]> ALTER SYSTEM SET syslog_level='ERROR' SCOPE = SPFILE;
obclient [(none)]> ALTER SYSTEM SET system_memory = '50G' ZONE = 'zone1';

配置集群基础参数结果如图 2-5 所示。

图 2-5　配置集群基础参数

（6）在集群中添加名为 zone3 的 Zone，IDC 名称设置为"hz1"，Region 名称设置为"beijing"，添加完成后查看集群中的所有 Zone，命令如下所示。

obclient [(none)]> ALTER SYSTEM ADD ZONE zone3 IDC 'hz1', REGION 'beijing';
obclient [(none)]> SELECT * FROM oceanbase.DBA_OB_ZONES;

添加并查看集群中的所有 Zone 结果如图 2-6 所示。

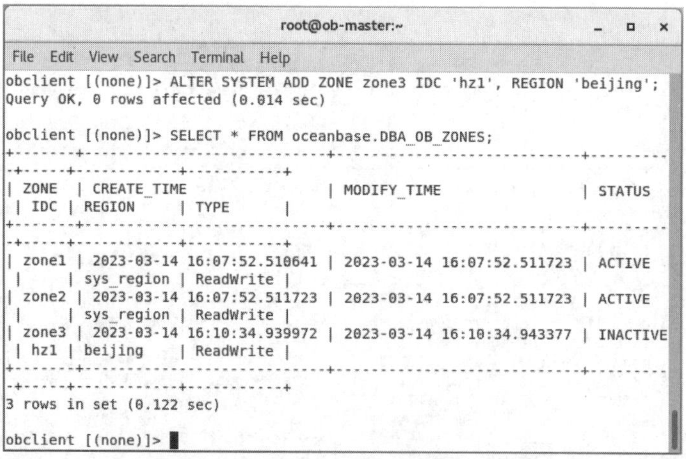

```
root@ob-master:~
File Edit View Search Terminal Help
obclient [(none)]> ALTER SYSTEM ADD ZONE zone3 IDC 'hz1', REGION 'beijing';
Query OK, 0 rows affected (0.014 sec)

obclient [(none)]> SELECT * FROM oceanbase.DBA_OB_ZONES;
+-------+----------------------------+----------------------------+---------
-+-----+------------+-----------+
| ZONE  | CREATE_TIME                | MODIFY_TIME                | STATUS
 | IDC | REGION     | TYPE      |
+-------+----------------------------+----------------------------+---------
-+-----+------------+-----------+
| zone1 | 2023-03-14 16:07:52.510641 | 2023-03-14 16:07:52.511723 | ACTIVE
 |     | sys_region | ReadWrite |
| zone2 | 2023-03-14 16:07:52.511723 | 2023-03-14 16:07:52.511723 | ACTIVE
 |     | sys_region | ReadWrite |
| zone3 | 2023-03-14 16:10:34.939972 | 2023-03-14 16:10:34.943377 | INACTIVE
 | hz1 | beijing    | ReadWrite |
+-------+----------------------------+----------------------------+---------
-+-----+------------+-----------+
3 rows in set (0.122 sec)

obclient [(none)]>
```

图 2-6 添加并查看集群中的所有 Zone

（7）Zone 添加完成后，使用 SQL 语句启动名为 zone3 的 Zone，并查看集群中所有 Zone 的状态，命令如下所示。

```
obclient [(none)]> ALTER SYSTEM START ZONE zone3;
obclient [(none)]> SELECT * FROM oceanbase.DBA_OB_ZONES;
```

启动名为 zone3 的 Zone 并查看集群中所有 Zone 的状态结果如图 2-7 所示。

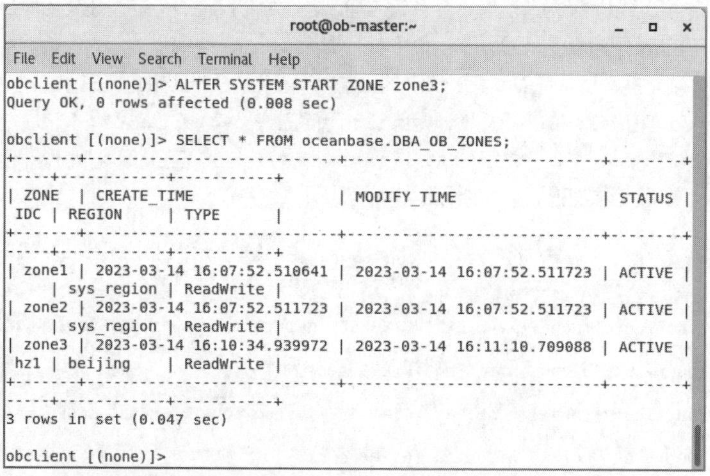

```
root@ob-master:~
File Edit View Search Terminal Help
obclient [(none)]> ALTER SYSTEM START ZONE zone3;
Query OK, 0 rows affected (0.008 sec)

obclient [(none)]> SELECT * FROM oceanbase.DBA_OB_ZONES;
+-------+----------------------------+----------------------------+--------+
-----+------------+-----------+
| ZONE  | CREATE_TIME                | MODIFY_TIME                | STATUS |
 IDC | REGION     | TYPE      |
+-------+----------------------------+----------------------------+--------+
-----+------------+-----------+
| zone1 | 2023-03-14 16:07:52.510641 | 2023-03-14 16:07:52.511723 | ACTIVE |
     | sys_region | ReadWrite |
| zone2 | 2023-03-14 16:07:52.511723 | 2023-03-14 16:07:52.511723 | ACTIVE |
     | sys_region | ReadWrite |
| zone3 | 2023-03-14 16:10:34.939972 | 2023-03-14 16:11:10.709088 | ACTIVE |
 hz1 | beijing    | ReadWrite |
+-------+----------------------------+----------------------------+--------+
-----+------------+-----------+
3 rows in set (0.047 sec)

obclient [(none)]>
```

图 2-7 启动名为 zone3 的 Zone 并查看集群中所有 Zone 的状态

任务 2.2 管理租户与用户

任务描述

OceanBase 分布式数据库中提供了细粒度的租户和用户的管理方法，能够为不同的租户设置服务器资源，将服务器资源添加到资源池中供租户以及租户内的用户使用。另外 OceanBase 分布式数据库还能够对租户内的用户进行更为细化的权限控制。本任务涉及管理资源、管理资源池、管理租户和管理用户权限 4 个技能点，通过对这 4 个技能点的学习，完成租户与用户的管理。

任务技能

技能点 2.2.1 管理资源

OceanBase 分布式数据库是多租户的分布式数据库,一个集群内可包含多个相互独立的租户,每个租户提供独立的数据库服务。基于多租户的 OceanBase 分布式数据库系统的集群和租户资源管理结构,自底向上依次包括以下 3 个层面。

服务器资源:一个 OceanBase 分布式数据库集群中通常包含若干个 Zone,使用 Zone 作为服务器的容器,每台服务器隶属于一个 Zone,一个 Zone 内通常可包含若干服务器,同一个 Zone 内的服务器通常部署在相同机房内。通常情况下,可简单地将一个 Zone 理解为对应一个机房。

租户资源:租户的可用物理资源以资源池(Resource Pool)的方式描述,资源池由分布在服务器上的若干资源单元(Resource Unit)组成,资源单元的可用物理资源通过资源配置(Resource Unit Config)指定,资源配置由用户创建。

租户数据:租户数据使用多副本的 Paxos(一致性协议)组存储,OceanBase 分布式数据库使用内置的副本分配和副本均衡策略,将租户的数据副本分配到相应租户的资源单元上。

资源管理中有如下概念。

资源单元:资源单元是租户在各服务器上数据副本的容器。资源单元包含计算存储资源(内存、CPU 和 I/O 等),同时资源单元也是集群负载均衡的一个基本单位,在集群节点上下线以及扩容、缩容时会动态调整资源单元在节点上的分布进而实现资源的使用均衡。

资源池:一个租户通常拥有若干个资源池,这些资源池的集合描述了这个租户所能使用的所有资源。一个资源池通常由具有相同资源配置的若干个资源单元组成。一个资源池只能属于一个租户。

资源配置:资源配置是资源单元的配置信息,用来描述资源池中每个资源单元可用的 CPU、内存、存储空间和计算机存储设备每秒进行读写操作的次数(Input/Output Per Second,IOPS)等。修改资源配置可以动态调整资源单元规格,进而调整对应租户的资源。

OceanBase 分布式数据库支持用户创建和删除资源单元、查看和修改资源配置。

1. 创建资源单元

在创建租户前,需要先确定租户的资源单元配置和资源使用范围,可以通过 SQL 语句或 OCP 创建资源单元。

租户使用的资源被限制在资源单元的范围内,如果当前存在的资源单元配置无法满足新租户的需要,可以新建资源单元进行配置。通过 SQL 语句创建资源单元的操作仅支持系统租户的 root 用户运行。创建资源单元的语法格式如下所示。

```
obclient[(none)]>CREATE RESOURCE UNIT unitname
MAX_CPU [=] cpunum,
[MIN_CPU [=] cpunum,]
MEMORY_SIZE [=] memsize,
[MAX_IOPS [=] iopsnum, MIN_IOPS [=] iopsnum,IOPS_WEIGHT [=]iopsweight,]
[LOG_DISK_SIZE [=] logdisksize];
```

参数说明如下所示。

(1)MAX_CPU 和 MIN_CPU:分别表示资源单元能够提供的 CPU 的上限和下限。应指定 MAX_CPU 的值,MIN_CPU 的值为可选的,若不指定,默认等于 MAX_CPU 的值。

(2)MEMORY_SIZE:表示资源单元能够提供的内存的大小,最小值为1GB。

（3）MAX_IOPS 和 MIN_IOPS：表示计算机存储设备每秒进行读写操作的次数的上限和下限，并且要求 MAX_IOPS≥MIN_IOPS。如果不指定，MAX_IOPS 和 MIN_IOPS 的值默认由系统根据 CPU 的规格自动计算。系统自动计算 MAX_IOPS 和 MIN_IOPS 参数值的规则如下。

① 如果 MIN_IOPS 和 MAX_IOPS 的值均未指定，则根据 MIN_CPU 自动计算它们，1 个核心（Core）对应 IOPS 的值为 10000，即 MAX_IOPS=MIN_IOPS = MIN_CPU × 10000。此时，如果未指定 IOPS_WEIGHT 的值，则 IOPS_WEIGHT=MIN_CPU。如果指定了 IOPS_WEIGHT 的值，则以指定的值为准。

② 如果仅指定了 MAX_IOPS 的值，则 MIN_IOPS 取 MAX_IOPS 的值；同样，如果仅指定了 MIN_IOPS 的值，则 MAX_IOPS 取 MIN_IOPS 的值。此时，如果未指定 IOPS_WEIGHT 的值，则默认为 0。

（4）LOG_DISK_SIZE：表示日志盘规格，如果不指定，默认等于 3 倍的内存规格，其最小值为 2GB。

在为参数指定值时，可以采用纯数字不加引号的方式，也可以使用纯数字加引号或数字带单位加引号的方式（例如：'1T'、'1G'、'1M'、'1k'）。其中，MAX_CPU、MIN_CPU、MAX_IOPS、MIN_IOPS 和 IOPS_WEIGHT 这些整型参数，如果参数值使用数字带单位加引号的方式表示，其单位含义为个。MEMORY_SIZE 和 LOG_DISK_SIZE 这些容量参数，如果使用数字带单位加引号的方式表示，其单位含义为字节，如果使用纯数字加引号的方式表示，则引号中数字的默认单位为 MB。

2．查看资源配置

资源单元可以理解为是服务器资源的使用模板。通过查询视图可以获知当前集群中已经存在的资源单元的配置信息，资源配置仅能通过使用 root 用户登录数据库的系统租户查看，语法格式如下所示。

```
obclient[(none)]>SELECT * FROM oceanbase.DBA_OB_UNIT_CONFIGS\G
```

3．修改资源配置

资源配置可调整资源单元中的 CPU、内存等的值。但在修改资源配置前，如果资源单元正在被租户使用并且确认需要增加资源，则在增加资源的过程中要保证 OBServer 有足够的剩余资源可用于分配。可以通过内部表 oceanbase.GV$OB_SERVERS 来查询节点总资源和已经分配的资源，然后通过计算来确定是否可以修改资源配置，修改资源配置的语法格式如下所示。

```
obclient[(none)]>ALTER RESOURCE UNIT unitname
MAX_CPU [=] cpunum,
[MIN_CPU [=] cpunum,]
MEMORY_SIZE [=] memsize,
[MAX_IOPS [=] iopsnum, MIN_IOPS [=] iopsnum,IOPS_WEIGHT [=]iopsweight,]
[LOG_DISK_SIZE [=] logdisksize];
```

4．删除资源单元

删除资源单元前要确保当前资源单元未被使用。如果当前资源单元正在被使用，则需要先将该资源单元从资源池中移出再删除，仅使用 root 用户登录数据库的系统租户才能删除资源单元，具体操作如下。

（1）运行以下 SQL 语句，查看当前资源单元是否被指定给资源池，语法格式如下所示。

```
obclient[(none)]>SELECT a.UNIT_CONFIG_ID, a.NAME FROM oceanbase.DBA_OB_UNIT_CONFIGS a,oceanbase.DBA_OB_RESOURCE_POOLS b WHERE b.UNIT_CONFIG_ID=a.UNIT_CONFIG_ID;
```

查看当前资源单元是否被指定给资源池结果如图 2-8 所示。

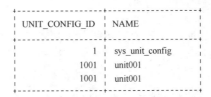

图 2-8 查看当前资源单元是否被指定给资源池

可根据返回结果判断当前资源单元是否被使用，若返回结果的 NAME 字段中无该资源单元名称，则表示该资源单元未被指定给资源池；如果返回结果的 NAME 字段中有该资源单元名称，则表示该资源单元已被指定给资源池。

（2）删除资源单元

若当前资源单元未被使用，可使用 DROP RESOURCE UNIT 命令删除该资源单元，该语句仅支持删除单个资源单元，不支持批量删除多个资源单元，语法格式如下所示。

obclient[(none)]>DROP RESOURCE UNIT unit1;

若当前资源单元已被指定给某个资源池，需要为原资源池指定新的资源单元之后，再删除资源单元。假设待删除的资源单元为 unit1, unit1 被指定给了资源池 pool1，如果要删除资源单元 unit1，则需要先创建资源单元 unit2，并将 unit2 指定给 pool1，再删除 unit1，语法格式如下所示。

obclient[(none)]>CREATE RESOURCE UNIT unit2 MAX_CPU=4, MIN_CPU=4, MEMORY_SIZE='5G', MAX_IOPS=1024, MIN_IOPS=1024, IOPS_WEIGHT=0, LOG_DISK_SIZE='2G';
obclient[(none)]>ALTER RESOURCE POOL pool1 UNIT='unit2';
obclient[(none)]>DROP RESOURCE UNIT unit1;

技能点 2.2.2 管理资源池

资源单元是组成资源池的基本单元，资源单元创建完成后，需要将资源单元添加到对应的资源池中才能被租户使用。对于资源池，OceanBase 分布式数据库提供了创建资源池、查看资源池、修改资源池、合并资源池、分裂资源池、从租户中移除资源池和删除资源池等功能。

1. 创建资源池

在创建新租户时，如果当前的资源池均被使用（被其他租户使用），则需要创建新的资源池。在使用 SQL 语句创建资源池前，应先确认已创建了待使用的资源单元。仅系统租户才能创建资源池。创建资源池语法格式如下所示。

obclient[(none)]>CREATE RESOURCE POOL poolname
UNIT [=] unitname,
UNIT_NUM [=] unitnum,
ZONE_LIST [=] ('zone' [, 'zone'...]);

参数说明如下所示。

（1）UNIT：资源单元。

（2）UNIT_NUM：集群的一个可用区里面包含的资源单元个数。该值小于等于一个 Zone 中的 OBServer 的个数。

（3）ZONE_LIST：资源池的可用区列表，显示资源池的资源单元在哪些可用区中被使用。

2. 查看资源池

资源池创建成功后，可以通过视图查看集群中的资源池以及各资源池的分布情况，仅使用 root 用户登录数据库的系统租户才能够查看资源池，语法格式如下所示。

obclient[(none)]>SELECT * FROM DBA_OB_RESOURCE_POOLS\G;

返回结果中包含以下内容。

（1）RESOURCE_POOL_ID：资源池 ID，每个资源池有一个资源池 ID。

（2）TENANT_ID：资源池归属的租户 ID，每个租户有一个租户 ID，系统租户的租户 ID 为 1，如果查询结果中的 TENANT_ID 为 NULL，则表示当前资源池未绑定租户。

（3）UNIT_COUNT：资源池中资源单元的个数。

（4）UNIT_CONFIG_ID：资源池对应的资源单元配置 ID。一个资源单元有一个资源配置 ID。

（5）ZONE_LIST：资源池的可用区列表，显示资源池的资源在哪些可用区中被使用。

3. 修改资源池

修改资源池是实现租户扩容或缩容的一种方式。例如，在每个可用区中增加或减少节点数量，这可以通过修改参数 UNIT_NUM 来实现，该操作仅支持系统租户的 root 用户运行，语法格式如下所示。

```
obclient[(none)]>ALTER RESOURCE POOL pool_name
UNIT [=] unit_name,
UNIT_NUM [=] unit_num [DELETE UNIT = (unit_id_list)],
ZONE_LIST [=] ('zone'[, 'zone' ...]);
```

修改资源池的命令每次仅支持修改一个参数。参数说明如下所示。

（1）UNIT_NUM：指定修改每个可用区的资源单元个数，其值需要小于等于对应可用区中的 OBServer 的个数。减小 UNIT_NUM 时，指定 DELETE UNIT 可以明确指定本次缩容即将删除的资源单元。如果不指定 DELETE UNIT，则系统将自动选择资源单元进行删除。

（2）DELETE UNIT：明确指定待删除的 unit_id，需要满足以下条件。

① 待删除的 unit_id 列表中，每个可用区内删除的资源单元的数量需要相等，目前认为删除 unit_id 列表中各可用区的资源单元数量不相同的缩容操作属于非法操作。

② 待删除的 unit_id 列表中，每个可用区内删除的资源单元的数量和 UNIT_NUM 的数量需要匹配。指定待删除的 unit_id 时，unit_id 可通过查询视图 GV$OB_UNITS 获取。

（3）ZONE_LIST：指定资源池的使用范围。

4. 合并资源池

为了便于管理，可以将租户内相同资源配置的多个资源池合并为一个资源池。合并资源池时只能合并当前租户的资源池；被合并的资源池的 UNIT_NUM 需要都相等；被合并的资源池的资源配置需要是同一个。合并资源池的语法格式如下所示。

```
obclient[(none)]>ALTER RESOURCE POOL MERGE ('pool_name'[, 'pool_name' ...]) INTO ('merge_pool_name');
```

该命令仅支持由系统租户的 root 用户运行，合并资源池时，不会影响资源池被租户使用，仅从 RootService 的管理层来看，合并资源池是将多个资源池合并为一个资源池，方便统一维护。

5. 分裂资源池

为了对资源进行充分利用，可以将租户的一个多可用区资源池分裂为多个单可用区资源池，再为每个可用区重新配置各自的资源配置。在使用场景中，假设当前名为 pool1 的资源池的使用范围为 z1、z2、z3，而资源配置规格均为 uc0，由于 z1、z2、z3 这 3 个可用区上的服务器规格可能有较大差别，3 个可用区内如果使用同一个资源规格 uc0，无法充分利用每个可用区内服务器的资源。分裂资源池的语法格式如下所示。

```
obclient[(none)]>ALTER RESOURCE POOL SPLIT INTO ('pool_name' [, 'pool_name' ...]) ON ('zone' [, 'zone' ...]);
```

该语句仅支持由系统租户的 root 用户运行，分裂出的资源池的默认资源配置仍然为原资源配置，可以根据各可用区的资源使用情况调整各新资源池的资源配置。

6. 从租户中移除资源池

可以使用 ALTER TENANT 语句将资源池从租户中移除，语法格式如下所示。

```
obclient[(none)]>ALTER TENANT tenant_name RESOURCE_POOL_LIST [=](pool_name [, pool_name...]);
```

该语句仅支持由系统租户的 root 用户运行。RESOURCE_POOL_LIST 语句一次仅支持移除一个资源池。

7. 删除资源池

OceanBase 分布式数据库支持通过 SQL 语句删除资源池，删除资源池时应确保相应的资源池未被任何租户使用。如果资源池正在被租户使用，则需要将资源池从租户中移除再删除资源池。删除资源池的语法格式如下所示。

```
obclient[(none)]>DROP RESOURCE POOL pool_name;
```

该语句仅支持由系统租户的 root 用户运行。

技能点 2.2.3 管理租户

租户之间是完全隔离的，在数据安全方面，不允许跨租户的数据访问，确保用户的数据资产没有被其他租户窃取的风险。在资源使用方面表现为租户"独占"其资源配额。总体来说，租户既是各类数据库对象的容器，又是资源（CPU、内存、I/O 等）的容器。

租户按照职责范围的不同，分为系统租户、用户租户和内部自管理租户（Meta 租户）。系统租户是 OceanBase 分布式数据库的系统内置租户；用户租户与通常所说的数据库管理系统相对应，可以被看作是一个数据库实例，它是依据系统租户业务需要所创建的。每创建一个用户租户，系统就会创建一个对应的 Meta 租户，Meta 租户的生命周期与用户租户一致。新建租户、分配资源池、查看租户信息、修改租户信息、重命名租户以及删除租户的介绍如下。

1. 新建租户

在 OceanBase 分布式数据库中，只有 root 用户连接到系统租户（root@sys）才能运行 CREATE TENANT 命令新建租户，新建租户的语法格式如下所示。

```
obclient[(none)]>CREATE TENANT [IF NOT EXISTS] tenant_name [tenant_characteristic_list] [opt_set_sys_var];
tenant_characteristic_list:
   tenant_characteristic [, tenant_characteristic...]
tenant_characteristic:
     COMMENT 'string'
   | {CHARACTER SET | CHARSET} [=] charsetname
   | COLLATE [=] collationname
   | ZONE_LIST [=] (zone [, zone...])
   | PRIMARY_ZONE [=] zone
   | DEFAULT TABLEGROUP [=] {NULL | tablegroup}
   | RESOURCE_POOL_LIST [=](poolname [, poolname...])
   | LOCALITY [=] 'locality description'
opt_set_sys_var:
  {SET | SET VARIABLES | VARIABLES} system_var_name = expr [,system_var_name = expr] ...
```

新建租户语法格式的参数说明如表 2-10 所示。

表 2-10 新建租户语法格式的参数说明

参数	说明
IF NOT EXISTS	可选参数，如果要创建的租户名已存在，并且没有指定 IF NOT EXISTS，则会出现错误
tenant_name	租户名命名规则和变量命名规则一致，最多包含 128 个字符，字符只能是大小写英文字母、数字和下画线，要求以字母或下画线开头，并且不能是 OceanBase 分布式数据库的关键字
COMMENT	指定租户的注释信息
CHARACTER SET | CHARSET	指定租户的字符集。其可选值包含 binary、gbk、gb18030、utf16、utf8mb4，默认为 utf8mb4
COLLATE	指定租户的字符序
ZONE_LIST	指定租户的 Zone 列表
PRIMARY_ZONE	指定租户的 Primary Zone。Primary Zone 表示 Leader 副本的偏好位置，即主 Zone。Primary Zone 实际上是一个 Zone 的列表，列表中可以包含多个 Zone。当 Primary Zone 列表包含多个 Zone 时，使用半角分号";"分隔的 Zone 具有从高到低的优先级；使用半角逗号","分隔的 Zone 具有相同优先级
DEFAULT TABLEGROUP	用于指定租户默认的表组信息，默认为 NULL，表示取消默认表组
RESOURCE_POOL_LIST	新建租户时的必选参数，新建租户时仅支持分配一个资源池。如果需要为租户添加多个资源池，则可以待租户新建成功后通过修改租户资源池的方式进行添加。在分配资源池时，普通租户的内存规格要求大于等于 5 GB，否则租户会创建失败
LOCALITY	指定副本在 Zone 间的分布情况
system_var_name	指定租户的系统变量值。变量 ob_compatibility_mode 用于指定租户的兼容模式，可选择 MySQL 或 Oracle 模式，并且只能在新建租户时指定。如果不指定 ob_compatibility_mode，则默认兼容模式为 MySQL 模式。变量 ob_tcp_invited_nodes 用于指定租户连接的白名单，即允许哪些客户端 IP 地址连接指定租户。如果不调整 ob_tcp_invited_nodes 的值，则默认租户的连接方式为只允许本机的 IP 地址连接数据库

2. 分配资源池

资源池创建成功后，可以在新建租户时将资源池分配给租户，也可以在修改租户资源池列表时，将未使用的资源池分配给租户。

（1）新建租户时分配资源池

新建租户时，可以将未使用的资源池分配给租户，语法格式如下所示。

```
obclient[(none)]>CREATE TENANT IF NOT EXISTS test_tenant charset='utf8mb4', replica_num=3, zone_list=('zone1','zone2','zone3'), primary_zone='zone1;zone2,zone3', resource_pool_list=('pool1');
```

说明如下。

① 每个资源池仅能绑定一个租户，并且在新建租户时，一个租户仅支持指定一个资源池。

② 租户在 Zone 内被分配的所有资源总量=资源单元规格×资源单元数量。

（2）修改租户资源池列表时分配资源池

可通过 ALTER TENANT 命令将未使用的资源池分配给租户，语法格式如下所示。

```
obclient[(none)]>ALTER TENANT tenant_name RESOURCE_POOL_LIST [=](pool_name [, pool_name...]);
```

说明如下。

① 该命令仅支持由系统租户的 root 用户运行。

② RESOURCE_POOL_LIST 命令一次仅支持分配一个资源池。

③ 为租户分配资源池时，待分配的资源池与现有资源池所分布的 Zone 不能有交集。

3. 查看租户信息

系统租户可以通过视图 oceanbase.DBA_OB_TENANTS 来查看集群中的租户信息，包括各租户的 ID、名称、主 Zone 以及副本分布方式等，语法格式如下所示。

obclient[(none)]> SELECT * FROM oceanbase.DBA_OB_TENANTS\G

oceanbase.DBA_OB_TENANTS 视图字段说明如表 2-11 所示。

表 2-11 oceanbase.DBA_OB_TENANTS 视图字段说明

字段名称	描述
TENANT_ID	租户 ID。 1：系统租户 ID。 其他值：用户租户 ID 或者 Meta 租户 ID
TENANT_NAME	租户名
TENANT_TYPE	租户类型。 SYS：系统租户。 USER：用户租户。 META：Meta 租户
CREATE_TIME	租户创建时间
MODIFY_TIME	租户修改时间
PRIMARY_ZONE	租户主 Zone
LOCALITY	租户副本分布信息
PREVIOUS_LOCALITY	变更前的 LOCALITY 信息。 如果为有效值，则说明 LOCALITY 变更没有完成。 NULL：表示没有进行 LOCALITY 变更
COMPATIBILITY_MODE	兼容模式。 MYSQL：MySQL 兼容模式。 ORACLE：Oracle 兼容模式
STATUS	当前租户状态。 TENANT_STATUS_NORMAL：正常状态租户。 TENANT_STATUS_RESTORE：物理恢复中的租户。 TENANT_STATUS_CREATING：正在创建的租户。 TENANT_STATUS_DROPPING：正在删除的租户
IN_RECYCLEBIN	是否在回收站中。 YES：在回收站中。 NO：不在回收站中
LOCKED	是否锁定

4. 修改租户信息

租户新建成功后，可以通过 SQL 语句修改租户的信息，包括租户的副本数、Zone 列表、主 Zone 以及系统变量值等，修改租户信息的语法格式如下所示。

```
obclient[(none)]>ALTER TENANT {tenant_name | ALL}
    [SET] [tenant_option_list] [opt_global_sys_vars_set]
tenant_option_list:
    tenant_option [, tenant_option ...]
tenant_option:
            COMMENT [=]'string'
            |PRIMARY_ZONE [=] zone
            |RESOURCE_POOL_LIST [=](poolname [, poolname...])
            |DEFAULT TABLEGROUP [=] {NULL | tablegroupname}
            |LOCALITY [=] 'locality description';
opt_global_sys_vars_set:
    VARIABLES system_var_name = expr [,system_var_name = expr] ...
```

5. 重命名租户

新建租户后，系统租户可以修改普通租户的名称。OceanBase 分布式数据库修改普通租户的名称，语法格式如下所示。

```
obclient[(none)]> ALTER TENANT old_tenant_name RENAME GLOBAL_NAME TO new_tenant_name;
```

6. 删除租户

可以通过 SQL 语句删除租户，删除租户后，租户下的数据库和表也同时被删除，但是租户使用的资源配置不会被删除，资源配置可以继续给其他租户使用。只有系统租户的 root 用户才能运行 DROP TENANT 命令。删除租户的语法格式如下所示。

```
obclient[(none)]> DROP TENANT tenant_name [FORCE]
```

技能点 2.2.4　管理用户权限

OceanBase 分布式数据库中的用户分为两类：系统租户内的用户和用户租户内的用户。用户租户又分为 Oracle 模式租户和 MySQL 模式租户，分别简称 Oracle 租户和 MySQL 租户。新建用户时，如果当前会话的租户为系统租户，则新建的用户为系统租户内的用户，否则为用户租户内的用户。不同租户之间的用户权限相互独立，这里将介绍 MySQL 租户内的用户。MySQL 租户内的用户只能拥有该租户内对象的访问权限，MySQL 租户下的用户的权限主要有以下 3 类。

用户级权限：用户级权限是全局权限，不是针对某个指定的数据库。
数据库级权限：数据库级权限适用于数据库及其中的所有对象。
对象权限：对象权限适用于所有数据库中指定类型的对象。
OceanBase 分布式数据库中 MySQL 租户下的用户相关的权限如表 2-12 所示。

表 2-12　MySQL 租户下的用户相关的权限

权限类别	权限	描述
对象权限	CREATE	确定用户是否可以创建数据库和表
对象权限	SELECT	确定用户是否可以查询表中的数据
对象权限	INSERT	确定用户是否可以在表中插入行数据
对象权限	UPDATE	确定用户是否可以修改现有数据
对象权限	DELETE	确定用户是否可以删除现有数据

续表

权限类别	权限	描述
对象权限	DROP	确定用户是否可以删除现有数据库、表和视图
对象权限	INDEX	确定用户是否可以创建和删除表索引
对象权限	ALTER	确定用户是否可以重命名和修改表结构
对象权限	CREATE VIEW	确定用户是否可以创建视图
对象权限	SHOW VIEW	确定用户是否可以查看视图或了解视图如何运行
数据库级权限	SELECT	确定用户是否可以查询表中的数据
数据库级权限	INSERT	确定用户是否可以在表中插入行数据
数据库级权限	UPDATE	确定用户是否可以修改现有数据
数据库级权限	DELETE	确定用户是否可以删除现有数据
数据库级权限	CREATE	确定用户是否可以创建数据库和表
数据库级权限	DROP	确定用户是否可以删除现有数据库、表和视图
数据库级权限	INDEX	确定用户是否可以创建和删除表索引
数据库级权限	ALTER	确定用户是否可以重命名和修改表结构
数据库级权限	CREATE VIEW	确定用户是否可以创建视图
数据库级权限	SHOW VIEW	确定用户是否可以查看视图或了解视图如何运行
用户级权限	CREATE	确定用户是否可以创建数据库和表
用户级权限	ALTER	确定用户是否可以重命名和修改表结构
用户级权限	SELECT	确定用户是否可以查询表中的数据
用户级权限	INSERT	确定用户是否可以在表中插入行数据
用户级权限	UPDATE	确定用户是否可以修改现有数据
用户级权限	DELETE	确定用户是否可以删除现有数据
用户级权限	DROP	确定用户是否可以删除现有数据库、表和视图
用户级权限	INDEX	确定用户是否可以创建和删除表索引
用户级权限	CREATE VIEW	确定用户是否可以创建视图
用户级权限	SHOW VIEW	确定用户是否可以查看视图或了解视图如何运行
用户级权限	ALTER TENANT	修改租户信息的权限
用户级权限	ALTER SYSTEM	运行 ALTER SYSTEM 命令的权限
用户级权限	CREATE RESOURCE POOL	创建、修改和删除资源池的权限
用户级权限	CREATE RESOURCE UNIT	创建、修改和删除资源单元的权限
用户级权限	CREATE USER	确定用户是否可以运行 CREATE USER 命令，这个命令用于创建新的 MySQL 账户
用户级权限	PROCESS	确定用户是否可以通过 SHOW PROCESSLIST 命令查看其他用户的进程

续表

权限类别	权限	描述
用户级权限	SHOW DB	确定用户是否可以查看服务器上所有数据库的名字，包括用户拥有足够访问权限的数据库的名字
用户级权限	FILE	确定用户是否可以运行 SELECT INTO OUTFILE 和 LOAD DATA INFILE 命令
用户级权限	SUPER	确定用户是否可以运行某些强大的管理功能，例如通过 KILL 命令删除用户进程，使用 SET GLOBAL 命令修改全局 MySQL 变量，运行复制和关于日志的各种命令

在 MySQL 模式下用户的管理方法如下所示。

1. 创建用户

在数据库运行过程中，需要创建不同的用户，并为用户授予相应的权限，一般被授予 CREATE USER 权限的用户可以创建用户。默认仅集群管理员和租户管理员拥有系统权限，其他用户如果需要创建用户，需要被授予 CREATE USER 权限。

在创建用户时需要遵循以下规则。

（1）用户名的唯一性：用户名在租户内是唯一的，不同租户内的用户可以同名，故通过用户名@租户名的形式可以在系统中全局唯一定位一个租户用户。由于系统租户与 MySQL 租户属于同一兼容模式，为区别系统租户和普通租户内的用户，建议对系统租户内的用户名使用特定前缀。

（2）用户名的命名约定：使用 OBClient 等客户端创建用户时，要求用户名长度不超过 64 个字节。

在创建用户时，建议遵循最小权限原则，即所有用户只拥有运行其任务所需的最小权限，创建用户的语法格式如下所示。

```
obclient[(none)]>CREATE USER [IF NOT EXISTS] user_specification_list [REQUIRE {NONE | SSL | X509 | tls_option}];
user_specification_list:
    user_specification [, user_specification ...]
user_specification:
    user IDENTIFIED BY 'authstring'
    | user IDENTIFIED BY PASSWORD 'hashstring'tls_option:
| CIPHER 'cipher'
| ISSUER 'issuer'
| SUBJECT 'subject'
```

创建用户语法格式的参数说明如表 2-13 所示。

表 2-13　创建用户语法格式的参数说明

参数	说明
IF NOT EXISTS	如果待创建的用户名已存在并且未指定 IF NOT EXISTS，则系统会报错
REQUIRE	用于指定用户使用的加密协议，为 NONE、SSL、X509 和 tls_option（cipher、issuer、subject）中的一种
IDENTIFIED BY	使用可选的 IDENTIFIED BY 子句，可以为账户指定一个密码

2. 设置密码复杂度

MySQL 模式的 OceanBase 分布式数据库的密码复杂度策略兼容 MySQL 数据库的密码策略。为了防止恶意的密码攻击,提升数据库的安全性,OceanBase 分布式数据库用户可以根据需要设置密码的复杂度,验证用户登录身份,以设置用户密码最小长度为例,设置密码复杂度语法格式如下所示。

obclient[(none)]>SET GLOBAL validate_password_length

OceanBase 分布式数据库的 MySQL 模式主要通过设置一系列系统变量来设置密码的复杂度,相关变量及其描述如表 2-14 所示。

表 2-14 相关变量及其描述

变量名	描述
validate_password_check_user_name	检查用户密码是否可以和用户名相同,取值如下。 on:表示用户密码不可以和用户名相同。 off:表示用户密码可以和用户名相同,默认值为 off
validate_password_length	设置用户密码最小长度。默认值为 0
validate_password_mixed_case_count	设置用户密码至少包含的大写字母和小写字母总个数,默认值为 0
validate_password_number_count	设置用户密码至少包含的数字个数,默认值为 0
validate_password_policy	设置密码检查策略,取值如下。 low:表示仅包含密码长度检测,默认值为 low。 medium:表示包括密码长度检测、大写字母个数检测、小写字母个数检测、数字个数检测、特殊字符个数检测、用户名密码相同检测
validate_password_special_char_count	用户密码至少包含的特殊字符个数,默认值为 0

3. 修改用户权限

修改用户权限包括授予用户权限和撤销用户权限,这里主要介绍授予用户权限。可以通过 GRANT 命令授予用户用户级权限、数据库级权限或对象权限。当前用户应拥有被授予的权限(例如,test1 把表 t1 的 SELECT 权限授予 test2,则 test1 应拥有表 t1 的 SELECT 的权限),并且拥有 GRANT OPTION 权限,才能授予权限成功。进行权限授权前,需要注意以下事项。

(1)给特定用户授予权限时,如果用户不存在,可以直接创建用户。如果 sql_mode='no_auto_create_user',且语句中没有 IDENTIFIED BY 指定密码,不可以直接创建用户。

(2)同时把多个权限授予用户时,权限类型用半角逗号","分隔。

(3)同时给多个用户授权时,用户名用半角逗号","分隔。

(4)用户被授权后,只有重新连接 OceanBase 分布式数据库,权限才能生效。

(5)由于目前没有 CHANGE EFFECTIVE TENANT 的权限控制,故系统租户内的用户都可以进行授权。

授予用户权限的语法格式如下所示。

```
obclient[(none)]>GRANT priv_type
    ON priv_level
    TO user_specification [, user_specification]...
    [WITH GRANT OPTION];
priv_type:
```

```
        ALTER
      | CREATE
      | CREATE USER
      | CREATE VIEW
      | DELETE
      | DROP
      | GRANT OPTION
      | INDEX
      | INSERT
      | PROCESS
      | SELECT
      | SHOW DATABASES
      | SHOW VIEW
      | SUPER
      | UPDATE
      | USAGE
      | CREATE SYNONYM
priv_level:
      *
    | *.*
    | database_name.*
    | database_name.table_name
    | table_name
    | database_name.routine_name
user_specification:
user_name [IDENTIFIED BY [PASSWORD] 'password']
with_option:
 GRANT OPTION
```

授予用户权限语句的参数如表 2-15 所示。

表 2-15 授予用户权限语句的参数

参数	说明
priv_type	指定授予的权限类型。同时将多个权限授予用户时，权限类型之间使用半角逗号","分隔
priv_level	指定授予权限的层级。MySQL 模式中，权限主要分为以下层级。 用户层级：适用于所有的数据库，使用 GRANT... ON *.* 授予用户级权限； 数据库层级：适用于指定一个数据库中的所有目标，使用 GRANT ... ON db_name.* 授予数据库级权限； 表层级：适用于指定一个表中的所有列，使用 GRANT ... ON database_name.table_name 授予表级权限
WITH GRANT OPTION	指定权限是否允许转授或撤销
user_specification	指定待授予权限的用户。如果用户不存在，则直接创建用户。同时授权给多个用户时，用户名之间使用半角逗号","分隔

续表

参数	说明
user_name IDENTIFIED BY 'password'	明文密码
user_name IDENTIFIED BY PASSWORD 'password'	密文密码

4. 查看用户权限

用户被创建并授予权限成功后，可以根据需要查看用户的权限，用户权限的查看有 3 种方式，即查看某个用户被授予的权限、用户级权限和数据库级权限，查看用户权限语法格式如下所示。

```
# 查看某个用户被授予的权限
obclient[(none)]> SHOW GRANTS FOR test;
# 查看用户所拥有的用户级权限
obclient[(none)]> SELECT * FROM mysql.user WHERE user='test'\G;
# 查看用户所拥有的数据库级权限
obclient[(none)]> SELECT * FROM mysql.db WHERE user='test'\G;
```

5. 修改用户密码

当用户密码使用一段时间后，为了保证数据安全需要修改密码，OceanBase 分布式数据库提供了两种方式修改密码，即通过 ALTER USER 语句或 SET PASSWORD 语句。

（1）通过 ALTER USER 语句修改用户密码

ALTER USER 语句可以用于修改其他用户的密码。只有当前用户拥有 UPDATE USER 系统权限，才可以运行 ALTER USER 命令。ALTER USER 语法格式如下所示。

```
obclient[(none)]>ALTER USER username IDENTIFIED BY password;
```

（2）通过 SET PASSWORD 语句修改用户密码

SET PASSWORD 语句可以用于修改当前用户或其他用户的密码。SET PASSWORD 语法格式如下所示。

```
obclient[(none)]> SET PASSWORD [FOR user] = PASSWORD('password');
```

说明如下。

① 不使用 FOR user 子句表示修改当前用户的密码。

② 使用 FOR user 子句表示修改指定用户的密码。只有当前用户只有拥有全局的 CREATE USER 权限，才可以修改指定用户的密码。

6. 删除用户

当不再需要用户时，可使用 DROP USER 语句删除用户，该语句可删除一个或多个 OceanBase 分布式数据库用户。DROP USER 语法格式如下所示。

```
obclient[(none)]>DROP USER user_name [, user_name...];
```

说明如下。

（1）当前用户要拥有全局的 CREATE USER 权限。

（2）不能对 mysql.user 表使用 DELETE 的方式进行权限管理。

（3）成功删除某用户后，该用户所创建的数据库对象不会被删除，但该用户的所有权限会一同被删除。

（4）同时删除多个用户时，用户名用半角逗号","分隔。

任务实施　创建租户与用户

通过对租户与用户管理相关知识的学习，可以了解 OceanBase 分布式数据库中租户和用户的关系、资源与资源池的相关概念。本任务将完成资源、资源池、租户以及用户的管理操作，步骤如下所示。

（1）使用 root 用户登录集群的系统租户，并选择 OceanBase 分布式数据库，之后通过 DBA_OB_UNIT_CONFIGS 视图，查看已有的资源单元信息，命令如下所示。

obclient [(none)]> USE oceanbase;
obclient [oceanbase]> SELECT * FROM DBA_OB_UNIT_CONFIGS\G;

查看资源单元信息结果如图 2-9 所示。

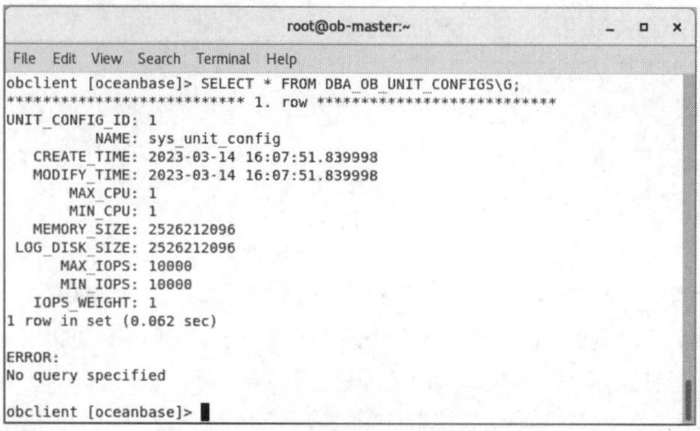

图 2-9　查看资源单元信息

（2）创建一个名称为 S1_unit_config 的资源单元，其资源配置为内存为 2GB，CPU 为 1 核，日志盘空间为 6GB，命令如下所示。

obclient [oceanbase]> CREATE RESOURCE UNIT S1_unit_config
　　　　　　MEMORY_SIZE = '2G',
　　　　　　MAX_CPU = 1, MIN_CPU = 1,
　　　　　　LOG_DISK_SIZE = '6G',
　　　　　　MAX_IOPS = 10000, MIN_IOPS = 10000, IOPS_WEIGHT=1;

创建资源单元结果如图 2-10 所示。

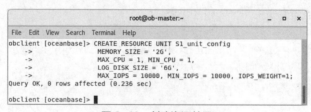

图 2-10　创建资源单元

（3）查询 DBA_OB_UNIT_CONFIGS 视图中名为 S1_unit_config 的资源单元信息，确认资源单元创建成功，命令如下所示。

obclient [oceanbase]> SELECT * FROM DBA_OB_UNIT_CONFIGS WHERE NAME = 'S1_unit_config';

查询 S1_unit_config 资源单元信息结果如图 2-11 所示。

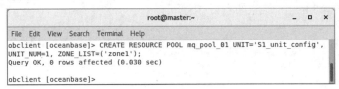

图 2-11 查询 S1_unit_config 资源单元信息

（4）创建资源池。创建一个名为 mq_pool_01 的资源池，在 zone1 里创建 1 个资源单元，每个资源单元的资源规格为 S1_unit_config，命令如下所示。

obclient [oceanbase]> CREATE RESOURCE POOL mq_pool_01 UNIT='S1_unit_config', UNIT_NUM=1, ZONE_LIST=('zone1');

创建资源池结果如图 2-12 所示。

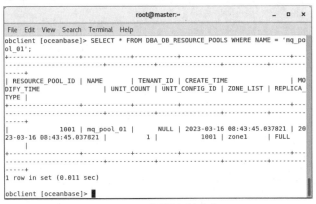

图 2-12 创建资源池

（5）通过 DBA_OB_RESOURCE_POOLS 视图查看资源池信息，确认资源池创建成功，命令如下所示。

obclient [oceanbase]> SELECT * FROM DBA_OB_RESOURCE_POOLS WHERE NAME = 'mq_pool_01';

查看资源池信息结果如图 2-13 所示。

图 2-13 查看资源池信息

（6）通过 DBA_OB_TENANTS 视图，查看集群中所有的租户信息，命令如下所示。

obclient [oceanbase]> SELECT * FROM DBA_OB_TENANTS;

查看集群中所有的租户信息结果如图 2-14 所示。

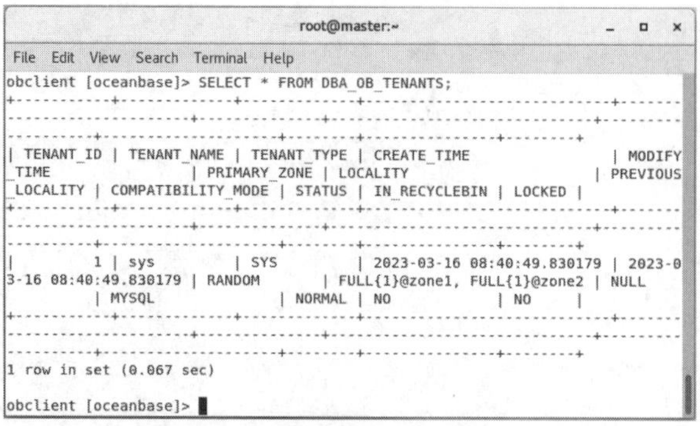

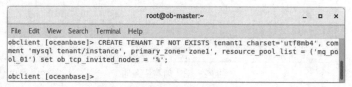

图 2-14　查看集群中所有的租户信息

（7）创建一个名为 tenant1 的租户（默认为 MySQL 租户），资源池指定为 mq_pool_01，Primary Zone 指定为 zone1，并指定允许任何客户端 IP 连接该租户，命令如下所示。

obclient [oceanbase]> CREATE TENANT IF NOT EXISTS tenant1 charset='utf8mb4', comment 'mysql tenant/instance', primary_zone='zone1', resource_pool_list = ('mq_pool_01') set ob_tcp_invited_nodes = '%';

创建名为 tenant1 的租户结果如图 2-15 所示。

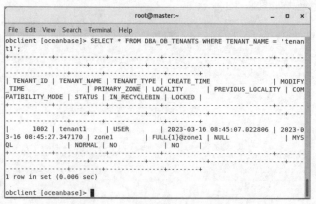

图 2-15　创建名为 tenant1 的租户

（8）通过 DBA_OB_TENANTS 视图，验证 tenant1 租户是否创建成功，命令如下所示。

obclient [oceanbase]> SELECT * FROM DBA_OB_TENANTS WHERE TENANT_NAME = 'tenant1';

查看 tenant1 租户信息结果如图 2-16 所示。

图 2-16　查看 tenant1 租户信息

（9）使用"Ctrl+D"组合键退出当前租户，使用名为 tenant1 的 MySQL 租户登录 OceanBase 分布式数据库并为该租户下的 root 用户设置登录密码，命令如下所示。

[root@ob-master ~]# obclient -h192.168.0.10 -uroot@tenant1 -P2883 -p -Doceanbase -A
obclient [oceanbase]> ALTER USER root IDENTIFIED BY '123456';

设置 root 用户的登录密码结果如图 2-17 所示。

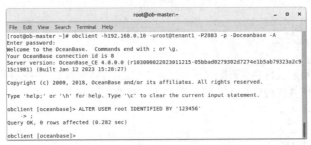

图 2-17 设置 root 用户的登录密码

（10）在 tenant1 租户中创建名为 mq_user 的普通用户，并设置密码为"123456"，命令如下所示。

obclient [oceanbase]> CREATE USER IF NOT EXISTS mq_user IDENTIFIED BY '123456';

创建 mq_user 用户结果如图 2-18 所示。

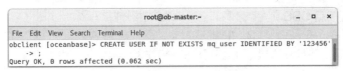

图 2-18 创建 mq_user 用户

（11）将名为"myStudent"的数据库中的所有对象操作权限授予用户 mq_user，命令如下所示。

obclient [oceanbase]> GRANT ALL ON myStudent.* TO mq_user;
obclient [oceanbase]> GRANT ALL ON *.* TO mq_user;

授予权限结果如图 2-19 所示。

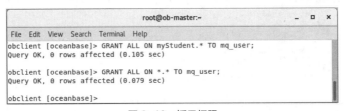

图 2-19 授予权限

（12）使用 tenant1 租户下的 mq_user 用户登录 OceanBase 分布式数据库，命令如下所示。

[root@ob-master ~]# obclient -h192.168.0.10 -umq_user@tenant1 -P2883 -p

登录 OceanBase 分布式数据库结果如图 2-20 所示。

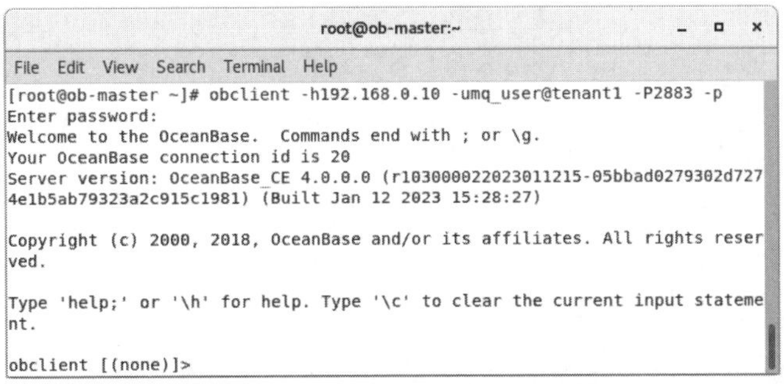

图 2-20 登录 OceanBase 分布式数据库

项目总结

通过对集群和多租户管理相关知识的学习，可以对集群管理及其应用有所了解，对资源管理、资源池管理、租户及用户权限管理等内容有所掌握，并能通过所学知识实现对资源、资源池、租户以及用户权限的管理操作。

课后习题

1. 选择题

（1）集群基本操作需要按照（　　）步骤进行，若集群确认不再使用可将其删除。

　　A. 创建→启动和重启→验证　　　　　　B. 启动→创建→验证
　　C. 启动→验证→创建→登录　　　　　　D. 启动→验证→登录→创建

（2）直连需要指定 OBServer 的（　　）和端口进行连接。

　　A. HTTP　　　　B. IP 地址　　　　C. 域名　　　　D. 用户名

（3）OceanBase 分布式数据库是多租户的分布式数据库，一个集群内可包含多个相互独立的（　　）。

　　A. 资源　　　　B. 用户　　　　C. 租户　　　　D. 设备

（4）仅（　　）租户才能创建资源池。

　　A. ROOT　　　　B. ADMIN　　　　C. USER　　　　D. SYS

2. 简答题

（1）简述集群参数管理中的常用参数。

（2）简述管理资源池的步骤。

项目3
创建和管理数据库对象

项目导言

在信息管理系统中,数据库用于存储各类数据。数据库如同容器,里面放置着数据表、视图、索引、存储过程等数据库对象。数据库对象的创建是数据库系统逻辑结构的物理实现过程,是数据库系统管理员的核心工作。简单来说,数据库是数据库系统的基本管理单元,管理数据库是管理其他数据库对象的基础。本项目包含两个任务,分别为创建数据库与表以及创建和管理索引,任务3.1主要讲解如何创建与管理OceanBase分布式数据库中的数据库和表,任务3.2主要讲解索引的知识,包括认识索引以及创建和管理索引。

学习目标

知识目标
- 了解数据库对象的概念;
- 熟悉数据库创建与管理的方法;
- 了解数据表的创建方法;
- 熟悉索引的概念。

技能目标
- 具备创建表组与管理表组的能力;
- 具备创建索引与管理索引的能力;
- 具备创建数据表与管理数据表的能力。

素养目标
- 具备合理利用与支配各类资源的能力;
- 具备获取信息并利用信息的能力。

任务 3.1 创建数据库与数据表

任务描述

要使用 OceanBase 分布式数据库设计和实现信息管理系统,先要实现数据的表示和存储,即创建数据库,OceanBase 分布式数据库能够支持多个数据库。数据表是最重要的数据库对象之一,它是由行和列构成的集合,用来存储数据。本任务涉及认识数据库对象、创建与管理数据库、创建与管理数据表和创建与管理表组这 4 个技能点,通过对这 4 个技能点的学习,实现创建学生管理数据库。

任务技能

技能点 3.1.1 认识数据库对象

数据库对象是数据库的组成部分，是指在数据库中可以通过 SQL 进行操作和使用的对象。在 MySQL 模式下它主要包括表（Table）、视图（View）、索引（Index）、分区（Partition）、触发器（Trigger）以及存储程序（Stored Program）等对象。MySQL 模式下 OceanBase 分布式数据库对象详细说明如表 3-1 所示。

表 3-1 MySQL 模式下 OceanBase 分布式数据库对象详细说明

对象	描述
表	数据库里最基础的存储单元，表里的数据由行和列组成
视图	视图是一个虚拟的表，其内容由 SQL 查询语句定义。 同真实的表一样，视图包含一系列带有名称的列和行数据。视图以存储的数据值集合的形式存在。其数据来自定义视图时的查询所引用的表，并且在引用视图时动态生成，能够提高查询效率
索引	索引是一种数据结构，用于提高数据库表的查询性能，使用索引可快速访问数据表中的指定信息
分区	OceanBase 分布式数据库可以把普通的表的数据按照一定的规则划分到不同的区块内，同一区块的数据物理上存储在一起。这种划分区块的表叫作分区表。 与 Oracle 中的分区概念相同，在 OceanBase 分布式数据库中只有水平分区，表的每一个分区包含一部分记录。根据行数据到分区的映射关系不同，分区分为 Hash 分区、Range 分区（按范围）和 List 分区等。Hash 分区主要用来确保数据在预先确定数目的分区中平均分布，而在 Range 和 List 分区中，要明确指定给定的列值或列值集合应该保存在哪个分区中
触发器	触发器是由系统在指定事件发生时自动调用的 SQL 语句集合。 与普通存储过程不同的是，触发器可以被启用或禁用，不能被显式调用
存储程序	存储程序是一组为了完成指定功能的 SQL 语句集，经编译后存储在数据库中。用户通过指定存储过程的名字和参数（如果存储过程带有参数）来调用运行它。 存储程序是可编程的函数，在数据库中创建并保存，由 SQL 语句和控制结构组成

技能点 3.1.2 创建与管理数据库

在 OceanBase 分布式数据库中，数据库是数据库对象的集合，主要用于权限管理和命名空间隔离。目前，在 OceanBase 分布式数据库中，每个租户都可以进行数据库的创建、查看、选择、修改和删除操作。

1. 创建数据库

在使用 OceanBase 分布式数据库进行数据存储时，数据库的创建是不可或缺的一步，主要用于对数据进行保存。通过 CREATE DATABASE 命令可在 OceanBase 分布式数据库中创建数据库，还可以指定数据库的默认字段，如数据库默认字符集、校验规则等。另外，在 MySQL 模式的 OceanBase 分布式数据库中，可用关键字 SCHEMA 替代 DATABASE，即命令为 CREATE SCHEMA。创建数据库语法格式如下所示。

```
obclient[(none)]> CREATE {DATABASE | SCHEMA} [IF NOT EXISTS] database_name
[DEFAULT] {CHARACTER SET | CHARSET} [=] charset_name
[DEFAULT] COLLATE [=] collation_name
```

```
PRIMARY_ZONE [=] zone_name
{READ ONLY | READ WRITE}
DEFAULT TABLEGROUP [=] {NULL | table_group_name}
```

CREATE DATABASE 命令参数说明如表 3-2 所示。

表 3-2 CREATE DATABASE 命令参数说明

参数	描述
database_name	数据库名称
[DEFAULT] {CHARACTER SET | CHARSET} [=] charset_name	字符集，DEFAULT 为可选关键字，不影响语义，用于提示
[DEFAULT] COLLATE [=] collation_name	字符序，即校对规则，DEFAULT 为可选关键字，不影响语义，用于提示
PRIMARY_ZONE [=] zone_name	指定数据库的主要分区
{READ ONLY | READ WRITE}	设置数据库级的只读或读写字段
DEFAULT TABLEGROUP [=] {NULL | table_group_name}	设置数据库默认表组信息，NULL 表示取消数据库默认表组，table_group_name 表示设置的表组名

其中，字符集是一组符号和编码，用于指定字符的编码方式，通常在租户创建时指定。OceanBase 分布式数据库支持的字符集有 utf8mb4、binary、gbk、gb18030、utf16。

为支持无缝迁移，OceanBase 分布式数据库在语法上将 UTF8 视为 utf8mb4 的同义词。但需要注意的是，数据库字符集暂不支持修改。当忘记可用字符集时，可通过 SHOW CHARACTER SET 命令查看，查看 OceanBase 分布式数据库的可用字符集结果如图 3-1 所示。

```
obclient [(none)]> SHOW CHARACTER SET;
+----------+---------------------+-------------------+--------+
| Charset  | Description         | Default collation | Maxlen |
+----------+---------------------+-------------------+--------+
| binary   | Binary pseudo charset | binary          |      1 |
| utf8mb4  | UTF-8 Unicode       | utf8mb4_general_ci |     4 |
| gbk      | GBK charset         | gbk_chinese_ci    |      2 |
| utf16    | UTF-16 Unicode      | utf16_general_ci  |      2 |
| gb18030  | GB18030 charset     | gb18030_chinese_ci |     4 |
+----------+---------------------+-------------------+--------+
5 rows in set (0.008 sec)
```

图 3-1 查看 OceanBase 分布式数据库的可用字符集

字符序是一组用于比较字符集中字符的规则，默认情况下，可使用 SHOW COLLATION 命令显示所有可用的字符序。OceanBase 分布式数据库支持的字符序如表 3-3 所示。

表 3-3 OceanBase 分布式数据库支持的字符序

字符序	所属字符集	描述
utf8mb4_general_ci	utf8mb4	使用通用排序规则
utf8mb4_bin	utf8mb4	使用二进制排序规则
binary	binary	使用二进制排序规则
gbk_chinese_ci	gbk	使用中文排序规则
gbk_bin	gbk	使用二进制排序规则
utf16_general_ci	utf16	使用通用排序规则
utf16_bin	utf16	使用二进制排序规则
gb18030_chinese_ci	gb18030	使用中文排序规则
gb18030_bin	gb18030	使用二进制排序规则

其中，字符序具有的一般特征如下。

（1）两个不同的字符集不能有相同的字符序。

（2）字符序名称以与它们相关联的字符集的名称开头，通常后跟一个或多个表示其他字符序特征的后缀。

2. 查看数据库

在 OceanBase 分布式数据库中，数据库创建成功后，用 root 用户登录数据库的系统租户可通过 SHOW DATABASES 命令查看当前租户内的所有数据库并返回所有的数据库名称，以确认数据库是否创建成功，语法格式如下所示。

obclient[(none)]> SHOW DATABASES;

需要注意的是，在查看到的所有数据库中，除了用户创建的数据库外，还存在 3 个默认的数据库，OceanBase 分布式数据库默认数据库说明如表 3-4 所示。

表 3-4　OceanBase 分布式数据库默认数据库说明

名称	描述
information_schema	数据库是 MySQL 自带的，它提供了访问数据库元数据的方式
oceanbase	存储 OceanBase 分布式数据库的相关系统表
mysql	主要负责存储数据库的用户、权限设置、关键字等

3. 选择数据库

在使用 OceanBase 分布式数据库前，由于数据库通常有多个，因此需要选择要使用的数据库。在 MySQL 模式下，可以使用 USE 命令实现数据库的切换，在使用时只需指定数据库名称，语法格式如下所示。

Obclient[(none)]> USE database_name;

4. 修改数据库

在数据库创建完成后，若数据库的字段已经不能满足需求变动，则需要使用 ALTER DATABASE 命令修改 MySQL 模式下租户的数据库字段，语法格式如下所示。

obclient[(none)]> ALTER {DATABASE|SCHEMA} [database_name] [SET]
[DEFAULT] {CHARACTER SET | CHARSET} [=] charset_name
[DEFAULT] COLLATE [=] collation_name
PRIMARY_ZONE [=] zone_name
{READ ONLY | READ WRITE}
DEFAULT TABLEGROUP [=] {NULL | table_group_name}

在使用 ALTER DATABASE 命令时，数据库名称并不是必选参数，但需要指定要修改的数据库字段，命令参数说明同表 3-2。

5. 删除数据库

在确定数据库不再使用后，为了节省资源，会使用 DROP DATABASE 命令删除相应数据库。并且，如果出现数据库被误删的情况，可以通过回收站功能进行恢复，前提是需要开启回收站功能。DROP DATABASE 语法格式如下所示。

obclient[(none)]> DROP DATABASE [IF EXISTS] database_name;

DROP DATABASE 参数说明如表 3-5 所示。

表 3-5　DROP DATABASE 参数说明

名称	描述
IF EXISTS	用于防止当数据库不存在时发生错误
database_name	指定待删除的数据库名

技能点 3.1.3　创建与管理数据表

一个能够满足业务需求的数据库中还需要创建满足业务需求的数据表，数据表能够以二维表的形式存储业务数据，表的创建和管理方式等相关介绍如下所示。

1. 数据表概述

在 OceanBase 分布式数据库中，表是最基础的存储单元，是一系列二维数组的集合，由纵向的列和横向的行组成，并由这种组成方式代表和存储数据对象之间的关系，包括所有用户可以访问的数据。每个表包含多行记录，每行记录由多个列组成。例如，在一个有关作者信息的表中，每列包含的是所有作者的某个特定类型的信息，如姓名、住址、性别等，而每行则包含某个指定作者的所有信息，作者信息表如表 3-6 所示。

表 3-6　作者信息表

姓名	住址	性别
小张	天津市	男
小李	北京市	男
小丽	上海市	女
小王	深圳市	女

另外，对于指定的数据表，列的数目一般在创建表时确定，各列可以由列名来识别；而行的数目可以随时动态变化。并且，在创建和使用表之前，管理员可以根据业务需求进行规划，主要需要遵循以下原则。

① 应规范使用表，合理规划表结构，使数据冗余达到最小。
② 为表的每个列选择合适的 SQL 数据类型。
③ 根据实际需求，创建合适类型的表。

（1）列

列（Column）又称字段，在数据库中，字段用于记录一个数据表上某个字段的值，用户给每个字段起的名称即为字段名或列名。除了字段名以外，字段还有数据类型以及数据类型的最大长度（精度）等信息。除了普通字段以外，Oracle 模式的 OceanBase 分布式数据库还包括虚拟字段和自增字段。虚拟字段不像普通字段一样具有真实的物理存储空间，而是在查询时通过用户在虚拟字段上定义的一个表达式或函数来计算得到结果的。自增字段中包含的数据处于自动增加状态，每增加一行数据，则自增字段中的内容同样增加。目前，自增字段需满足以下 3 个条件。

① 多分区全局唯一。
② 连续递增。
③ 生成的自增字段值大于用户显式插入的值。

（2）行

在数据库中，行（Row）表示表中一行记录中所有字段的数据集合。数据表中的每一行代表一组相关数据，并且数据表中的每一行具有相同的结构。例如，与公司信息相关的数据表中，每一行代表一个公司，对应的字段可能包含如公司名称、公司地址、纳税人识别号等内容。

2. 数据类型

相比于数据库创建的简单操作，在创建数据表时，为了使数据与需求更加贴合，需要为表中的每一字段都指定数据类型，每个数据类型都有对应的存储格式、约束条件以及取值范围。目前，OceanBase 分布式数据库提供了多个内置数据类型，其中较为常用的有字符类型、数值类型、日期时间类型、大对象类型等。

（1）字符类型

在 OceanBase 分布式数据库中，字符类型将数字、字母等字符以字符串的形式存储，一般包括长度语义（按字节长度或者字符个数度量字符串的长度）、字节语义（将字符串当作字节序列处理）和字符语义（将字符串当作字符序列，字符序列中的字符对应数据库字符集中的码位），OceanBase 分布式数据库支持的字符类型如表 3-7 所示。

表 3-7　OceanBase 分布式数据库支持的字符类型

类型	长度类型	长度上限	字符集
CHAR	定长	256 字节	utf8mb4
VARCHAR	变长	65535 字节	utf8mb4
BINARY	定长	256 字节	binary
VARBINARY	变长	65535 字节	binary

定义字段类型为字符类型，语法格式如下所示。

```
obclient[(none)]> [NATIONAL] CHAR[(M)] [CHARACTER SET charset_name] [COLLATE collation_name]
obclient[(none)]> [NATIONAL] VARCHAR(M) [CHARACTER SET charset_name] [COLLATE collation_name]
obclient[(none)]> BINARY[(M)]
obclient[(none)]> VARBINARY[(M)]
```

字符类型参数说明如表 3-8 所示。

表 3-8　字符类型参数说明

参数	描述
M	最大字符或字节数
CHARACTER SET	用于指定字符集
COLLATE collation_name	指定二进制字段，将字段值创建为与原字段值相应的二进制字符串数据类型

（2）数值类型

OceanBase 分布式数据库支持所有标准 SQL 数值类型，包括整数类型、定点类型、浮点类型和 BIT_Value 类型等，并且数值类型在定义时可以指定 Precision（精度，即数字的总位数，如果未指定精度，按原始值存储，不进行任何四舍五入）和 Scale（范围，即小数位数），不同数值类型的 Precision 和 Scale 的含义可能有所不同。

① 整数类型

整数类型为定长、精确的数值类型，其值域取决于类型长度，以及是否为无符号，Precision 表示最小显示宽度，常用的整数类型如表 3-9 所示。

表 3-9 常用的整数类型

类型	长度/字节	值域（有符号）	值域（无符号）
BOOL/BOOLEAN/TINYINT	1	$[-2^7, 2^7-1]$	$[0, 2^8-1]$
SMALLINT	2	$[-2^{15}, 2^{15}-1]$	$[0, 2^{16}-1]$
MEDIUMINT	3	$[-2^{23}, 2^{23}-1]$	$[0, 2^{24}-1]$
INT/INTEGER	4	$[-2^{31}, 2^{31}-1]$	$[0, 2^{32}-1]$
BIGINT	8	$[-2^{63}, 2^{63}-1]$	$[0, 2^{64}-1]$

定义字段类型为整数类型语法格式如下所示。

```
obclient[(none)]> TINYINT[(M)] [UNSIGNED] [ZEROFILL]
```

整数类型参数说明如表 3-10 所示。

表 3-10 整数类型参数说明

参数	描述
M	最大显示宽度，最大值为 255，与可以存储的值范围无关
UNSIGNED	表示不允许为负值
ZEROFILL	最小显示宽度，同时将该字段类型隐式定义为 UNSIGNED

② 定点类型

定点类型为变长、精确数值类型，其值域和精度取决于 Precision 和 Scale，以及是否为无符号，定义字段类型为定点类型语法格式如下所示。

```
obclient[(none)]> DECIMAL[(M[,D])] [UNSIGNED] [ZEROFILL]
```

定点类型参数说明如表 3-11 所示。

表 3-11 定点类型参数说明

参数	描述
M	可以存储的总位数
D	小数点后的位数

③ 浮点类型

浮点类型为定长、非精确数值类型，其值域和精度取决于类型长度、Precision 和 Scale，以及是否为无符号。其中，Precision 和 Scale 分别表示十进制下的最大有效位数、小数部分最大有效位数，整数部分最大有效位数等于 Precision 减去 Scale 的值，Precision 最大值为 255，Scale 的最大值为 30。浮点类型如表 3-12 所示。

表 3-12 浮点类型

类型	长度/字节	值域	精度
FLOAT	4	[-3.402823466E+38, -1.175494351E-38]、0 和 [1.175494351E-38, 3.402823466E+38]	7 位
DOUBLE	8	[-1.7976931348623157E+308, -2.2250738585072014E-308]、0 和 [2.2250738585072014E-308, 1.7976931348623157E+308]	15 位

定义字段类型为浮点类型语法格式如下所示。

```
obclient[(none)]> FLOAT[(M,D)] [UNSIGNED] [ZEROFILL]
```

④ BIT-Value 类型

BIT-Value 数据类型用于存储位值，位值通过 b'value'的形式指定，value 是用 0 和 1 来指定的，例如 b'111'表示 7，b'10000000'表示 128，定义字段类型为 BIT-Value 类型语法格式如下所示。

```
obclient[(none)]> BIT[(M)]
```

其中，M 表示每个值的位数，其取值范围为[1,64]，如果省略 M，则默认为 1。并且，当向 BIT(M) 字段插入值时，如果插入值的长度小于 M，则会在左侧填充 0，例如，将 b'101'插入 BIT(6)时，相当于插入 b'000101'。

（3）日期时间类型

OceanBase 分布式数据库支持用于表示时间值的日期和时间数据类型，通常可以分为日期类型、时间类型、日期时间类型和年份类型，每个类型都有上界和下界，以及一个"零"值，用来指定无法表示的无效值。日期时间类型如表 3-13 所示。

表 3-13 日期时间类型

类型	格式	下界	上界	含义
DATETIME	YYYY-MM-DD HH:MM:SS[.fraction]	0000-00-00 00:00:00.000000	9999-12-31 23:59:59.999999	日期时间（不考虑时区）
TIMESTAMP	YYYY-MM-DD HH:MM:SS[.fraction]	0000-00-00 00:00:00.000000	9999-12-31 23:59:59.999999	日期时间（考虑时区）
DATE	YYYY-MM-DD	0000-00-00	9999-12-31	日期
TIME	HH:MM:SS[.fraction]	-838:59:59.000000	838:59:59.000000	时间
YEAR	YYYY	1901	2155	年份

定义字段类型为日期时间类型语法格式如下所示。

```
obclient[(none)]> DATETIME[(fsp)]
obclient[(none)]> TIMESTAMP[(fsp)]
obclient[(none)]> DATE
obclient[(none)]> TIME[(fsp)]
obclient[(none)]> YEAR[(4)]
```

其中，参数 fsp 为可选的，用来指定秒的小数位精度，其取值范围为[0,6]，0 表示没有小数部分，如果省略，则默认精度为 0。

（4）大对象类型

目前，OceanBase 分布式数据库中常用的大对象类型有 BLOB 类型和文本类型。其中，BLOB 类型是一个二进制大对象类型，可以存储可变数量的二进制字符串（字节字符串）数据，根据存储值最大长度的不同，大对象类型分为 4 类，它们具有二进制字符集和排序规则，比较和排序需要基于字段值中字节的数值，大对象类型如表 3-14 所示。

表 3-14 大对象类型

类型	长度	存储长度上限/字节	字符集
TINYBLOB	变长	256	binary
BLOB	变长	65536 / 64k	binary
MEDIUMBLOB	变长	16777216 / 16M	binary
LONGBLOB	变长	50331648 / 48M	binary

定义字段类型为 BLOB 类型语法格式如下所示。

```
obclient[(none)]> TINYBLOB
obclient[(none)]> BLOB[(M)]
obclient[(none)]> MEDIUMBLOB
obclient[(none)]> LONGBLOB
```

其中，参数 M 可以为 BLOB 类型指定一个可选的长度。

相比于 BLOB 类型，文本类型用于存储所有类型的文本数据，即非二进制字符串，比较与排序基于其字符集的字符序，文本类型如表 3-15 所示。

表 3-15 文本类型

类型	长度	存储长度上限/字节	字符集
TINYTEXT	变长	256	utf8mb4
TEXT	变长	65536 / 64k	utf8mb4
MEDIUMTEXT	变长	16777216 / 16M	utf8mb4
LONGTEXT	变长	50331648 / 48M	utf8mb4

定义字段类型为文本类型语法格式如下所示。

```
obclient[(none)]> TINYTEXT [CHARACTER SET charset_name] [COLLATE collation_name]
obclient[(none)]> TEXT[(M)] [CHARACTER SET charset_name] [COLLATE collation_name]
obclient[(none)]> MEDIUMTEXT [CHARACTER SET charset_name] [COLLATE collation_name]
obclient[(none)]> LONGTEXT [CHARACTER SET charset_name] [COLLATE collation_name]
```

文本类型参数说明如表 3-16 所示。

表 3-16 文本类型参数说明

参数	描述
CHARACTER SET	指定字符集
COLLATE	指定字符集的排序规则
M	为文本类型指定一个长度

3. 创建数据表

在 OceanBase 分布式数据库中，由于数据表根据是否分区可以分为分区表和非分区表，因此需要确定创建数据表的类型。目前，创建数据表通常创建的是非分区表，即只有一个分区的表，可通过 CREATE TABLE 命令实现，语法格式如下所示。

```
obclient[(none)]> CREATE TABLE [IF NOT EXISTS] table_name (table_definition_list) [table_option_list] [AS] select;
```

CREATE TABLE 命令参数说明如表 3-17 所示。

表 3-17 CREATE TABLE 命令参数说明

参数	描述
IF NOT EXISTS	用于防止当数据表存在时发生错误
table_name	数据表名
table_definition_list	数据表约束

续表

参数	描述
table_option_list	数据表设置
[AS] select	根据查询结果创建数据表

(1) table_definition_list

table_definition_list 可以设置字段名、数据类型、主外键、数据自增、约束等，table_definition_list 中包含多个字段的设置命令，每个字段的设置命令使用半角逗号","连接，语法格式如下所示。

table_definition [, table_definition ...]

table_definition 可选择的具体内容如下所示。

column_name data_type [DEFAULT const_value] [AUTO_INCREMENT] [NULL | NOT NULL] [[PRIMARY] KEY] [UNIQUE [KEY]] [FOREIGN KEY(foreign_col) REFERENCES table_name(col_name)] [CHECK(expression)] comment

table_definition 参数说明如表 3-18 所示。

表 3-18 table_definition 参数说明

参数	描述
column_name	字段名
data_type	数据类型
DEFAULT const_value	设置默认值
AUTO_INCREMENT	设置自增
NULL | NOT NULL	设置非空约束，不允许约束包含的字段的值为 NULL。对于有非空约束的字段，在 INSERT 命令中必须指明该字段的值，除非该字段还定义了非空的默认值
[PRIMARY] KEY	设置主键约束，即非空约束和唯一约束的组合
UNIQUE [KEY]	设置唯一约束，不允许约束包含的字段的值有重复值，但是可以有多个空值
FOREIGN KEY(foreign_col) REFERENCES table_name(col_name)	设置外键约束，要求约束的字段的值取自另外一个数据表的主键。其中： foreign_col 表示外键字段名； table_name 表示关联表名； col_name 表示关联表主键字段名
CHECK(expression)	限制字段中的值的范围。expression 为约束表达式，其中： expression 不允许为空； expression 结果只能为布尔类型； expression 不能包含不存在的字段
comment	注释

(2) table_option_list

table_option_list 是一个可选参数，可以设置字段的字符集、字符序、主副本、表组、自增字段初始值等。其同样包含多个设置命令，命令间通过空格连接，语法格式如下所示。

table_option [table_option ...]

table_option 可选择的具体内容如下所示。

[DEFAULT] {CHARSET | CHARACTER SET} [=] charset_name

| [DEFAULT] COLLATE [=] collation_name
| primary_zone
| table_tablegroup
| block_size
| AUTO_INCREMENT [=] INT_VALUE
| comment
| LOCALITY [=] "locality description"
| parallel_clause

table_option 参数说明如表 3-19 所示。

表 3-19 table_option 参数说明

参数	描述
CHARSET | CHARACTER SET	指定表中字段的默认字符集
COLLATE	指定表中字段的默认字符序
primary_zone	指定主分区（主副本所在分区）
table_tablegroup	指定数据表所属的表组
block_size	指定数据表的微块大小
comment	注释
LOCALITY	描述副本在 Zone 间的分布情况
parallel_clause	指定表级别的并行度，可选参数值如下。 NOPARALLEL：并行度为 1，为默认值。 PARALLEL integer：指定并行度，integer 取值大于等于 1

除了自定义创建数据表外，OceanBase 分布式数据库中还可以依照指定数据表进行数据表的创建，只需在 CREATE TABLE 命令后加入 LIKE，语法格式如下所示。

```
obclient[(none)]> CREATE TABLE [IF NOT EXISTS] table_name LIKE table_name;
```

4. 查看数据表

数据表创建之后，用户可以对数据表的创建信息进行查看，如查看所有数据表、查看数据表结构、查看数据表的定义等。

（1）查看所有数据表

在 OceanBase 分布式数据库中，通过 SHOW TABLES 命令能够实现所有数据表的查看，不仅可以查询当前数据库包含的数据表，以确定数据表是否创建成功，还可以查询指定数据库中包含的所有数据表，语法格式如下所示。

```
obclient[(none)]> SHOW [FULL] TABLES [{FROM | IN} database_name];
```

查看所有数据表语句的参数说明如表 3-20 所示。

表 3-20 查看所有数据表语句的参数说明

参数	描述
FULL	用于展示数据表类型
[{FROM | IN} database_name]	用于指定要查看所有数据表的数据库

（2）查看数据表结构

拥有了数据表之后，如果需要查看数据表的结构信息，可以在指定的数据库中使用 DESCRIBE 命令查看，语法格式如下所示。

obclient[(none)]> {EXPLAIN | DESCRIBE | DESC} table_name [column_name | wild];

查看数据表结构参数说明如表 3-21 所示。

表 3-21　查看数据表结构参数说明

参数	描述
table_name	指定数据表名
column_name	指定数据表的字段名

（3）查看数据表的定义

在数据表创建成功后，除了查看所有数据表外，还可以通过 SHOW CREATE TABLE 命令查看数据表的定义，语法格式如下所示。

obclient[(none)]> SHOW CREATE TABLE table_name;

5. 更改数据表

数据表创建成功后，可以使用 ALTER TABLE 命令对数据表进行修改，如更改数据表的字符集和字符序、结构、约束以及重命名数据表等。

（1）更改数据表的字符集和字符序

创建数据表时，如果未明确定义表的字符集和字符序，则默认使用数据库的字符集和字符序，OceanBase 分布式数据库可以通过 ALTER TABLE 命令对数据表的字符集和字符序进行修改，语法格式如下所示。

obclient [(none)]> ALTER TABLE table_name [[DEFAULT] CHARACTER SET [=] charset_name] [COLLATE [=] collation_name];

更改数据表的字符集和字符序参数说明如表 3-22 所示。

表 3-22　更改数据表的字符集和字符序参数说明

参数	描述
[[DEFAULT] CHARACTER SET [=] charset_name]	指定数据表的字符集
[COLLATE [=] collation_name]	指定数据表的字符序

（2）更改表数据结构

除了对数据表相关的字符集和字符序更改，数据表结构的更改也是 OceanBase 分布式数据库不可或缺的操作，这是数据表更改操作中常见的操作，包括字段的增加、修改、删除等。

① 新增字段

在 OceanBase 分布式数据库中，新增字段可以通过 ALTER TABLE ADD 命令实现，但不能直接增加主键字段，如果需要增加主键字段，建议先增加字段再为字段添加主键，语法格式如下所示。

obclient[(none)]> ALTER TABLE table_name ADD [COLUMN] column_definition [FIRST | BEFORE | AFTER column_name]

column_definition:
　　column_name data_type [DEFAULT const_value] [AUTO_INCREMENT] [NULL | NOT NULL] [[PRIMARY] KEY] [UNIQUE [KEY]] comment

新增字段参数说明如表 3-23 所示。

表 3-23 新增字段参数说明

参数	描述
ADD [COLUMN]	增加字段，支持增加生成字段
column_definition	用于指定新增字段的信息，包括字段名、数据类型等
[FIRST | BEFORE | AFTER column_name]	将新增的字段作为表的第一列或放在 column_name 字段之后。目前，OceanBase 分布式数据库仅支持在 ADD COLUMN 命令中设置字段的位置

② 修改字段

OceanBase 分布式数据库提供了 ALTER TABLE CHANGE 命令用于实现修改字段，也可以用于对列的属性进行修改，包含字段名、字段定义的修改等，但仅支持增加特定字符数据类型（VARCHAR、VARBINARY、CHAR 等）的长度，语法格式如下所示。

```
obclient[(none)]> ALTER TABLE table_name CHANGE [COLUMN] column_name column_definition
column_definition:
    column_name data_type [DEFAULT const_value] [AUTO_INCREMENT] [NULL | NOT NULL] [[PRIMARY] KEY [UNIQUE [KEY]] comment
```

③ 删除字段

目前，OceanBase 分布式数据库为数据表中字段的删除提供了 ALTER TABLE DROP 命令，可以删除数据表中的普通字段和含索引的字段，但不允许删除主键字段，语法格式如下所示。

```
obclient[(none)]> ALTER TABLE table_name DROP [COLUMN] column_name
```

（3）更改数据表约束

在 OceanBase 分布式数据库中，除了在创建数据表时添加约束功能外，还可以通过 ALTER TABLE 命令对数据表进行约束的添加、修改、删除等，例如添加主键约束、删除主键约束、添加外键约束、删除外键约束、添加唯一约束、添加 CHECK 约束、删除 CHECK 约束等，语法格式如下所示。

```
# 添加主键约束
obclient[(none)]> ALTER TABLE table_name ADD PRIMARY KEY (column_name);
# 删除主键约束
obclient[(none)]> ALTER TABLE table_name DROP PRIMARY KEY;
# 添加外键约束
obclient[(none)]> ALTER TABLE table_name ADD CONSTRAINT [constraint_name] FOREIGN KEY(column_name);
# 删除外键约束
obclient[(none)]> ALTER TABLE table_name DROP FOREIGN KEY fk_name;
# 添加唯一约束
obclient[(none)]> ALTER TABLE table_name ADD UNIQUE (column_name);
# 添加 CHECK 约束
obclient[(none)]> ALTER TABLE table_name ADD CONSTRAINT [constraint_name] CHECK(expression);
# 删除 CHECK 约束
obclient[(none)]> ALTER TABLE table_name DROP CHECK constraint_name;
```

（4）重命名数据表

在数据表创建成功后，可能会出现需求发生变化但原数据不变的情况，这时数据表名并不能很好地与需求对应。因此，可以通过使用 RENAME 关键字进行数据表的重命名操作，语法格式如下所示。

```
obclient[(none)]> ALTER TABLE front_table_name RENAME [TO] after_table_name;
obclient[(none)]> RENAME TABLE table_name TO after_table_name;
```
重命名数据表参数说明如表 3-24 所示。

表 3-24 重命名数据表参数说明

参数	描述
front_table_name	原数据表名
after_table_name	更改后数据表名

6. 清空数据表

当数据表中的数据不再使用时，可以删除其中的所有数据，即清空数据表。OceanBase 分布式数据库支持使用 TRUNCATE 命令和 DELETE FROM 命令清空指定数据表，但是保留数据表结构，包括数据表中定义的分区信息。从逻辑上说，TRUNCATE 命令与用于删除所有行的 DELETE FROM 命令的运行结果相同。

（1）TRUNCATE 命令

使用 TRUNCATE 命令是一种快速、有效删除数据表中所有行的方法，会保留数据表结构，包括数据表中定义的 Partition 信息。TRUNCATE 命令是一个数据定义语言（Data Definition Language，DDL）语句，运行 TRUNCATE 命令需要具备该数据表的删除和创建权限。TRUNCATE 语法格式如下所示。

```
obclient[(none)]> TRUNCATE [TABLE] table_name;
```
TRUNCATE 命令参数说明如表 3-25 所示。

表 3-25 TRUNCATE 命令参数说明

参数	描述
table_name	指定数据表名

（2）DELETE FROM 命令

DELETE FROM 命令用于删除数据表中符合条件的行，但如果数据量过大，会消耗较多系统资源，语法格式如下所示。

```
obclient[(none)]> DELETE FROM table_name [WHERE where_condition] [ORDER BY order_expression_list] [LIMIT row_count];
order_expression_list:
    order_expression [, order_expression ...]
order_expression:
    expression [ASC | DESC]
```
DELETE FROM 命令参数说明如表 3-26 所示。

表 3-26 DELETE FROM 命令参数说明

参数	描述
table_name	指定需要删除的数据表名
where_condition	指定删除的数据表需要满足的过滤条件
order_expression_list	指定删除的数据表的排序键字段表
row_count	指定待删除的数据表的行数，指定的值只能为整数
expression	表达式

7. 删除数据表

删除数据表是指删除数据库中已存在的表，同时，如果数据表中已经有记录，那么数据表中的记录也会被一并删除。删除数据表可以通过 DROP TABLE 命令实现，语法格式如下所示。

obclient[(none)]> DROP {TABLE | TABLES} [IF EXISTS] table_name [,table_name]... [RESTRICT | CASCADE]

删除数据表参数说明如表 3-27 所示。

表 3-27 删除数据表参数说明

参数	描述
table_name	指定要删除的数据表名，同时删除多个数据表时，表名与表名用半角逗号","分隔
IF EXISTS	如果指定 IF EXISTS，即使要删除的数据表不存在，也不会报错；如果不指定，则会报错
RESTRICT | CASCADE	用于其他数据库迁移至 OceanBase 分布式数据库的场景

技能点 3.1.4 创建与管理表组

对于分布式数据库，多个表中的数据可能会分布在不同的计算机上，这样在运行连接查询或跨表事务等复杂操作时，可能会涉及跨计算机的通信，而表组功能可以避免跨计算机操作，从而提高数据库性能。

表组中包含一组具有相同分布特征的数据表，具有相同分布特征的数据表在本地进行连接操作，可避免跨节点的数据请求。在创建表组时，先要规划好表组的用途。例如，让用户将分区方式相同的数据表聚集到一起就形成了表组（以 Hash 分区为例，分区方式相同等价于分区个数相同，当然计算分区的 Hash 算法也是一样的），表组内每个数据表的同号分区称为一个分组，表组如图 3-2 所示。

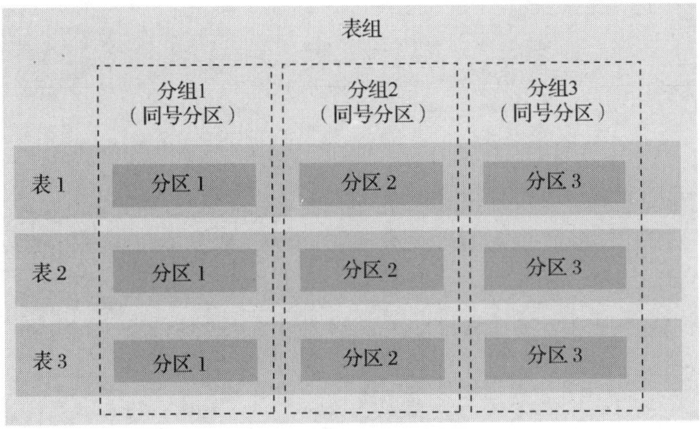

图 3-2 表组

OceanBase 分布式数据库在创建分区和进行负载均衡操作时，会将一个分区组的分区放到一台计算机中，这样即便存在跨数据表操作，只要操作数据所在的分区属于同一个分区组，就不存在跨计算机的操作。虽然 OceanBase 分布式数据库无法干涉用户的操作，但是其可以根据业务特点尽量保障某些操作涉及的跨数据表数据在同一分区组中。

1. 创建表组

在 OceanBase 分布式数据库中，可以使用 CREATE TABLEGROUP 命令创建表组，但只有拥有租户下的管理员权限才可以创建,并且,向表组中添加数据表的前提是数据表的分区策略和表组的分区策略保持一致。创建表组的语法格式如下所示。

```
obclient[(none)]> CREATE TABLEGROUP tablegroupname;
```

创建表组参数说明如表 3-28 所示。

表 3-28 创建表组参数说明

参数	描述
tablegroupname	表组名,最多包含 64 个字符,字符只能有大小写英文字母、数字和下画线,而且必须以字母或下画线开头,并且不能使用 OceanBase 分布式数据库的关键字。如果要创建的表组名已存在,并且没有指定 IF NOT EXISTS,则会出现错误

2. 修改表组

数据表组创建之后,用户可以通过 ALTER TABLE 命令修改数据表的表组字段,语法格式如下所示。

```
obclient[(none)]> ALTER TABLE table_name tablegroup=tablegroup_name;
```

修改表组字段参数说明如表 3-29 所示。

表 3-29 修改表组字段参数说明

参数	描述
table_name	指定数据表名
tablegroup_name	指定表组名

3. 向表组添加数据表

OceanBase 分布式数据库提供的 ALTER TABLEGROUP 命令,可以向一个表组增加多个数据表、修改表组的分区规则、修改表组的 LOCALITY 和 PRIMARY ZONE 字段等,语法格式如下所示。

```
# 增加多个数据表
obclient[(none)]> ALTER TABLEGROUP tablegroup_name ADD [TABLE] table_name [, table_name...];

# 修改表组的分区规则
obclient[(none)]> ALTER TABLEGROUP tablegroup_name alter_tablegroup_partition_option;
alter_tablegroup_partition_option:
    # 删除分区
    DROP PARTITION '(' name_list ')'
    # 添加分区
    | ADD PARTITION opt_range_partition_list

# 修改表组的 LOCALITY 和 PRIMARY_ZONE
obclient[(none)]> ALTER TABLEGROUP tablegroup_name alter_tablegroup_actions [, alter_tablegroup_action ...];
alter_tablegroup_action:
    SET LOCALITY [=] locality
    | SET PRIMARY_ZONE [=] primary_zone
```

ALTER TABLEGROUP 命令参数说明如表 3-30 所示。

表 3-30 ALTER TABLEGROUP 命令参数说明

参数	描述
tablegroup_name	指定表组名
table_name	指定数据表名。向一个表组增加多个数据表时，表名与表名之间以半角逗号"，"分隔。当添加多个数据表时，允许表名重复。如果待添加的数据表已经属于以 tablegroup_name 命名的表组，OceanBase 分布式数据库不会报错
locality	指定表组的 LOCALITY
primary_zone	指定表组的 PRIMARY ZONE

任务实施 创建学生管理数据库

对数据库对象以及数据库、数据表、表组创建和管理等相关知识进行学习后，通过以下几个步骤实现创建学生管理数据库的操作。

（1）打开命令窗口，连接 OceanBase 分布式数据库后，创建一个名为 myStudent 的学生管理数据库，命令如下所示。

obclient [(none)]> CREATE DATABASE myStudent;
obclient [(none)]> SHOW DATABASES;

创建学生管理数据库 myStudent 结果如图 3-3 所示。

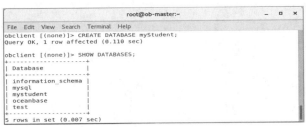

图 3-3 创建学生管理数据库 myStudent

（2）选择 myStudent 库为当前操作的数据库，命令如下所示。

obclient [(none)]> USE myStudent;

选择 myStudent 库结果如图 3-4 所示。

图 3-4 选择 myStudent 库

（3）在 myStudent 数据库中创建名为"student"的表，包含学号、姓名、性别、出生日期、专业、电话号码以及地址等信息，命令如下所示。

obclient [myStudent]> CREATE TABLE student
(
stuNo CHAR(10) PRIMARY KEY,
name VARCHAR(50) NOT NULL,

```
sex CHAR(2) NOT NULL CHECK(sex IN('男','女')) ,
birthday DATE,
spec VARCHAR(30),
phone VARCHAR(11),
address VARCHAR(255) DEFAULT '地址不详'
);
```

创建 student 表结果如图 3-5 所示。

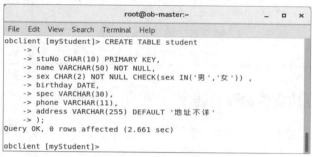

图 3-5　创建 student 表

（4）创建名为"course"的表，包含课程编号、课程名称、课程教师、课程类型、课程学时以及课程学分等信息，命令如下所示。

```
obclient [myStudent]> CREATE TABLE course
(
couNo CHAR(10) PRIMARY KEY,
couName VARCHAR(50) NOT NULL UNIQUE,
teacher VARCHAR(50) ,
type VARCHAR(20),
hours INT NOT NULL,
credit INT
);
```

创建 course 表结果如图 3-6 所示。

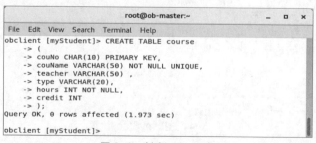

图 3-6　创建 course 表

（5）创建名为"score"的表，包含学号、课程编号以及学生成绩等信息，命令如下所示。

```
obclient [myStudent]> CREATE TABLE score
(
stuNo CHAR(10),
couNo CHAR(10) ,
```

```
result INT,
PRIMARY KEY(stuNo,couNo),
CONSTRAINT fk_student_score FOREIGN KEY(stuNo) REFERENCES student(stuNo),
CONSTRAINT fk_course_score FOREIGN KEY(couNo) REFERENCES course(couNo)
);
```

创建 score 表结果如图 3-7 所示。

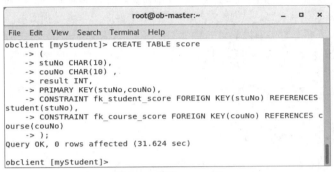

图 3-7　创建 score 表

（6）使用 SHOW TABLES 命令查看 myStudent 数据库下所有表，确认数据表是否创建成功，命令如下所示。

```
obclient [myStudent]> SHOW TABLES;
```

检查表创建是否成功结果如图 3-8 所示。

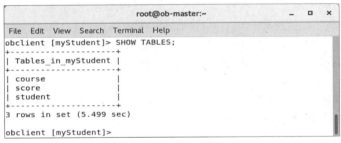

图 3-8　检查表创建是否成功

（7）创建表组 tablegroupStudent，并将 student、course 以及 score 表添加到该表组，命令如下所示。

```
obclient [myStudent]> CREATE TABLEGROUP tablegroupStudent;
obclient [myStudent]> ALTER TABLEGROUP tablegroupStudent ADD student, course, score;
```

创建表组并添加表结果如图 3-9 所示。

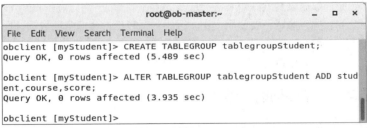

图 3-9　创建表组并添加表

任务 3.2　创建和管理索引

任务描述

索引可以提高查找数据的速度,但同时也增加了插入、更新和删除操作的开销。所以是否要为表增加索引,索引建立在哪些字段上,是创建索引前需要考虑的问题。需要分析应用程序的业务处理、数据使用、经常被用作查询的条件或者被要求排序的字段来确定是否建立索引。本任务涉及认识索引和创建与管理索引这 2 个技能点,通过对这 2 个技能点的学习,完成创建学生管理数据库索引的操作。

任务技能

技能点 3.2.1　认识索引

索引是创建在数据表上的,对数据表中一个或多个字段的值进行排序的一种结构。在数据表创建成功后,可以在数据表的一个或多个字段上创建索引以加快 SQL 语句的运行速度。索引使用正确的话,可以减少物理读写或者逻辑读写。

1. 索引优缺点

如果把数据表看成一本书,索引就如同书的目录,可以大大地提高查询速度,改善数据库的性能,索引常见优点如下。

(1)用户可以在不修改 SQL 语句的情况下,扫描用户所需要的部分数据,加快数据的查询速度。

(2)索引存储的字段数通常较少,可以降低查询 I/O。

(3)通过使用索引,可以在查询的过程中使用优化隐藏器,提高系统的性能。

虽然索引给数据的查询带来极大的提升,但由于索引的增加,会付出一系列的代价,索引常见缺点如下。

(1)创建索引和维护索引要耗费时间,并且随着数据量的增加所耗费的时间也会增加。

(2)当对数据表中的数据进行增加、删除、修改时,索引也需要动态维护,减慢了数据的维护速度。

(3)选择在什么字段上创建索引需要对业务和数据模型有较深的理解。

(4)当业务发生变化时,需要重新评估以前创建的索引是否满足需求。

(5)索引表会占用内存、磁盘等资源。

2. 索引使用原则

索引是一种可选的结构,用户可以根据自身业务的需求来决定在某些字段创建索引,从而加快在这些字段的查询速度,但在使用过程中,须遵循的原则如下。

(1)对经常更新的数据表要避免对其进行过多的索引,对经常用于查询的字段应该创建索引。

(2)数据量小的数据表最好不要使用索引,因为数据较少,查询全部数据花费的时间可能比遍历索引的时间还要短,索引就不能产生优化效果。

(3)当修改性能远远大于查询性能时,不应该创建索引。

技能点 3.2.2　创建与管理索引

索引在一个数据量较大的数据库中能够起到提高查询效率的作用,OceanBase 分布式数据库中索引的创建和管理方法如下所示。

1. 创建索引

OceanBase 分布式数据库提供 CREATE INDEX 命令，可以用于在非分区表和分区表上创建索引，索引可以是局部索引或全局索引，也可以是唯一索引或普通索引。如果是分区表的唯一索引，则局部的唯一索引必须包含表分区的分区键。创建索引语法格式如下所示。

```
obclient[(none)]> CREATE [UNIQUE] INDEX index_name ON table_name (index_col_name,...)
[STORING (column_name_list)] [index_type] [index_options];
index_col_name:
    column_name [(length)] [ASC | DESC]
column_name_list:
    column_name [, column_name...]
index_type:
    USING BTREE
index_option:
    GLOBAL | LOCAL
    | COMMENT 'string'
    | COMPRESSION [=] {NONE | LZ4_1.0 | LZO_1.0 | SNAPPY_1.0 | ZLIB_1.0}
    | BLOCK_SIZE [=] size
    | STORING(column_name_list)
    | VISIBLE | INVISIBLE
```

CREATE INDEX 命令参数说明如表 3-31 所示。

表 3-31　CREATE INDEX 命令参数说明

参数	描述
UNIQUE	指定唯一索引
index_name	指定要创建的索引名称
table_name	指定索引所属的数据表名
index_col_name	指定索引的字段名，不支持 DESC（降序）。索引的排序方式为：先以 index_col_name 中第一个字段的值排序，该字段值相同的记录，按下一字段名的值排序，以此类推
STORING（第一个）	创建索引时，指定索引表的冗余字段
index_type	指定索引类型，只支持 USING BTREE，表示使用 B-Tree 索引
index_option	指定索引选项，多个索引选项以空格分隔
column_name	用于创建索引的字段名
length	对于字符串字段，可以使用 col_name(length)截取字符串的部分用于创建索引。它支持的数据类型有 CHAR、VARCHAR、BINARY 与 VARBINARY
GLOBAL | LOCAL	指定索引是全局索引或局部索引，默认是 LOCAL
COMMENT	指定注释
COMPRESSION	指定压缩算法
BLOCK_SIZE	指定微块大小
STORING（第二个）	表示索引表中冗余存储某些字段，以提高系统查询性能

需要注意的是，在 MySQL 模式的 OceanBase 分布式数据库，如果删除数据表中的所有索引

字段，则所创建的索引失效。

2. 添加索引

除了使用创建索引的方式为表添加索引外，还可以通过 ALTER TABLE 命令实现表索引的添加操作，可以一次添加多个索引，语法格式如下所示。

```
obclient[(none)]> ALTER TABLE table_name ADD INDEX|KEY index_name (column_list);
```

添加索引参数说明如表 3-32 所示。

表 3-32 添加索引参数说明

参数	描述
table_name	指定表名
INDEX|KEY	指定索引关键字，用 INDEX 或 KEY 都可以
index_name	指定要创建的索引名称
column_list	指出对哪些字段进行索引，各字段之间用半角逗号","分隔

3. 查看索引

在 OceanBase 分布式数据库中，创建索引后，可通过 SHOW INDEX 命令查看表索引的相关信息，包括表名、是否为唯一索引、索引字段名等，语法格式如下所示。

```
obclient[(none)]> SHOW {INDEX | INDEXES | KEYS} {FROM | IN} table_name [{FROM | IN} database_name]
```

SHOW INDEX 命令参数说明如表 3-33 所示。

表 3-33 SHOW INDEX 命令参数说明

参数	描述
{INDEX | INDEXES | KEYS}	索引关键字，用 INDEX、INDEXES 或 KEYS 都可以
{FROM | IN}	索引关键字，用 FROM 或 IN 都可以
table_name	指定表名
database_name	指定数据库名

4. 删除索引

当 OceanBase 分布式数据库中索引过多时，数据维护开销会逐渐增大，这时可以使用 ALTER TABLE 命令或 DROP INDEX 命令根据需要删除数据表中不必要的索引，语法格式如下所示。

```
obclient[(none)]> ALTER TABLE table_name DROP INDEX|KEY index_name;
obclient[(none)]> DROP INDEX index_name ON table_name;
```

删除索引参数说明如表 3-34 所示。

表 3-34 删除索引参数说明

参数	描述
index_name	指定索引名称
table_name	指定数据表名

任务实施　创建学生管理数据库索引

对索引概述与创建与管理索引等相关知识进行学习后，通过以下几个步骤实现创建学生管理数据库索引。

（1）针对 student 表，使用 CREATE INDEX 命令基于专业（spec）字段和性别（sex）字段创建名为"idx_spec_sex"的多字段索引，命令如下所示。

obclient [myStudent]> CREATE INDEX idx_spec_sex ON student(spec,sex);

创建名为"idx_spec_sex"的多字段索引结果如图 3-10 所示。

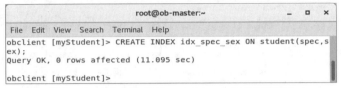

图 3-10　创建名为"idx_spec_sex"的多字段索引

（2）通过 SHOW INDEX 命令查看 student 表索引的相关信息并展示，命令如下所示。

obclient [myStudent]> SHOW INDEX FROM student;

查看 student 表索引信息并展示结果如图 3-11 所示。

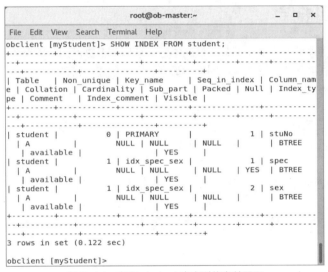

图 3-11　查看 student 表索引信息并展示

（3）针对 score 表，使用 ALTER TABLE 命令基于学号（stuNo）字段和课程编号（couNo）字段创建名为"idx_stuNo_couNo"的多字段索引，命令如下所示。

obclient [myStudent]> ALTER TABLE score ADD INDEX idx_stuNo_couNo (stuNo, couNo);

创建名为"idx_stuNo_couNo"的多字段索引结果如图 3-12 所示。

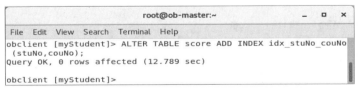

图 3-12　创建名为"idx_stuNo_couNo"的多字段索引

（4）索引创建后，查看表的结构以及索引的定义信息以确定索引是否创建成功，命令如下所示。

obclient [myStudent]> SHOW CREATE TABLE score;

检查索引是否创建成功结果如图 3-13 所示。

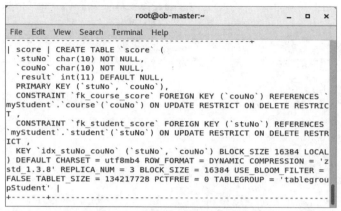

图 3-13　检查索引是否创建成功

项目总结

通过对创建和管理数据库对象相关知识的学习，可以对数据库对象的概念有所了解，对数据库创建与管理、数据表创建与管理、表组创建与管理、索引创建与管理有所掌握，并能够通过所学知识实现创建数据库和创建数据库索引的操作。

课后习题

1. 选择题

（1）在 OceanBase 分布式数据库中，（　　）是最基础的存储单元。
　　A. 表　　　　　　　B. 对象　　　　　　C. 对象　　　　　　D. 数据库
（2）表由纵向的字段和横向的行组成，用来代表和（　　）之间的关系。
　　A. 用户　　　　　　B. 租户　　　　　　C. 存储数据对象　　D. 集群
（3）在数据库中，（　　）用于记录一个数据表上某个属性的字段的值。
　　A. 字段　　　　　　B. 变量　　　　　　C. 属性　　　　　　D. 行
（4）（　　）不是 OceanBase 分布式数据库支持的字符集。
　　A. gb18030　　　　 B. gb8271　　　　　C. utf16　　　　　 D. utf8mb4
（5）（　　）的数目可以随时动态变化。
　　A. 字段　　　　　　B. 变量　　　　　　C. 属性　　　　　　D. 行

2. 简答题

（1）编写创建数据表的语句。
（2）简述创建表组的方法。
（3）简述创建索引的方法。

项目4
管理数据与视图

项目导言

查询和统计数据是数据库的基本功能。在数据库实际操作中，经常会有查询需求，例如在学生管理数据库中查询成绩为80~90分的学生信息，查询姓李的学生信息，查询成绩在80分以上的学生信息，查询成绩前10名的学生信息等。这些查询中有些是简单的单表查询，有些是字符匹配的查询，有些是基于多个数据表的查询，有些是需要使用函数进行统计的查询。对于多表查询，可以使用连接查询和嵌套查询的方法来实现。当连接查询需要使用的表数据比较多并且连接规则比较复杂时，为了避免重复地进行复杂操作可以将这个复杂查询的结果创建为视图，之后可以查询视图中的全部数据。本项目包含3个任务，分别为管理数据、查询数据以及认识与管理视图，任务4.1主要讲解向数据表中插入、修改和删除数据的方法，任务4.2主要讲解查询数据表中数据的方法，任务4.3主要介绍如何使用视图提高对数据表中数据的查询效率。

学习目标

知识目标
- 了解SELECT语句的语法结构；
- 熟悉查询的基本子句；
- 了解连接查询的方法；
- 熟悉视图的概念。

技能目标
- 具备使用运算符与函数的能力；
- 具备操作内、外连接和子查询的能力；
- 具备创建与管理视图的能力。

素养目标
- 具有良好的行为习惯；
- 具有集体意识和社会责任心；
- 具有发现问题、解决问题的能力。

任务 4.1 管理数据

任务描述

在数据库中，数据的组织至关重要。数据有类别的概念，一个类对应数据库中的一个数据表，类的实例对应数据表中的行。一个类的一个实例在数据表中有且仅有一行,一个数据表中的一行数据就是进行数据操作的基本单元,可通过 SQL 语句对数据进行插入、修改和删除等管理操作。本任务涉及插入数据、修改数据和删除数据 3 个技能点,通过对这 3 个技能点的学习,完成在学生管理数据库中插入、修改和删除数据的管理操作。

任务技能

技能点 4.1.1　插入数据

在 OceanBase 分布式数据库中,数据表的创建只是指进行数据存储结构的创建,数据表中并不包含任何数据信息,需要用户使用 INSERT 命令插入数据。可以向指定的数据表中插入一行或多行数据,但不能直接对子查询进行插入操作,插入数据语法格式如下所示。

```
obclient[(none)]> INSERT [IGNORE] [INTO] single_table_insert [ON DUPLICATE KEY UPDATE update_asgn_list]

single_table_insert:
    {dml_table_name values_clause
    | dml_table_name '(' ')' values_clause
    | dml_table_name '(' column_list ')' values_clause
    | dml_table_name SET update_asgn_list}

dml_table_name:
    table_name [PARTITION (partition_name,...)]

values_clause:
    {{VALUES | VALUE} ({expr | DEFAULT},...) [,...]
     | select_stmt}

column_list
    column_name [,...]

update_asgn_list:
    column_name = expr [,...]
```

INSERT 命令参数及描述如表 4-1 所示。

表 4-1　INSERT 命令参数及描述

参数	描述
IGNORE	在 INSERT 命令运行过程中发生的错误将会被忽略
column_list	用于指定插入数据的字段,同时插入多字段时,以半角逗号","分隔字段名
table_name	指定要插入的数据表名
partition_name	指定插入表的分区名

续表

参数	描述
ON DUPLICATE KEY UPDATE	指定对重复主键或唯一键的处理。如果指定 ON DUPLICATE KEY UPDATE，当要插入的主键或唯一键重复时，会用配置值替换待插入的值；如果不指定 ON DUPLICATE KEY UPDATE，当要插入的主键或唯一键重复时，会报错
update_asgn_list	赋值语句，例如 c1 = 2

技能点 4.1.2　修改数据

修改数据是数据库中不可或缺的功能，可以对数据表中指定行的字段值进行修改。它通常使用在密码修改、个人信息修改等场景中，使用 UPDATE 命令实现，语法格式如下所示。

```
obclient[(none)]> UPDATE [IGNORE] table_references
    SET update_asgn_list
    [WHERE where_condition]
    [ORDER BY order_list]
    [LIMIT row_count];

table_references:
    table_name [PARTITION (partition_name,...)] [,...]

update_asgn_list:
    column_name = expr [,...]

order_list:
    column_name [ASC|DESC] [, column_name [ASC|DESC]...]
```

UPDATE 命令参数及描述如表 4-2 所示。

表 4-2　UPDATE 命令参数及描述

参数	描述
table_references	指定要修改的数据表名，修改多表时，数据表名以半角逗号","分隔
where_condition	指定过滤条件
row_count	指定限制的行数
column_name	指定字段名
ASC	指定按字段名升序修改
DESC	指定按字段名降序修改

技能点 4.1.3　删除数据

OceanBase 分布式数据库支持删除数据表中符合条件的行，包括单表删除及多表删除两种方式，并且，无论是单表删除还是多表删除都不支持直接对子查询进行删除操作。可通过 DELETE 命令实现删除数据，语法格式如下所示。

单表删除
obclient[(none)]> DELETE [hint_options] FROM table_name [PARTITION (partition_name,...)] [WHERE where_condition] [ORDER BY order_expression_list] [LIMIT row_count]
多表删除方式 1
obclient[(none)]> DELETE [hint_options] table_name[.*] [, table_name[.*]] ...
    FROM table_references
    [WHERE where_condition]
多表删除方式 2
obclient[(none)]> DELETE [hint_options] FROM table_name[.*] [, table_name[.*]] ...
    USING table_references
    [WHERE where_condition]

where_condition:
    expression

order_expression_list:
    order_expression [, order_expression ...]

order_expression:
    expression [ASC | DESC]

limit_row_count:
    INT_VALUE

table_references:
    {table_name | joined_table | table_subquery | select_with_parents} [,...]

DELETE 命令参数及描述如表 4-3 所示。

表 4-3　DELETE 命令参数及描述

参数	描述
hint_options	hint 选项
table_name	需要删除的数据表名
partition_name	需要删除的表的对应分区名
where_condition	需要删除的数据表需要满足的过滤条件
order_expression_list	需要删除的数据表的排序键列表
row_count	待删除的数据表的行数，指定的值只能为整数
table_references	删除多表时待选择的表序列

任务实施　向学生管理数据库中插入数据

在对插入数据、修改数据、删除数据等相关知识进行学习后，通过以下几个步骤在数据库中完成增、删、改操作。

（1）使用 INSERT 命令分别向 student、course 以及 score 表中插入多条数据，命令如下所示。

```
obclient [myStudent]> INSERT INTO student VALUES
('230001','锦彬','男','2004-10-23','大数据','13200230001','陕西省'),
('230002','滢熙','女','2004-09-03','大数据','13200230002','四川省'),
('230004','高翔','男','2003-11-27','大数据','13200230004','天津市'),
('230005','懿烟','女','2004-05-11','人工智能','13200230005','山东省'),
('230006','若初','女','2003-07-19','大数据','13200230006','陕西省'),
('230007','夕如','女','2004-08-05','人工智能','13200230007','陕西省'),
('230008','盛德','男','2003-12-20','人工智能','13200230008','四川省'),
('230009','尉庭','男','2004-12-24','人工智能','13200230009','天津市'),
('230010','舒道','男','2004-12-12','人工智能','13200230010','天津市');
obclient [myStudent]> INSERT INTO course VALUES
('GJ01','高等数学','世海','公共基础课',48,3),
('ZB02','OceanBase 分布式数据库','博涵','专业必修课',64,4);
# 由于 score 表中存在外键约束，因此在插入数据时需要设置不检查外键约束
obclient [myStudent]> SET foreign_key_checks=0;
obclient [myStudent]> INSERT INTO score VALUES
('230001','GJ01',85),
('230002','GJ01',92),
('230003','GJ01',55),
('230004','GJ01',74),
('230005','GJ01',67),
('230006','GJ01',88),
('230007','GJ01',53),
('230008','GJ01',42),
('230009','GJ01',90),
('230010','GJ01',77),
('230001','ZB02',57),
('230002','ZB02',92),
('230003','ZB02',78),
('230004','ZB02',81),
('230005','ZB02',64),
('230006','ZB02',83),
('230007','ZB02',78),
('230008','ZB02',53),
('230009','ZB02',90),
('230010','ZB02',84);
```

向 student 表中插入数据结果如图 4-1 所示。

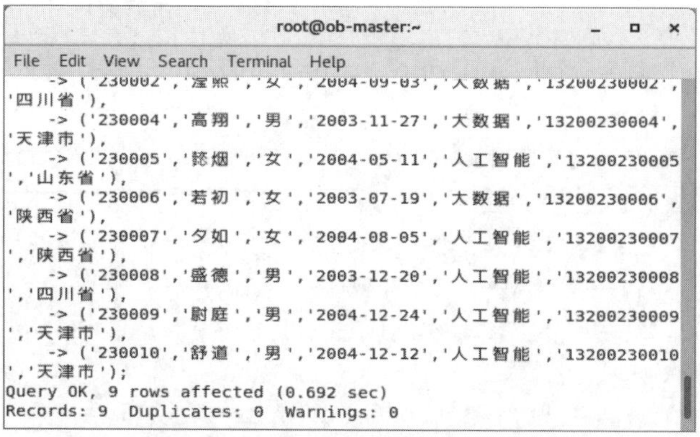

图 4-1　向 student 表中插入数据

向 course 表中插入数据结果如图 4-2 所示。

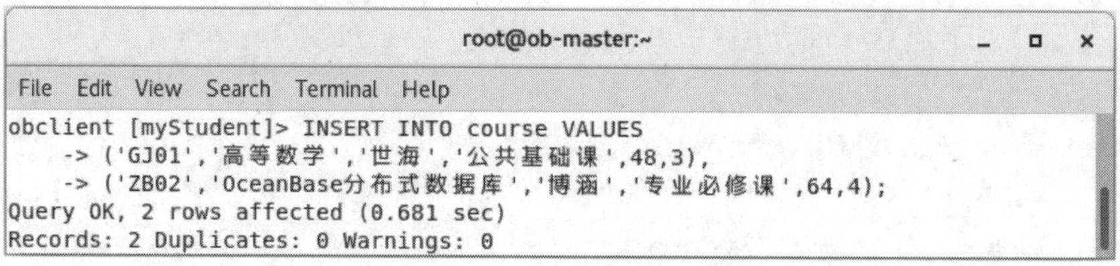

图 4-2　向 course 表中插入数据

设置不检查外键约束如图 4-3 所示。

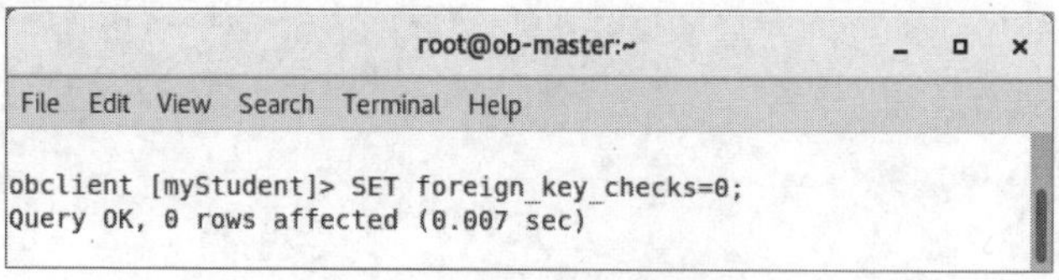

图 4-3　设置不检查外键约束

向 score 表中插入多条数据结果如图 4-4 所示。

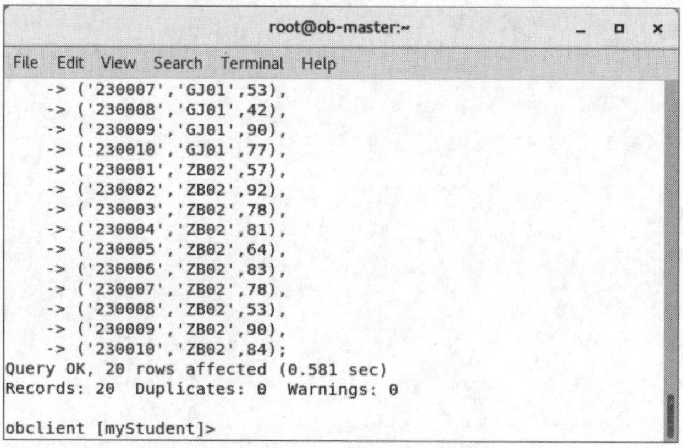

图 4-4　向 score 表中插入多条数据

（2）分别查看 3 个表中的数据，判断数据是否插入成功，命令如下所示。

```
obclient [myStudent]> SELECT * FROM student;
```

obclient [myStudent]> SELECT * FROM course;
obclient [myStudent]> SELECT * FROM score;

检查表中数据是否插入成功结果如图 4-5～图 4-7 所示。

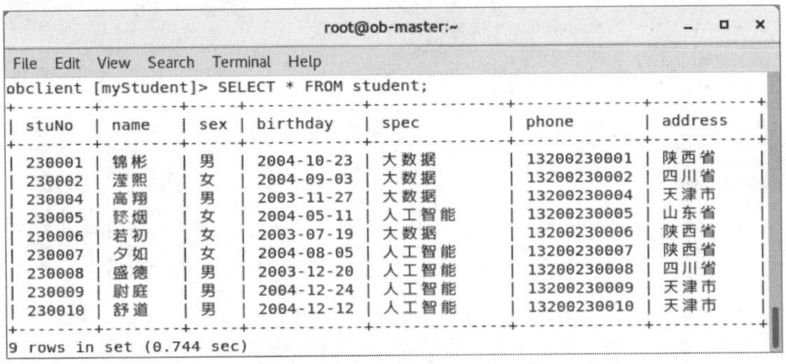

图 4-5　检查 student 表中数据是否插入成功

图 4-6　检查 course 表中数据是否插入成功

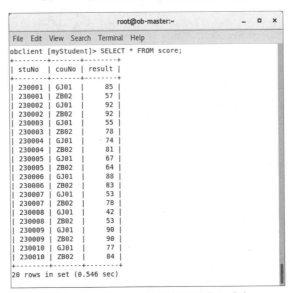

图 4-7　检查 score 表中数据是否插入成功

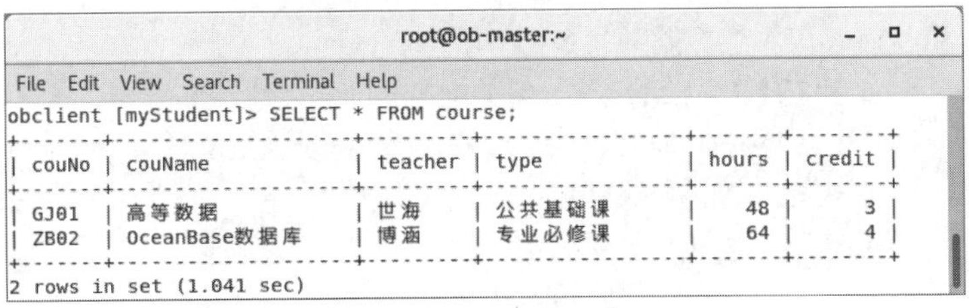

（3）对 student 表进行修改，将学号为"230007"的学生的家庭住址更改为"四川省"，命令如下所示。

obclient [myStudent]> UPDATE student SET address='四川省' WHERE stuNo='230007';
obclient [myStudent]> SELECT * FROM student;

修改 student 表中的数据结果如图 4-8 所示。

```
root@ob-master:~
File Edit View Search Terminal Help
obclient [myStudent]> UPDATE student SET address='四川省' WHERE stuNo='230007';
Query OK, 1 row affected (0.753 sec)
Rows matched: 1  Changed: 1  Warnings: 0

obclient [myStudent]> SELECT * FROM student;
+--------+------+-----+------------+----------+-------------+---------+
| stuNo  | name | sex | birthday   | spec     | phone       | address |
+--------+------+-----+------------+----------+-------------+---------+
| 230001 | 锦彬 | 男  | 2004-10-23 | 大数据   | 13200230001 | 陕西省  |
| 230002 | 滢熙 | 女  | 2004-09-03 | 大数据   | 13200230002 | 四川省  |
| 230004 | 高翔 | 男  | 2003-11-27 | 大数据   | 13200230004 | 天津市  |
| 230005 | 毯烟 | 女  | 2004-05-11 | 人工智能 | 13200230005 | 山东省  |
| 230006 | 若初 | 女  | 2003-07-19 | 大数据   | 13200230006 | 陕西省  |
| 230007 | 夕如 | 女  | 2004-08-05 | 人工智能 | 13200230007 | 四川省  |
| 230008 | 盛德 | 男  | 2003-12-20 | 人工智能 | 13200230008 | 四川省  |
| 230009 | 尉庭 | 男  | 2004-12-24 | 人工智能 | 13200230009 | 天津市  |
| 230010 | 舒道 | 男  | 2004-12-12 | 人工智能 | 13200230010 | 天津市  |
+--------+------+-----+------------+----------+-------------+---------+
9 rows in set (0.243 sec)
```

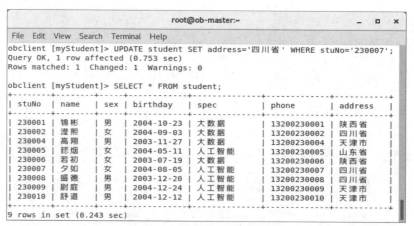

图 4-8　修改 student 表中的数据

（4）将学号为“230010”的学生的成绩删除，并将学号为“230010”的学生信息删除，然后查询 student 表和 score 表中的数据，命令如下所示。

```
obclient [myStudent]> DELETE FROM score WHERE stuNo='230010';
obclient [myStudent]> DELETE FROM student WHERE stuNo='230010';
obclient [myStudent]> SELECT * FROM student;
obclient [myStudent]> SELECT * FROM score;
```

删除 score 表和 student 表中的数据如图 4-9 所示。

```
root@ob-master:~
File Edit View Search Terminal Help
obclient [myStudent]> DELETE FROM score WHERE stuNo='230010';
Query OK, 2 rows affected (0.115 sec)

obclient [myStudent]> DELETE FROM student WHERE stuNo='230010';
Query OK, 1 row affected (0.048 sec)
```

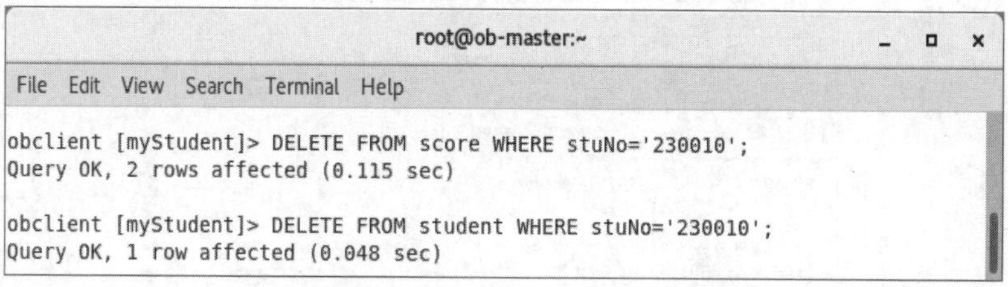

图 4-9　删除 score 表和 student 表中的数据

查询 student 表中的数据结果如图 4-10 所示。

```
root@ob-master:~
File Edit View Search Terminal Help
obclient [myStudent]> SELECT * FROM student;
+--------+------+-----+------------+----------+-------------+---------+
| stuNo  | name | sex | birthday   | spec     | phone       | address |
+--------+------+-----+------------+----------+-------------+---------+
| 230001 | 锦彬 | 男  | 2004-10-23 | 大数据   | 13200230001 | 陕西省  |
| 230002 | 滢熙 | 女  | 2004-09-03 | 大数据   | 13200230002 | 四川省  |
| 230004 | 高翔 | 男  | 2003-11-27 | 大数据   | 13200230004 | 天津市  |
| 230005 | 毯烟 | 女  | 2004-05-11 | 人工智能 | 13200230005 | 山东省  |
| 230006 | 若初 | 女  | 2003-07-19 | 大数据   | 13200230006 | 陕西省  |
| 230007 | 夕如 | 女  | 2004-08-05 | 人工智能 | 13200230007 | 四川省  |
| 230008 | 盛德 | 男  | 2003-12-20 | 人工智能 | 13200230008 | 四川省  |
| 230009 | 尉庭 | 男  | 2004-12-24 | 人工智能 | 13200230009 | 天津市  |
+--------+------+-----+------------+----------+-------------+---------+
8 rows in set (0.015 sec)
```

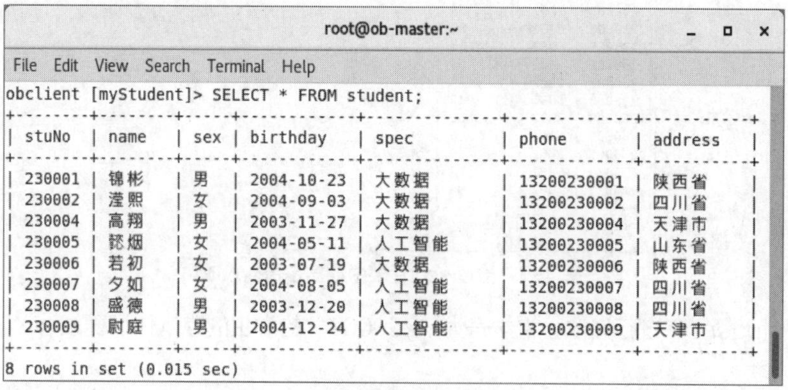

图 4-10　查询 student 表中的数据

查询 score 表中的数据结果如图 4-11 所示。

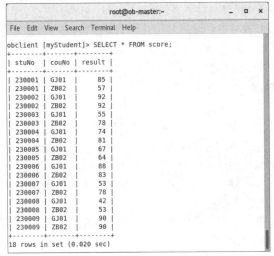

图 4-11 查询 score 表中的数据

任务 4.2 查询数据

任务描述

数据库中最主要、最核心的部分之一是它的查询功能。所谓查询，就是从数据库中提取满足用户需求的数据，查询是由 SELECT 语句实现的。在 OceanBase 分布式数据库的使用中，许多操作都涉及查询。例如，将使用查询命令查询到的数据插入另外一个数据表中；使用 SELECT 语句将满足条件的数据创建一个视图等。SELECT 语句也是 OceanBase 分布式数据库语言中最灵活、最复杂的命令之一。本任务涉及了解 SELECT 语句的语法结构、认识基本子句、认识运算符、认识函数和连接查询 5 个技能点，通过对这 5 个技能点的学习，完成查询学生管理数据库中的数据的操作。

任务技能

技能点 4.2.1　了解 SELECT 语句的语法结构

一个 SQL 查询是指一个 SELECT 语句，用于从一个或多个表或者视图里查询数据。SELECT 语句既可以完成简单的单表查询，也可以完成复杂的连接查询和嵌套查询，简单的 SQL 语句的语法格式如下。

SELECT <select_list> [FROM <table_list>]

参数说明如下。

（1）select_list 指定的可以是 table_list 里的表的字段，也可以是函数值、字符常量、计算变量等。

（2）table_list 指定包含所查数据的数据表或视图。

技能点 4.2.2　认识基本子句

查询是指在数据库中获取数据，它可搭配条件限制的子句（例如 WHERE 子句）、排列顺序的子句（例如 ORDER BY 子句）等来获取查询结果。通常，一个 SELECT 语句可以分解成 3 个部分：查找什么数据，从哪里查找，查找条件是什么。因此，SELECT 语句可以包含以下几个子句：SELECT 子句和 FROM 子句（这两个子句是每条 SELECT 语句必须有的），WHERE 子句（是可选的），还可以包含 GROUP BY 子句、HAVING 子句和 ORDER BY 子句等。

1. WHERE 条件查询

当要查询满足特定条件的数据时，可以通过给 SELECT 语句增加一个 WHERE 子句来实现。在运行条件查询时，首先通过 WHERE 子句查询出符合指定条件的数据，然后通过 SELECT 语句选取指定的字段。WHERE 条件查询语法格式如下。

```
SELECT select_list FROM table_list
WHERE query_condition
```

关键字 WHERE 后面的 query_condition 表示查询条件，WHERE 可以带有一个或者多个条件。条件用于对前面数据进行筛选，只有满足 WHERE 条件的数据才会被返回。

2. ORDER BY 排序查询

ORDER BY 子句用于对查询结果按照一个或多个字段进行升序（ASC）或降序（DESC）排序，默认为升序。ORDER BY 子句支持单字段排序、多字段排序、按别名排序和按函数排序，多字段排序时，字段之间用半角逗号","分隔。ORDER BY 排序查询语法格式如下。

```
SELECT select_list FROM table_list
[WHERE query_condition]
ORDER BY column_name [ASC|DESC] [,column_name [ASC|DESC]...];
```

3. GROUP BY 分组查询

GROUP BY 子句用于对查询结果进行分组。GROUP BY 子句支持单字段分组和多字段分组，使用 WHERE 子句可以在分组前对数据进行筛选，使用 HAVING 子句可以在分组后对数据进行筛选，使用 ORDER BY 子句可以在分组后对数据进行排序。GROUP BY 分组查询语法格式如下。

```
SELECT select_list FROM table_list
  [WHERE query_condition]
  GROUP BY group_by_expression
  [HAVING group_condition];
select_list:
  column_name, group_function,...
```

参数说明如下。

（1）group_function 表示聚合函数。

（2）group_by_expression 表示分组表达式，多个表达式之间用半角逗号","分隔。

（3）group_condition 表示分组之后对数据进行过滤。

4. LIMIT 分页操作

LIMIT 子句可以限制 SELECT 查询返回的行数，常用于分页操作。查询中包含 LIMIT 子句的语法格式如下。

```
SELECT select_list FROM table_list LIMIT [offset,] count_num;
```

参数说明如下。

（1）offset 表示偏移量，即跳过多少行。offset 可以省略，其默认值为 0，表示跳过 0 行；offset 的取值范围为 [0,+∞)。

（2）count_num 表示跳过 offset 行之后开始获取数据，取 count_num 行记录；count_num 的取值范围为 [0,+∞)。

（3）offset 和 count_num 的值不能使用表达式表示。

使用 LIMIT 子句进行分页查询的语法格式如下。

SELECT select_list FROM table_list LIMIT (page_no – 1) * page_size, page_size;

参数说明如下。

（1）page_no 表示第几页，从 1 开始，其取值范围为 [1,+∞)。

（2）page_size 表示每页显示多少条记录，其取值范围为 [1,+∞)。例如：page_no = 5，page_size = 10，表示获取第 5 页的 10 行数据。

5. WHERE、GROUP BY、HAVING、ORDER BY、LIMIT 一起使用

当 WHERE、GROUP BY、HAVING、ORDER BY、LIMIT 一起使用时，需要遵照如下指定的先后顺序。

```
obclient[(none)]SELECT select_list FROM table_name
WHERE query_condition
GROUP BY group_by_expression
HAVING group_condition
ORDER BY column_list][ASC | DESC]
LIMIT [offset,] count_num;
```

技能点 4.2.3　认识运算符

运算符一般用于连接操作数或参数等单个数据项并返回结果。从语法上讲，运算符可以出现在操作数之前、操作数之后或两个操作数之间，常见的运算符可以分为一元运算符和二元运算符。

一元运算符仅对一个操作数进行运算。一元运算符常用的格式如下。

运算符 操作数

二元运算符对两个操作数进行运算。二元运算符常用的格式如下。

操作数 1 运算符 操作数 2

OceanBase 分布式数据库支持的运算符包括算术运算符和比较运算符。

1. 算术运算符

算术运算符主要用于对数据表中各字段的数值类型的数据进行运算操作，如加、减、乘、除等运算，算术运算符如表 4-4 所示。

表 4-4　算术运算符

运算符	操作数类型	描述
+	一元/二元	一元表示正数，二元表示加法
-	一元/二元	一元表示负数，二元表示减法
*	二元	乘法
/	二元	普通除法
DIV	二元	整数除法，返回商
MOD 或 %	二元	整数除法，返回余数。格式为 N % M 或 N MOD M

语法格式如下所示。

obclient[(none)]> SELECT col1-col2,DIV(col3) from table_name;

其中 col1~col3 表示表中的字段。

2. 比较运算符

比较运算的结果为 1（TRUE）、0（FALSE）或 NULL。比较运算操作数为数字或字符串。根

据需要，字符串会自动转换为数字，数字会自动转换为字符串。默认情况下，字符串在比较运算中不区分大小写并使用当前字符集。比较运算符如表 4-5 所示。

表 4-5 比较运算符

运算符	操作数	描述
=	二元	等于
<=>	二元	全等于
<> / !=	二元	不等于
>	二元	大于
>=	二元	大于等于
<	二元	小于
<=	二元	小于等于
[NOT] IN	二元	是否在集合中
[NOT] BETWEEN AND	三元	是否在区间内
[NOT] LIKE	三元	字符串通配符匹配
IS [NOT] TRUE	一元	是否为 TRUE
IS [NOT] FALSE	一元	是否为 FALSE
IS [NOT] NULL	一元	是否为 NULL

比较运算符可用于对表中的各字段数据进行比较，例如判断 student 表中的学生是否大于 18 岁等，或通过比较运算符设置查询条件，查询 student 表中所有大于 18 岁的学生信息，命令如下所示。

```
#查询 student 表中的学生是否大于 18 岁
obclient[(none)]>SELECT name,age>18 FROM student;
#查询 student 表中大于 18 岁的学生的信息
obclient[(none)]>SELECT name FROM student WHERE age>18;
```

技能点 4.2.4　认识函数

函数是 OceanBase 分布式数据库中预先设定好的具有特定功能的程序，通过 OceanBase 分布式数据库中提供的函数开发人员能够快速实现对数据的计算等操作。OceanBase 分布式数据库中的常用函数有日期时间函数、字符串函数和聚合函数。

1. 日期时间函数

OceanBase 分布式数据库中的日期时间函数主要用于对表中的日期时间类型数据进行处理，如截取日期时间类型数据中的年、月、日数据等操作，日期时间函数如表 4-6 所示。

表 4-6 日期时间函数

函数	描述
DATE(expr)	返回日期时间类型数据（年、月、日数据），expr 表示日期时间类型数据，如'2023-06-15 19:12:03'
HOUR(time)	获取日期时间类型数据的小时部分的值，time 表示日期时间类型数据，如'10:05:03'
YEAR(date)	获取日期时间类型数据的年份信息，date 表示日期时间类型，如'2023-06-15'
DAY(date)	获取日期时间类型数据中的日期

例如，使用 DAY 函数获取日期时间类型数据中的日期，命令如下所示。
obclient[(none)]> SELECT DAY('2008-12-31');

2. 字符串函数

OceanBase 分布式数据库中的字符串函数主要用于对表中的字符串类型的数据进行处理，如获取字符串长度、转换字符的大小写、去除头尾空格等操作，字符串函数如表 4-7 所示。

表 4-7 字符串函数

函数	描述
ASCII(str)	获取字符串类型数据的 ASCII 值，str 表示要进行操作的字符串
CHAR_LENGTH(str)	返回字符串包含的字符数
LENGTH(str)	返回字符串的字节长度
CONCAT(str1, str2,...)	将多个字符串类型的数据连接成一个字符串
LEFT(str,len)	返回字符串从左侧起的 len 个字符，如果 str 或 len 为 NULL，则返回 NULL
LOWER(str)	将字符串中的大写字母转化为小写字母
UCASE(str)	将字符串中的小写字母转化为大写字母
LTRIM(str)	删除字符串左侧的空格
RTRIM(str)	删除字符串右侧的空格

例如，使用 LTRIM 函数删除字符串左侧的空格，命令如下所示。
obclient[(none)]> SELECT LTRIM('   obclient   ') AS ltrim;

3. 聚合函数

OceanBase 分布式数据库中的聚合函数能够对一组数值类型的数据进行计算并返回单一的数值类型的数据，例如计算某学生的总成绩。聚合函数计算时会忽略空值。聚合函数经常与 SELECT 语句的 GROUP BY 子句一同使用。聚合函数如表 4-8 所示。

表 4-8 聚合函数

函数	描述
AVG([DISTINCT | ALL] expr)	返回指定组中的平均值，忽略空值。DISTINCT 选项用于在去重后进行平均值统计，默认为 ALL。如果找不到匹配的行，则 AVG 函数返回 NULL
COUNT([DISTINCT | ALL] expr)	返回 SELECT 语句查询到的行中非 NULL 的数目
MAX([DISTINCT | ALL] expr)	返回指定数据中的最大值
MIN([DISTINCT | ALL] expr)	返回指定数据中的最小值
SUM([DISTINCT | ALL] expr)	返回 expr 的总数。如果集合中无任何行，则返回 NULL。DISTINCT 关键字可用于求得 expr 不同值的总和

例如，使用 MAX 函数在去重后返回班级内最大的年龄值，命令如下所示。
obclient[(none)]> SELECT MAX(DISTINCT (age)) FROM student;

技能点 4.2.5　连接查询

在一个业务系统的数据库中通常会将数据表按照业务数据的类型进行分类，如在学生管理系统的数据库中会将学生基本信息、成绩信息等分别存储在不同表中，在使用过程中通常会查询学生的成绩，这就需要对学生基本信息表和成绩表进行连接查询。OceanBase 分布式数据库提供的连接查询方法包含内连接查询、外连接查询和子查询。

1. 内连接查询

内连接（INNER JOIN）查询是指两个或多个表的连接查询，用于返回满足连接条件的多个表的数据。内连接查询又称为简单连接查询。内连接查询默认 JOIN 子句返回的结果会满足 ON 后面的连接条件，通常会省略 JOIN 前的关键字 INNER。JOIN 前后的表分别称为左表和右表，ON 后的条件描述的是左表和右表的连接条件和过滤条件。内连接查询语法格式如下所示。

```
obclient[(none)]>SELECT select_list FROM table_name1 [INNER] JOIN table_name2 ON join_condition
[ WHERE query_condition ]
[ ORDER BY column_list ]
```

如果同时使用 WHERE 和 ORDER BY 子句，则返回的结果会在 JOIN 子句返回的结果的基础上使用 WHERE 后的查询条件进行过滤。

如果没有 ON 子句，那么 JOIN 子句返回的就是左表和右表的全部数据。相同的连接条件下，ON 子句也可以由 WHERE 子句代替实现内连接查询，语法格式如下所示。

```
obclient[(none)]>SELECT select_list FROM table_name1, table_name2 [ WHERE query_condition ]
```

2. 外连接查询

外连接（OUTTER JOIN）查询包括左连接（LEFT JOIN）查询和右连接（RIGHT JOIN）查询。外连接查询返回满足连接条件的所有行，并返回一个表中的部分或全部行，而另一个表中没有满足连接条件的行，可扩展简单连接的结果。

外连接一般涉及主表和从表。外连接查询结果为主表中所有记录。如果从表中有和它匹配的，则显示匹配的记录，这部分相当于内连接查询结果；如果从表中没有和它匹配的，则显示 NULL。外连接查询语法格式如下所示。

```
obclient[(none)]>SELECT select_list FROM table_name1 [ LEFT|RIGHT ] JOIN table_name2 ON join_condition
[ WHERE query_condition ]
[ ORDER BY column_list ]
```

其中，table_name1 表示主表，table_name2 表示从表。

（1）左连接查询

当需要 JOIN 子句返回的数据除了符合连接条件和过滤条件外，还需要包括左表里满足左表的过滤条件但不满足连接条件的数据时，就可以使用左外连接（LEFT OUTER JOIN）查询，简称为左连接查询。左连接查询返回的结果里属于右表的数据如果不存在，则不存在数据的字段返回 NULL。左连接查询语法格式如下所示。

```
obclient[(none)]> SELECT tbl1.id, tbl1.name, tbl2.id, tbl2.name FROM tbl1 LEFT JOIN tbl2 ON tbl1.id=tbl2.id;
```

（2）右连接查询

当需要 JOIN 子句返回的数据除了符合连接条件和过滤条件外，还需要包括右表里满足右表的过滤条件但不满足连接条件的数据时，就可以使用右外连接（RIGHT OUTER JOIN）查询，简称为右连接查询。右连接查询返回的结果里属于左表的数据如果不存在，则不存在数据的字段返回 NULL。右连接查询语法格式如下所示。

```
obclient[(none)]> SELECT tbl1.id, tbl1.name, tbl2.id, tbl2.name FROM tbl1 RIGHT JOIN tbl2 ON tbl1.id=tbl2.id;
```

3. 子查询

子查询是指嵌套在上层查询中的查询。SQL 语句允许多层嵌套查询，即一个子查询中可以嵌套其他子查询。子查询可以出现在 SQL 语句中的各种子句中，例如 SELECT 子句、FROM 子句、WHERE 子句等。

（1）子查询类别

根据结果的行列数不同，子查询可以分为 4 类，如表 4-9 所示。

表 4-9　4 类子查询

子查询类别	结果	相关子句
标量子查询	单列单行	SELECT 子句、WHERE 子句、HAVING 子句
列子查询	单列多行	WHERE 子句、HAVING 子句
行子查询	多列单行	WHERE 子句、HAVING 子句
表子查询	多行多列	FROM 子句、EXISTS 子句

（2）子查询应用场景

子查询主要用于以下场景。

① 在 INSERT 或 CREATE TABLE 语句中定义要插入目标表中的行。

② 在 CREATE VIEW 语句中定义要包含在视图中的行。

③ 在 UPDATE 语句中定义要分配给现有行的一个或多个值。

④ 为 SELECT、UPDATE 和 DELETE 语句的 WHERE 子句、HAVING 子句或 START WITH 子句中的条件提供值。

（3）子查询关键字

子查询中的关键字包括 IN、ANY、SOME 和 ALL 等。使用 NOT IN 时，如果子查询中字段的值为 NULL，外连接查询的结果为空。部分关键字说明如下。

① IN 常用于 WHERE 表达式中，用于查询某个范围内的数据。

② ANY 和 SOME 可以与 =、>、>=、<、<=、<> 运算符结合起来使用，分别表示等于、大于、大于等于、小于、小于等于、不等于使用 ANY 和 SOME 关键字指定的任何一个数据。

③ ALL 可以与 =、>、>=、<、<=、<> 运算符结合起来使用，分别表示等于、大于、大于等于、小于、小于等于、不等于使用 ALL 关键字指定的所有数据。

任务实施　查询学生管理数据库中的数据

在学习 SELECT 语句语法结构、SELECT 基本子句、运算符与函数、连接查询等相关知识后，通过以下几个步骤实现 SELECT 语句查询操作。

（1）查询大数据专业所有男生的基本信息，命令如下所示。

```
obclient [myStudent]> SELECT * FROM student WHERE spec='大数据' && sex='男';
```

查询大数据专业所有男生的基本信息结果如图 4-12 所示。

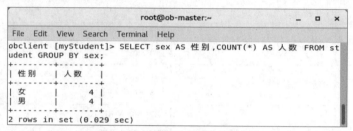

图 4-12　查询大数据专业所有男生的基本信息

（2）统计男生人数和女生人数，命令如下所示。

obclient [myStudent]> SELECT sex AS 性别,COUNT(*) AS 人数 FROM student GROUP BY sex;

统计男生人数和女生人数结果如图 4-13 所示。

图 4-13　统计男生人数和女生人数

（3）查询每位学生各门课程的成绩信息，并按学号从小到大显示，命令如下所示。

obclient [myStudent]> SELECT s.stuNo,s.name,s.sex,c.couNo,c.couName,sc.result
FROM student s,course c,score sc
WHERE s.stuNo=sc.stuNo AND c.couNo=sc.couNo
ORDER BY stuNo;

查询成绩并将其按学号排序，结果如图 4-14 所示。

图 4-14　查询成绩并将其按学号排序

（4）统计各门课程成绩最高的学生信息，命令如下所示。

```
obclient [myStudent]> SELECT s.name,sc.stuNo,sc.couNo,MAX(result) AS 最高分
FROM student s,score sc
WHERE s.stuNo=sc.stuNo
GROUP BY couNo;
```

统计各门课程成绩最高的学生信息，结果如图 4-15 所示。

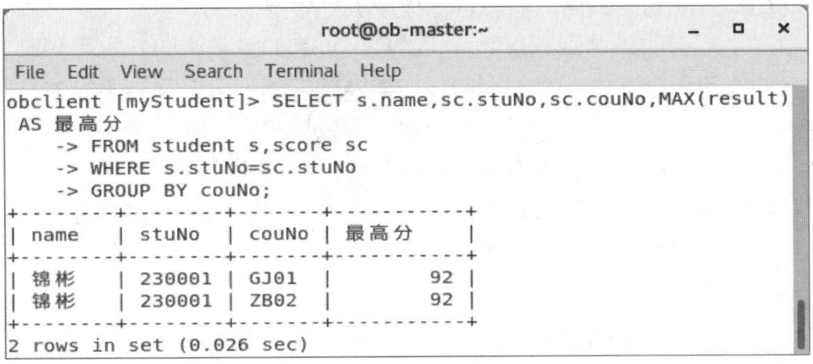

```
obclient [myStudent]> SELECT s.name,sc.stuNo,sc.couNo,MAX(result)
 AS 最高分
    -> FROM student s,score sc
    -> WHERE s.stuNo=sc.stuNo
    -> GROUP BY couNo;
+--------+--------+-------+-----------+
| name   | stuNo  | couNo | 最高分    |
+--------+--------+-------+-----------+
| 锦彬   | 230001 | GJ01  |        92 |
| 锦彬   | 230001 | ZB02  |        92 |
+--------+--------+-------+-----------+
2 rows in set (0.026 sec)
```

图 4-15　统计各门课程成绩最高的学生信息

任务 4.3　认识与管理视图

任务描述

视图是一个虚拟表，与数据表不一样，视图只包含在使用时的动态查询。视图不包含任何字段或数据，包含的只是查询。它主要有两个作用：一个是保障安全，视图可以隐藏一些数据，如社会保险基金表中可以用视图只显示姓名、地址，而不显示社会保障号和工资等；另一个是可使复杂的查询易于理解和使用。视图就像一个窗口，从中只能看到显示的数据。本任务涉及认识视图、了解视图的优势与特点、创建和管理视图 3 个技能点，通过对这 3 个技能点的学习，完成视图的创建操作。

任务技能

技能点 4.3.1　认识视图

视图的内容由查询定义。同真实的表一样，视图包含一系列带有名称的列和行数据。但是，视图并不在数据库中以存储的数据集形式存在。行和列数据来自定义视图的查询所引用的表，并且在引用视图时动态生成。

视图机制使用户可以将注意力集中在所关心的数据上。如果这些数据不是直接来自基本表的，则可以定义视图，使数据库看起来结构简单、清晰，并且可以简化用户的数据查询操作。例如，定义了若干个表连接的视图，就将表与表之间的连接操作对用户隐藏起来。

技能点 4.3.2　了解视图的优势与特点

1. 视图的优势

视图的优势如下。

（1）视图集中：视图使用户只关心他们感兴趣的某些特定数据和负责的特定任务，只允许用户看到视图中所定义的数据而不是视图引用表中的数据。

（2）简化操作：视图大大简化了用户对数据的操作。因为在定义视图时，若视图本身就是一个复杂查询的结果集，这样在每一次执行相同的查询时，不必重新写复杂的查询语句，只要写一条简单的查询视图语句即可。由此可见视图向用户隐藏了表与表之间的复杂的连接操作。

（3）定制数据：视图能够实现让不同的用户以不同的方式看到不同或相同的结果集。因此，当有许多不同需要的用户共用同一数据库时，这一作用极为重要。

（4）合并分割数据：有时表中数据量太大，故在设计表时常将表进行水平分割或垂直分割，但表的结构的变化会对应用程序产生不良的影响。如果使用视图就可以保持原有的结构关系，从而使外模式保持不变，原有的应用程序仍可以通过视图来重载数据。

（5）安全性：视图可以作为一种安全机制。通过视图，用户只能查看和修改他们所能看到的数据，其他数据库或表既不可见也不可访问。如果某一用户想要访问视图的结果，必须授予其访问权限。视图所引用表的访问权限与视图权限的设置互不影响。

2. 视图的特点

与表不同，视图没有分配存储空间，视图也不包含数据。视图从视图引用的基表（数据库中永远存在的数据表）中提取或派生数据。因此除了用于定义数据字典中视图的查询的存储空间之外，它不需要其他存储空间。

视图依赖于其引用的对象，如果视图所依赖的对象被删除、更新或者重建，则数据库会判断新对象是否可以被视图定义所接受。

技能点 4.3.3　创建和管理视图

1. 创建视图

可以使用 CREATE VIEW 语句来创建视图，语法格式如下所示。

```
obclient[(none)]>CREATE [OR REPLACE] VIEW view_name [(column_name_list)] AS select_stmt;

column_name_list:
    column_name [, column_name ...]
```

CREATE VIEW 语句参数说明如表 4-10 所示。

表 4-10　CREATE VIEW 语句参数说明

参数	描述
OR REPLACE	表示如果要创建的视图名称已存在，则使用新的定义重新创建视图
view_name	指定视图的名称。该名称在数据库中必须是唯一的，不能与其他表或视图同名
select_stmt	指定创建视图的 SELECT 语句，指定了视图的定义。可用于查询多个基表或视图
column_name_list	视图必须具有唯一的字段名，不得重复，就像基表那样。默认情况下，由 SELECT 语句查询的字段名将用作视图字段名。要想为视图字段定义明确的名称，可使用可选的 column_name_list 子句，列出由半角逗号分隔的 ID。column_name_list 中的名称数目必须等于 SELECT 语句查询的字段数。SELECT 语句查询的字段可以是对表中字段的简单引用，也可以是使用函数、常量值、运算符等的表达式

2. 修改视图

修改视图的语法格式如下所示。

```
obclient[(none)]>ALTER VIEW view_name [(column_name_list)] AS select_stmt;
```

column_name_list:
    column_name [, column_name ...]

ALTER VIEW 语句参数说明如表 4-11 所示。

表 4-11 ALTER VIEW 语句参数说明

参数	描述
select_stmt	指定创建视图的 SELECT 语句，指定了视图的定义。可用于查询多个基表或视图
column_name_list	视图必须具有唯一的字段名，不得重复，就像基表那样。默认情况下，由 SELECT 语句查询的字段名将用作视图字段名。要想为视图字段定义明确的名称，可使用可选的 column_name_list 子句，列出由半角逗号分隔的 ID。column_name_list 中的名称数目必须等于 SELECT 语句查询的字段数。SELECT 语句查询的字段可以是对表中字段的简单引用，也可以是使用函数、常量值、运算符等的表达式

3. 删除视图

当需要删除某一个视图的时候，若当前用户在每个视图上都有 DROP 权限，可使用 DROP 语句对视图进行删除，语法格式如下所示。

```
obclient[(none)]>DROP VIEW [IF EXISTS] view_name_list [CASCADE | RESTRICT];
```

view_name_list:
    view_name [, view_name_list]

DROP 语句参数说明如表 4-12 所示。

表 4-12 DROP 语句参数说明

参数	描述
IF EXISTS	使用 IF EXISTS 关键字可以防止由于视图不存在而出错
view_name_list	如果 view_name_list 中包含一部分存在和一部分不存在的视图，执行可能报错但是存在的视图依然会被删除
CASCADE | RESTRICT	CASCADE 为级联删除，自动删除依赖此视图的对象。RESTRICT 为约束删除，如果有依赖对象存在，则拒绝删除此视图

任务实施　创建视图

在学习视图概念、视图的优势和特点、创建和管理视图等相关知识后，通过以下几个步骤实现创建视图。

（1）使用 CREATE VIEW 命令创建一个名为"nopass_view"的视图，命令如下所示。

```
obclient [myStudent]> CREATE VIEW nopass_view
AS
SELECT stu.stuNo,stu.name,c.couName,sc.result
FROM student stu,course c,score sc
WHERE stu.stuNo=sc.stuNo AND c.couNo=sc.couNo AND result<60;
```

创建视图结果如图 4-16 所示。

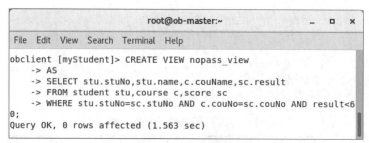

图 4-16 创建视图

（2）查看所有数据表，检查视图是否创建成功，命令如下所示。

obclient [myStudent]> SHOW TABLES;

检查视图是否创建成功，结果如图 4-17 所示。

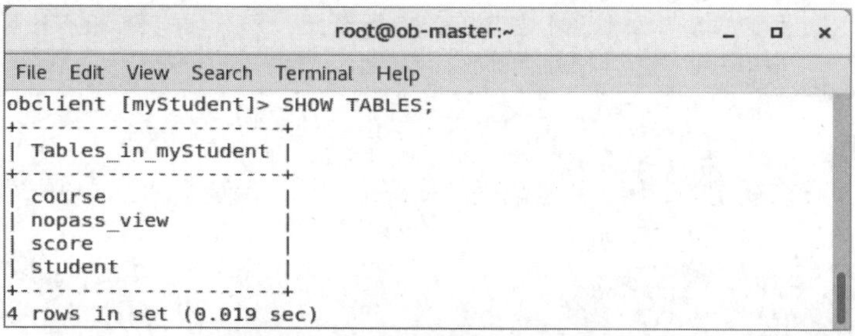

图 4-17 检查视图是否创建成功

（3）使用视图 nopass_view 查询成绩小于 60 分的学生的相关信息，命令如下所示。

obclient [myStudent]> SELECT * FROM nopass_view;

使用视图查询成绩小于 60 分的学生的相关信息，结果如图 4-18 所示。

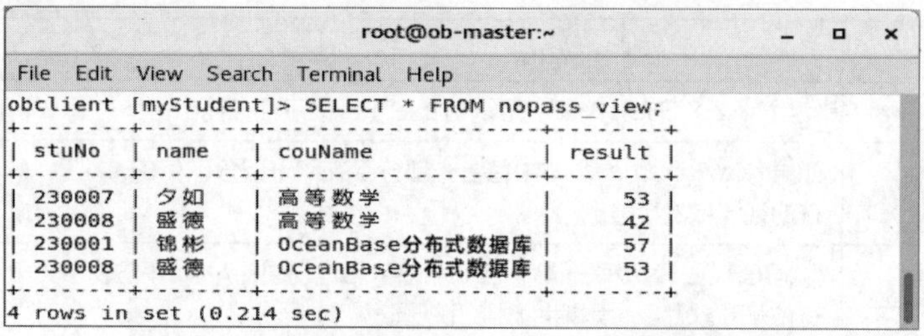

图 4-18 使用视图查询成绩小于 60 分的学生的相关信息

（4）创建名为"outstanding_view"的视图，之后修改该视图，统计各门课程成绩大于等于 90 分的学生的相关信息，命令如下所示。

obclient [myStudent]> CREATE VIEW outstanding_view AS SELECT * FROM score;
obclient [myStudent]> ALTER VIEW outstanding_view
AS
SELECT stu.stuNo,stu.name,c.couName,sc.result
FROM student stu,course c,score sc
WHERE stu.stuNo=sc.stuNo AND c.couNo=sc.couNo AND result>=90;
obclient [myStudent]> SELECT * FROM outstanding_view;

修改视图并统计各门课程成绩大于等于 90 分的学生的相关信息，结果如图 4-19 所示。

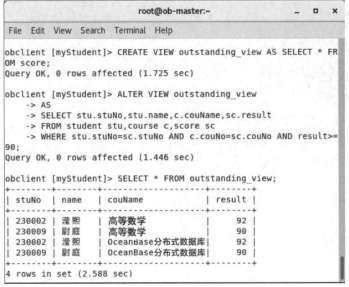

图 4-19　修改视图并统计各门课程成绩大于等于 90 分的学生的相关信息

项目总结

通过对数据查询与视图相关知识的学习，可对 SELECT 语句的语法结构有所了解，对查询语句的子句、运算符与函数、连接查询、视图的创建与管理有所掌握，并能够通过所学知识实现数据的增删改查和视图的创建与管理。

课后习题

1．选择题

（1）要查询满足特定条件的数据，可以通过给 SELECT 语句增加一个（　　）子句来实现。
　　A．DEL　　　　　　B．ORDER BY　　C．GROUP BY　　D．WHERE
（2）ORDER BY 子句支持的多字段排序中，各字段之间使用半角（　　）分隔。
　　A．空格　　　　　　B．加号　　　　　C．逗号　　　　　D．斜杠
（3）（　　）查询默认 JOIN 子句返回的结果会满足 ON 后面的连接条件，通常会省略 JOIN 前的关键字 INNER。
　　A．内连接　　　　　B．外连接　　　　C．子查询　　　　D．查询语句
（4）当需要删除某一个视图的时候，当前用户必须在每个视图上都有（　　）权限。
　　A．DEL　　　　　　B．SELECT　　　　C．CHANGE　　　D．DROP

2．简答题

（1）简述视图的优势。
（2）简述创建和管理视图的方法。

项目5
管理分布式数据库

项目导言

分布式数据库的基本要求是其操作透明,这就要求应用程序发出数据请求时,系统能够对网络上的数据库进行全局事务处理,各个数据库在网络上的分布,对客户来说是完全透明的。根据以上要求,结合分布式计算技术和面向对象技术,诞生了一种对象服务的分布式数据库设计思想,这种设计思想将系统中全局事务处理抽象为代理对象,各个局部数据库也抽象为对象。各个对象提供了特定功能的服务,整个系统运行的是这些对象之间的服务请求与服务。本项目包含两个任务,分别为认识分布式数据库操作和存储分布式数据,任务5.1主要讲解分布式数据库中的分区副本和配置数据均衡的方法,以及如何对集群进行动态扩容和缩容操作,任务5.2讲解对分布式数据库对象的管理操作,包括管理分区、管理副本和管理LOCALITY。

学习目标

知识目标
- 了解分布式数据库对象的概念;
- 熟悉配置数据均衡的方法;
- 了解常用的分区副本类型;
- 熟悉管理分区的方法。

技能目标
- 具备动态扩容和缩容的能力;
- 具备管理副本的能力;
- 具备管理LOCALITY的能力。

素养目标
- 具有良好的道德;
- 具有团队意识;
- 具有严谨求实的科学态度。

任务 5.1 认识分布式数据库操作

任务描述

OceanBase 分布式数据库为了保障数据安全和提供高可用的数据服务,每个分区数据在物理上存储多份，每一份就是一个分区副本。分区副本包括存储在磁盘上的 SSTable（用户表每个分区管理数据的基本单元）、存储在内存的 MemTable（内存存储引擎），以及记录事务的日志这 3 类主要的数据。根据存储数据类型的不同，副本分为几种不同的类型，以支持不同业务在数据安全、可用性、成本等性能要求，当一个集群的业务量达到一定量级就会涉及集群扩容操作以及扩容后的数据均衡和分区副本。本任务涉及认识分区副本类型、配置数据均衡和动态扩容与缩容这 3 个技能点，通过对这 3 个技能点的学习，完成动态扩容 OceanBase 分布式数据库的操作。

任务技能

技能点 5.1.1　认识分区副本类型

OceanBase 分布式数据库核心特点是分布式，即具备极高的可扩展性和可用性，当初它的设计目标是通过增加分布式节点来提高数据库的性能。OceanBase 分布式数据库采用 Shared-Nothing 分布式架构，在这种架构中各个处理单元都有自己私有的 CPU/内存/磁盘等，不存在共享资源，用户数据以分区方式进行分片，分布在多台计算机上。系统根据分区数、数据量以及负载等因素动态迁移分区数据以达到负载均衡的目的。用户可以进行资源调整，实现计划的扩容和缩容。

在分布式环境下，为保证数据读写服务的高可用性，OceanBase 分布式数据库会把同一个分区的数据复制到多台计算机。复制的不同计算机中同一个分区的数据称为副本（Replica）。同一分区的多个副本使用 Paxos 一致性协议保证副本的强一致性，每个分区和它的副本构成一个独立的 Paxos 成员组，其中一个分区为主分区，其他分区为备分区。主分区具备强一致性读和写能力，备分区具备弱一致性读能力。

在 OceanBase 分布式数据库中，根据一定的规则，把一个普通的数据表的数据按照一定的规则分解成多个更小的、更容易管理的部分后，分到不同的区块内，同一区块的数据物理上存储在一起，这种划分区块的表叫作分区表，每一个区块称作分区。并且，每个分区都是一个独立的对象，具有自己的名称和可选的存储特性。OceanBase 分布式数据库分区如图 5-1 所示。

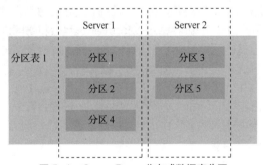

图 5-1　OceanBase 分布式数据库分区

分区表的每个分区还能按照一定的规则再拆分成多个分区，拆分出来的分区叫作二级分区表。表中每一行中用于计算当前行属于哪一个分区的字段的集合叫作分区键，分区键必须是主键或唯一键的子集。由分区键构成的用于计算当前行属于哪一个分区的表达式叫作分区表达式。

另外，对于访问数据库的应用而言，逻辑上访问的只有一个数据表或一个索引，但是实际上被访问的数据表可能由数十个分区对象组成，每个分区都是一个独立的对象，可以独自处理访问请求，也可以作为数据表的一部分处理访问请求。分区对应用程序来说是完全透明的，不影响应用程序的业务逻辑。

从应用程序的角度来看，只存在一个 Schema（一组数据结构的逻辑集合）对象。访问分区表不需要修改 SQL 语句。分区对于许多不同类型的数据库应用程序非常有用，尤其是需要管理大量数据的应用程序。分区表可以由一个或多个分区组成，这些分区是单独管理的，可以独立于其他分区运行。表可以是已分区或未分区的，即使一个已分区表仅由一个分区组成，该表也不同于未分区表，未分区表不能添加分区。OceanBase 分布式数据库将每个分区表的数据存储在自己的 SSTable 中，每个 SSTable 包含表数据的一部分。

1. 分区优势

OceanBase 分布式数据库通过应用分区技术，不仅在数据存储量方面得到了极大提升，而且在可用性、对象管理、查询性能等方面都有着诸多优势，如下所示。

（1）提高可用性。分区不可用并不意味着对象不可用，查询优化器自动从查询计划中删除未引用的分区，因此，当分区不可用时，查询不受影响。

（2）有利于更轻松地管理对象。分区对象具有可以整体或单独管理的片段。DDL 语句可以操作分区而不是整个表或索引。因此，可以对重建索引或表等资源密集型任务进行分解。例如，可以一次只移动一个分区，如果出现问题，只需要重新移动分区，而不是移动表。此外，对分区进行清空操作可以避免大量数据被删除。

（3）减少 OLTP 中共享资源的争用。

（4）增强数据库的查询性能。在 OLAP 场景中，分区可以加快即席查询（用户根据自己的需求，灵活地选择查询条件，系统能根据用户的选择生成对应的统计报表）的速度。分区键有过滤功能。例如，查询一个季度的销售数据，当销售数据按照销售时间进行分区时，仅仅需要查询一个分区或者几个分区，而不是整个表。

（5）提供更好的负载均衡效果。OceanBase 分布式数据库的存储单位和负载均衡单位都是分区。不同的分区可以存储在不同的节点上。因此，一个分区表中可以将不同的分区分布在不同的节点上，这样可以将一个表的数据比较均匀地分布在整个集群中。

2. Location Cache

在数据库中，如果多次处理同一个数据表，为了提高效率，OceanBase 分布式数据库在每个 OBServer 中都会缓存数据表的位置信息，由 Location Cache 模块负责管理。

Location Cache 采用被动刷新机制，每个 observer 进程会将访问过的数据表的位置信息缓存在本地，之后重复访问时直接使用缓存即可。当其他内部模块发现缓存失效时，需调用刷新接口刷新缓存，从而可以清楚地知道集群中每个数据表的位置信息。

在 SQL 请求执行过程中，需要知道分区的位置信息，用于路由到特定计算机读写对应分区副本的数据。分区的位置信息称为 Location，每个 observer 进程会有一个服务，用于刷新及缓存本机需要的分区 Location，该服务称为 Location Cache 服务。Location Cache 中主要缓存的内容如表 5-1 所示。

表 5-1 Location Cache 中主要缓存的内容

内容	描述
sys_cache_	核心缓存，缓存系统表 Location
user_cache_	核心缓存，缓存用户表 Location
sys_leader_cache_	用来缓存集群系统租户表的主副本信息
leader_cache_	用来缓存用户表的信息

分区的 Location 持久化到 OceanBase 分布式数据库内置的表中，持久化 Location 的内置表称为 Meta 表。为解决集群自举的问题，不同类型的表的 Location 是按层次组织的，不同类型的表的 Location 会持久化到不同的 Meta 表中。各级 Meta 表所记录的内容如表 5-2 所示。

表 5-2　各级 Meta 表所记录的内容

表	记录的内容
__all_virtual_core_root_table	记录 __all_root_table 的 Location
__all_root_table	记录集群中所有内置表的 Location
__all_virtual_meta_table	记录集群中所有租户的用户创建的表的分区的 Location

3. 数据分区副本

目前 OceanBase 分布式数据库支持的副本有全能型副本、日志型副本、加密投票型副本和只读型副本。

全能型、日志型和加密投票型副本又称为 Paxos 副本，它可以构成 Paxos 成员组，而只读型副本又称为非 Paxos 副本，它不可以构成 Paxos 成员组。

（1）全能型副本

全能型副本是目前最广泛使用的副本类型之一，它拥有事务日志、MemTable 和 SSTable 等全部的数据和功能。全能型副本具备以下特点。

① 可以随时快速切换为主副本对外提供服务。

② 可以构成 Paxos 成员组，并且要求 Paxos 成员组多数必须为全能型副本。

③ 可以转换为除加密投票型副本以外的任意类型副本。

（2）日志型副本

日志型副本仅包含日志的副本，没有 MemTable 和 SSTable。日志型副本主要具备以下特点。

① 参与日志投票并对外提供日志服务，可以参与其他副本的恢复。

② 不能作为主副本提供数据库服务。

③ 可构成 Paxos 成员组。

④ 无法转换为其他类型副本。

（3）加密投票型副本

加密投票型副本本质上是加密后的日志型副本，没有 MemTable 和 SSTable。加密投票型副本主要具备以下特点。

① 参与日志投票并对外提供日志服务，可以参与其他副本的恢复。

② 不能作为主副本提供数据库服务。

③ 可构成 Paxos 成员组。

④ 无法转换为其他类型副本。

（4）只读型副本

只读型副本包含完整的日志、MemTable 和 SSTable 等。只读型副本主要具备以下特点。

① 不可构成 Paxos 成员组，不作为 Paxos 成员参与日志的投票，而是作为一个观察者实时追赶 Paxos 成员的日志，并在本地回放，故不会造成投票成员增加，从而导致事务提交延时的增加。

② 在业务对读取数据的一致性要求不高的时候可提供只读服务。

③ 可转换成全能型副本。

技能点 5.1.2　配置数据均衡

数据均衡是指不同分区间数据量的均衡。各分区中数据量的均衡是数据库性能调优方向之一。OceanBase 分布式数据库中为数据均衡提供了分区副本自动负载均衡、首选区（Primary Zone）和主副本自动负载均衡等功能。

1. 分区副本自动负载均衡

分区副本的自动负载均衡是指在租户拥有的资源单元内调整分区副本的分布使得资源单元的负载差值尽量小。分区副本的自动负载均衡是租户级别的行为，发生在单个可用区内。即 RootService 调度某个租户的数据副本在 Zone 内发生迁移，达到该租户在该可用区上的全部资源单元的负载均衡。负载均衡过程中应注意均衡组的划分及均衡配置。

（1）均衡组

租户内的切主（切换主分区）是以均衡组为维度进行的，而不是简单地将租户下的所有分区的 Leader 打散。目前，均衡组有以下 3 类存在形态。

第一类均衡组：PARTITION_TABLE_BALANCE_GROUP。针对不在表组（Table Group）中的多分区表，每个分区表都是一个均衡组。

第二类均衡组：TABLE_GROUP_BALANCE_GROUP。针对在表组中的多分区表，每个分区表是一个均衡组。

第三类均衡组：NON_PARTITION_TABLE_BALANCE_GROUP。只有一个分区的分区表、单分区表或非分区表，会统一归入一个均衡组。

（2）均衡配置

在均衡组中，通过配置项 balancer_tolerance_percentage 指定磁盘均衡的灵敏度参数。

2. 首选区

首选区可用以指定分区主副本在选择 Zone 时的优先级顺序。OceanBase 分布式数据库可在租户级别指定数据主副本在 Zone 间的分布策略。OceanBase 分布式数据库允许在 Database 级别（MySQL 模式）/Schema 级别（Oracle 模式）、表组级别、表级别上配置首选区。创建租户时，字段 primary_zone 默认为 RANDOM；其他级别的该字段默认依次向上继承，直至发现非空字段。使用 primary_zone 设置首选区示例如下。

```
primary_zone = zone1,zone2;zone3,zone4;zone5
```

说明：半角逗号代表两边优先级相同；半角分号代表前者优先级更高、后者次之。

这个例子中，5 个 zone 优先级从高到低被分号划分为 3 个级别：zone1 和 zone2（以半角逗号分隔）的优先级相同且优先级最高，zone3 和 zone4（以半角逗号分隔）的优先级并列次之，最后面的 zone5 的优先级最低。

3. 主副本自动负载均衡

OceanBase 分布式数据库实现了均衡组内的副本均衡。在分区副本均衡的基础之上，OceanBase 分布式数据库实现了主副本维度的均衡。主副本均衡仍然以均衡组为基本均衡单元，旨在将 1 个均衡组的所有分区的主副本平均调度到该均衡组 Primary Zone 的全部 OBServer 上，使得 Primary Zone 的各 OBServer 的主副本数量差值不超过 1，进而将该均衡组的主副本写入负载平均分配到 Primary Zone 的全部 OBServer 上。

假设系统中存在一个集群包含 3 个可用区，即 Zone1、Zone2、Zone3。每个可用区部署 2 台 OBServer，有一个均衡组包含 12 个分区，12 个分区在各可用区内的副本分布已经均衡。通过 3 个场景介绍在不同的 Primary Zone 配置下，主副本均衡的效果。

场景一：Primary Zone 配置为 primary_zone='可用区 1'，主副本平铺到可用区 1 的全部

OBServer 上，主副本均衡后的结果如图 5-2 所示。

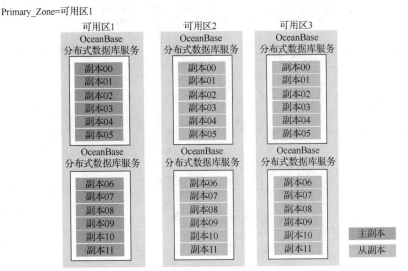

图 5-2　主副本均衡后的效果（1）

由图 5-2 可知，全部 12 个分区的主副本都分布在可用区上，可用区 1 的每个 OBServer 上各有 6 个主副本。

场景二：Primary Zone 配置为 primary_zone='可用区 1, 可用区 2'，主副本平铺到可用区 1 和可用区 2 的全部 OBServer 上，主副本均衡后的结果如图 5-3 所示。

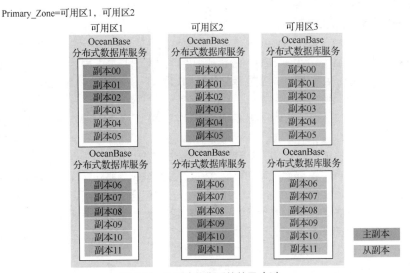

图 5-3　主副本均衡后的效果（2）

由图 5-3 可知，全部 12 个分区的主副本平均分布到可用区 1 和可用区 2 上，每个 OBServer 上各有 3 个主副本。

场景三：Primary Zone 配置为 primary_zone='可用区 1, 可用区 2, 可用区 3'，主副本平铺到可用区 1、可用区 2 和可用区 3 的全部 OBServer 上，主副本均衡后的结果如图 5-4 所示。

由图 5-4 可知，全部 12 个分区的主副本平均分布到可用区 1、可用区 2 和可用区 3 上，每个 OBServer 上各有 2 个主副本。

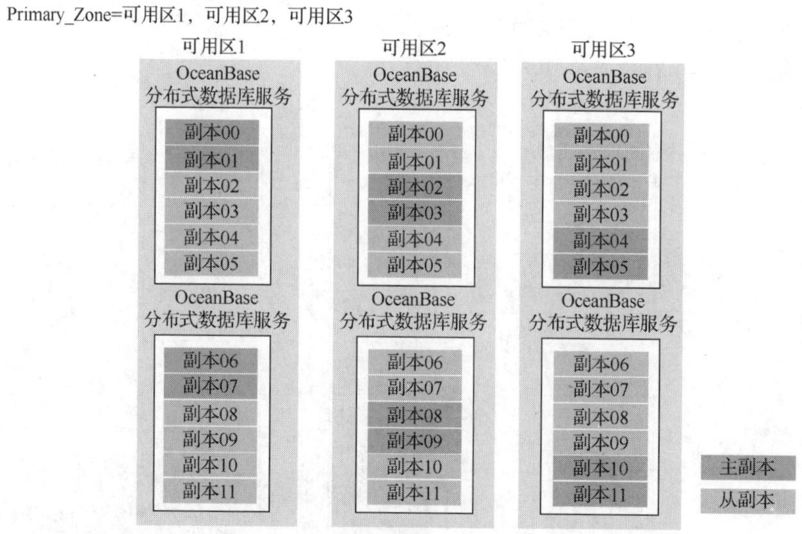

图 5-4　主副本均衡后的效果（3）

技能点 5.1.3　动态扩容和缩容

使用 OceanBase 分布式数据库集群的分布式架构可以方便地完成集群的扩容和缩容操作。当集群的容灾需求发生变化时，可通过调整可用区数量，即增加或者减少可用区的方式来提高或降低集群的容灾能力。当集群的外部负载发生变化时，可通过调整可用区内服务器的数量，即增加或减少 OBServer 的方式来改变集群的负载能力。

1. 集群级别的扩容和缩容

基于分布式架构的 OceanBase 分布式数据库有灵活的在线扩展性。在集群持续可用的前提下，提供在线扩容和缩容。OceanBase 分布式数据库通常由多个可用区组成，每个可用区内包含若干台服务器。OceanBase 分布式数据库整体结构如图 5-5 所示。

（1）可用区的扩容和缩容

OceanBase 分布式数据库集群中的每一份数据都维护了多个副本，一份数据的多个副本通过 Paxos 协议组成一个基本的高可用数据单元。通常情况下，系统会在每个可用区内部署至多一个数据副本，在少数可用区发生故障时，剩余可用区内的副本仍可以通过 Paxos 协议，在保证数据完整的前提下，继续提供服务。可以通过增加可用区的数量来增加数据的副本，进而提高系统可用性。

例如，存在一个 OceanBase 分布式数据库集群，共包含 3 个可用区，即 Zone1、Zone2、Zone3。集群中的每一份数据包含 3 个副本，分别部署在以上 3 个可用区内。为进一步提高系统的可用性，期望升级数据副本数为 5，可通过增加可用区数量的方式达到这个目标。首先为集群添加两个新的可用区 Zone4 和 Zone5。然后在新的可用区 Zone4 和 Zone5 内添加服务器。随后可根据用户需求，在可用区 Zone4 和 Zone5 上部署新的数据副本，完成 Zone 级别的动态扩容。相对地，可通过减少可用区的数量，实现可用区级别的动态缩容操作。

（2）服务器的扩容和缩容

当 OceanBase 分布式数据库集群中提供的服务能力不能完全满足读写请求时，需要对 OceanBase 分布式数据库集群扩容以提高集群服务能力。例如，可以为当前集群的每个可用区扩容，增加一台 OBServer，扩容后每个可用区包含 N+1 台 OBServer。通过动态扩容，集群中的 OBServer 数量会相应增加，集群的中控服务会根据内部的负载均衡机制，将集群内原有的数据和负载依次均衡到扩容后的 OBServer 上。

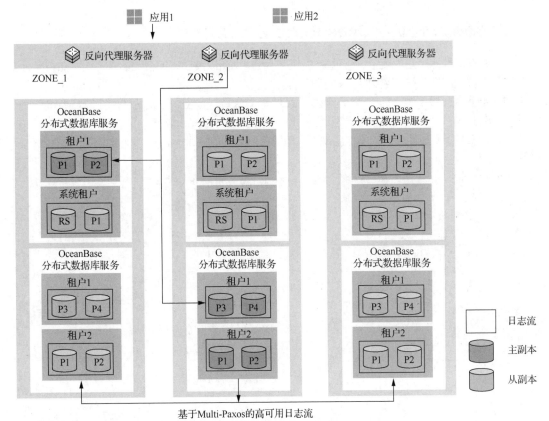

图 5-5　OceanBase 分布式数据库整体结构

2. 租户级别的扩容和缩容

租户级别的扩容和缩容是通过修改租户的资源规格来实现的。租户级别的扩容常用于租户资源无法满足当前租户的需求，比如 CPU、内存资源紧张的情况。通过对租户的扩容可以整体动态调整租户对集群资源的占用。租户资源管理的方式主要有水平管理、垂直管理和跨 Zone 管理。

（1）租户资源的水平管理

租户资源的水平管理是指通过调整租户资源池的 UNIT_NUM，增加或减少集群中为租户提供服务的 OBServer 的数量，从而改变租户整体的服务能力，资源池的 UNIT_NUM 可根据要求动态调大或调小。调大资源池的 UNIT_NUM 时，修改后的 UNIT_NUM 要小于等于 Zone 内可用的 OBServer 数量。语法格式如下所示。

```
obclient[(none)]>ALTER RESOURCE TENANT MySQL UNIT_NUM = 2;
```

（2）租户资源的垂直管理

租户资源的垂直管理是指通过调整租户内每个资源单元的资源大小，改变租户在各 OBServer 上的服务能力，进而改变租户整体的服务能力。改变租户资源单元的资源大小有两种方式：给资源单元切换新的资源规格和调整资源单元当前资源规格的资源大小。语法格式如下所示。

```
obclient[(none)]> ALTER RESOURCE UNIT unit1 MAX_CPU 8, MIN_CPU 8, MEMORY_SIZE '40G', MAX_IOPS 1024, MIN_IOPS 1024, IOPS_WEIGHT 0, LOG_DISK_SIZE '2G';
```

（3）租户资源的跨 Zone 管理

租户资源的跨 Zone 管理是指通过改变租户资源单元的 ZONE_LIST，来改变租户资源的分布范围，以调整租户每一份数据的副本数量，进而改变租户的容灾能力。

任务实施　动态扩容 OceanBase 分布式数据库

学习分布式数据库对象概念、分区副本类型、数据均衡以及动态扩容和缩容等相关知识后，通过以下几个步骤实现分布式数据库的动态扩容。

（1）准备两台服务器，并完成 IP 地址、NTP、防火墙、免密、主机名的配置以及 limits.conf 配置文件的修改，分别将两台服务器标记为 ob-server5 和 ob-server6。

（2）在 OBD 所在计算机的操作用户下，创建名为 addObserver.yaml 的配置文件，命令如下所示。

```
[root@ob-master ~]# cd /usr/local/oceanbase-all-in-one/conf/autodeploy/
[root@ob-master autodeploy]# vim addObserver.yaml
#配置文件内容如下
user:
  username: root
  password: 123456
oceanbase-ce:
  servers:
    - name: server5
      ip: 192.168.0.15
    - name: server6
      ip: 192.168.0.16
  global:
    home_path: /home/admin/oceanbase/ob
    data_dir: /data/ob
    redo_dir: /redo/ob
    devname: ens33
    production_mode: false
  server5:
    zone: zone1
  server6:
    zone: zone2
```

创建配置文件结果如图 5-6 所示。

图 5-6　创建配置文件

（3）使用 addObserver.yaml 配置文件部署 OBServer，命令如下所示。

[root@ob-master autodeploy]# obd cluster deploy addObserver -c addObserver.yaml

使用配置文件部署 OBserver 结果如图 5-7 所示。

图 5-7　使用配置文件部署 OBserver

（4）将新部署集群的配置文件内容分别添加到原集群的配置文件的对应位置，添加完成后并再次启动集群，命令如下所示。

[root@ob-master autodeploy]# obd cluster list
[root@ob-master autodeploy]# vim /root/.obd/cluster/obtest/config.yaml
#在如下位置添加配置内容
oceanbase-ce:
　servers:
　#添加以下内容
　- name: server5
　　ip: 192.168.0.15
　- name: server6
　　ip: 192.168.0.16
[root@ob-master autodeploy]# obd cluster start obtest

查看集群结果如图 5-8 所示，再次启动集群结果如图 5-9 所示。

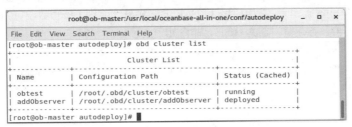

图 5-8　查看集群

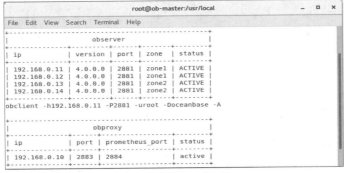

图 5-9　再次启动集群

（5）登录系统租户的 root 用户，将 ob-server5 和 ob-server6 添加到集群的 zone1 和 zone2 中，最后查看 OBServer 状态以确认是否添加成功，命令如下所示。

```
[root@ob-master autodeploy]# obclient -h192.168.0.10 -uroot@系统 -P2883 -p
obclient [(none)]> ALTER SYSTEM ADD SERVER '192.168.0.15:2882' ZONE='zone1';
obclient [(none)]> ALTER SYSTEM ADD SERVER '192.168.0.16:2882' ZONE='zone2';
obclient [(none)]> SELECT * FROM oceanbase.DBA_OB_SERVERS;
```

查看 OBServer 状态结果如图 5-10 所示。

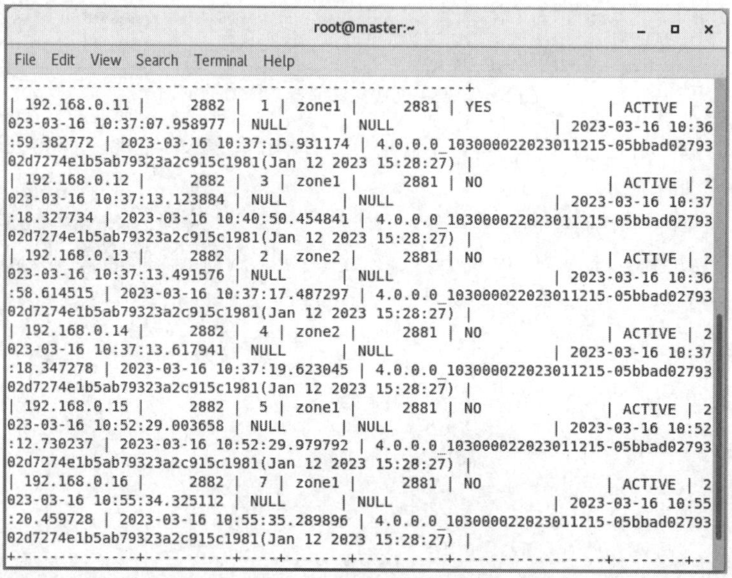

图 5-10　查看 OBServer 状态

（6）获取待操作的租户所使用的资源配置 ID，获取 tenant1 租户的资源配置详细信息，最后调大 tenant1 租户的资源单元，将内存设置为 4GB，将最大 CPU 核心数设置为 2，将最小 CPU 核心数设置为 2，将日志存储设置为 8GB，命令如下所示。

```
obclient [(none)]> SELECT a.TENANT_NAME, b.UNIT_CONFIG_ID FROM oceanbase.DBA_OB_TENANTS a,oceanbase.DBA_OB_RESOURCE_POOLS b WHERE b.TENANT_ID=a.TENANT_ID;
obclient [(none)]> SELECT * FROM oceanbase.DBA_OB_UNIT_CONFIGS WHERE UNIT_CONFIG_ID='1001';
obclient [(none)]> ALTER RESOURCE UNIT S1_unit_config MAX_CPU 2, MIN_CPU 2, MEMORY_SIZE '4G', MAX_IOPS 10000, MIN_IOPS 10000, IOPS_WEIGHT 1, LOG_DISK_SIZE '8G';
```

调大资源单元结果如图 5-11 所示。

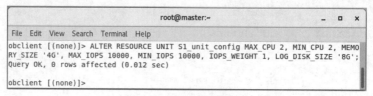

图 5-11　调大资源单元

任务 5.2 管理分布式数据库对象

任务描述

分布式对象之所以成为重要的范型，是因为它能比较容易地把分布的特性隐藏在对象接口后面。此外，因为对象实际上可以是任何事务，所以它也是构建系统的强大范型。面向对象技术于 20 世纪 80 年代开始用于开发分布式系统。在实现分布式透明性的同时，通过远程计算机宿主独立对象的理念构成了开发新一代分布式系统的稳固的基础，本任务涉及管理分区、管理副本和管理 LOCALITY 这 3 个技能点，通过对这 3 个技能点的学习，创建分区实现数据的存储与查询。

任务技能

技能点 5.2.1 管理分区

OceanBase 分布式数据库提供了对分区或分区表的创建、修改、添加和删除等功能，部分功能的使用方法和详细介绍如下所示。

1. 创建分区表

目前，在 OceanBase 分布式数据库中，可以将分区划分为 Range 分区、Range Columns 分区、List 分区、List Columns 分区、Hash 分区、Key 分区等一级分区和任意两种分区形成的组合分区的二级分区。可根据业务需求，创建相应类型的一级分区表和二级分区表。

（1）Range 分区

在 Range 分区中，可根据分区表定义时为每个分区建立的分区键值范围，将数据映射到相应的分区中，它是常见的分区类型，经常跟日期类型一起使用，例如，可以将业务日志表按"日/周/月"分区。创建 Range 分区的一级分区表的语法格式如下所示。

```
obclient[(none)]> CREATE TABLE table_name (column_name column_type[, column_name column_type])
  PARTITION BY RANGE (expr(column_name) | column_name)
  (PARTITION partition_name VALUES LESS THAN(expr)
  [, PARTITION partition_name VALUES LESS THAN (expr )...]
  [, PARTITION partition_name VALUES LESS THAN (MAXVALUE)]
  );
```

创建 Range 分区表语句的参数说明如表 5-3 所示。

表 5-3 创建 Range 分区表语句的参数说明

参数	描述
table_name	指定数据表名
column_name	指定字段名
column_type	指定字段的数据类型
partition_name	指定分区名

注意，在创建 Range 分区的一级分区表时，需要遵循以下规则。

① PARTITION BY RANGE (expr)里的 expr 为表达式，其结果必须为整型。如果要按时间

类型字段创建 Range 分区，则必须将时间类型数据转换为数值。

② 创建每个分区都使用一个 VALUES LESS THAN 子句，它为分区指定一个非包含的上限值。分区键的任何值大于等于这个值时将被映射到下一个分区中。

③ 除第一个分区外，所有分区都隐含一个下限值，即上一个分区的上限值。

④ 仅允许将最后一个分区的上限定义为 MAXVALUE，这个值不是具体的数值，并且比其他所有分区的上限值都大，也包含空值。如果最后一个 Range 分区指定了 MAXVALUE，则不能新增分区。

（2）Range Columns 分区

Range Columns 分区与 Range 分区的作用类似，不同之处在于 Range Columns 分区的分区键的结果不要求是整型，可以是任意类型，并且 Range Columns 分区的分区键不能使用表达式。另外，Range Columns 分区的分区键还可以包含多个字段（即字段向量）。创建 Range Columns 分区的一级分区表的语法格式如下所示。

```
obclient[(none)]> CREATE TABLE table_name (column_name column_type[, column_name column_type])
  PARTITION BY RANGE COLUMNS(column_name [,column_name])
    (PARTITION partition_name VALUES LESS THAN(expr)
    [, PARTITION partition_name VALUES LESS THAN (expr )...]
    [, PARTITION partition_name VALUES LESS THAN (MAXVALUE)]
    );
```

其参数说明与注意事项与 Range 分区的一级分区表的基本相同。

（3）List 分区

List 分区让用户可以显式地控制行如何映射到分区，具体方法是为每个分区的分区键指定一个离散值列表。List 分区的优点是可以方便地对无序或无关的数据集进行分区。创建 List 分区的一级分区表的语法格式如下所示。

```
obclient[(none)]> CREATE TABLE table_name (column_name column_type[, column_name column_type])
  PARTITION BY LIST(expr(column_name) | column_name)
    (PARTITION partition_name VALUES IN ( v01 [, v0N])
    [,PARTITION partition_name VALUES IN ( vN1 [, vNN])]
    [,PARTITION partition_name VALUES IN (DEFAULT)]
    );
```

创建 List 分区表语句的参数说明如表 5-4 所示。

表 5-4　创建 List 分区表语句的参数说明

参数	描述
table_name	指定数据表名
column_name	指定字段名
column_type	指定字段的数据类型
partition_name	指定分区名
DEFAULT	仅允许最后一个分区指定这个参数值，这个参数值没有具体的数值，并且比其他所有分区的上限值都大，也包含空值

注意，在创建 List 分区的一级分区表时，需要遵循以下规则。

① 分区表达式的结果必须是整型。
② 分区表达式只能引用一个字段，不能有多个字段。
（4）List Columns 分区

List Columns 分区与 List 分区的作用基本相同，不同之处在于 List Columns 分区的分区键不要求是整型，可以是任意类型，并且，List Columns 分区的分区键可以包含多个字段。创建 List Columns 分区的一级分区表的语法格式如下所示。

```
obclient[(none)]> CREATE TABLE table_name (column_name column_type[, column_name column_type])
  PARTITION BY LIST COLUMNS(column_name [,column_name])
    (PARTITION partition_name VALUES IN ( v01 [, v0N])
    [,PARTITION partition_name VALUES IN ( vN1 [, vNN])]
    [,PARTITION partition_name VALUES IN (DEFAULT)]
    );
```

其参数说明与注意事项和 List 分区的一级分区表的基本相同。

（5）Hash 分区

Hash 分区可以用于不能用 Range 分区、List 分区方法的场景。Hash 分区具有以下特点。
① 不能指定数据的分区键的列表特征。
② 不同范围内的数据大小相差非常大，并且很难手动调整均衡。
③ 使用 Hash 分区后数据聚集严重。

创建 Hash 分区的一级分区表的语法格式如下所示。

```
obclient[(none)]> CREATE TABLE table_name (column_name column_type[, column_name column_type])
  PARTITION BY HASH(expr)
    PARTITIONS partition_count;
```

创建 Hash 分区表语句的参数说明如表 5-5 所示。

表 5-5　创建 Hash 分区表语句的参数说明

参数	描述
table_name	指定数据表名
column_name	指定字段名
column_type	指定字段的数据类型
expr	指定 Hash 分区表达式
partition_count	指定分区个数

（6）Key 分区

Key 分区通过对分区个数取模的方式来确定数据属于哪个分区，系统会对 Key 分区键创建一个内部默认的 Hash 函数后再取模。

创建 Key 分区的一级分区表的语法格式如下所示。

```
obclient[(none)]> CREATE TABLE table_name (column_name column_type[, column_name column_type])
  PARTITION BY KEY([column_name_list])
    PARTITIONS partition_count;
```

创建 Key 分区表语句的参数说明如表 5-6 所示。

表 5-6 创建 Key 分区表语句的参数说明

参数	描述
table_name	指定数据表名
column_name	指定字段名
column_type	指定字段的数据类型
column_name_list	指定 Key 分区的字段名列表
partition_count	指定分区个数

（7）组合分区

组合分区通常是先使用一种分区策略，然后在子分区使用另外一种分区策略，能发挥多种分区策略的优势，适用于业务表的数据量非常大的场景，通常用于二级分区表的创建。根据是否模板化可将二级分区表分为模板化二级分区表和非模板化二级分区表。

其中，模板化二级分区表的每个一级分区下的二级分区都按照模板中的二级分区定义，即每个一级分区下的二级分区定义均相同。对于模板化二级分区表来说，二级分区的命名规则为"($part_name)s($subpart_name)"。创建模板化二级分区表的语法格式如下所示。

```
obclient[(none)]> CREATE TABLE [IF NOT EXISTS] table_name(column_option_list) [table_option_list] partition_option_list;

column_option_list:
   column_name column_type [, column_name column_type]

table_option_list:
table_option [table_option]

table_option:
      LOCALITY [=] locality_name
    | PRIMARY_ZONE [=] primary_zone_name

partition_option_list:
PARTITION BY
   RANGE {(expression) | COLUMNS (column_name_list)}{subpartition_option} (range_partition_list)
 | LIST {(expression) | COLUMNS (column_name_list)}{subpartition_option} (list_partition_list)
 | HASH(expression) {subpartition_option} { (hash_partition_list) | PARTITIONS partition_count }
 | KEY(column_name_list) {subpartition_option} { (key_partition_list) | PARTITIONS partition_count }

subpartition_option:
   SUBPARTITION BY
     RANGE {(expression) | COLUMNS (column_name_list)} SUBPARTITION TEMPLATE (range_subpartition_list)
     | LIST {(expression) | COLUMNS (column_name_list)} SUBPARTITION TEMPLATE (list_subpartition_list)
     | HASH(expression) { SUBPARTITION TEMPLATE (hash_subpartition_list)
```

```
              | SUBPARTITIONS subpartition_count}
    | KEY(column_name_list) { SUBPARTITION TEMPLATE (key_subpartition_list)
                | SUBPARTITIONS subpartition_count}
```

range_partition_list:
    range_partition [, range_partition ...]

range_partition:
    PARTITION partition_name VALUES LESS THAN {(expression_list) | MAXVALUE}

range_subpartition_list:
    range_subpartition [, range_subpartition ...]

range_subpartition:
    SUBPARTITION subpartition_name VALUES LESS THAN {(expression_list) | MAXVALUE}

list_partition_list:
    list_partition [, list_partition ...]

list_partition:
    PARTITION partition_name VALUES IN {(expression_list) | DEFAULT}

list_subpartition_list:
    list_subpartition [, list_subpartition ...]

list_subpartition:
    SUBPARTITION subpartition_name VALUES IN {(expression_list) | DEFAULT}

hash_partition_list:
    hash_partition [, hash_partition ...]

key_partition_list:
    key_partition [, key_partition ...]

hash_partition | key_partition:
    PARTITION partition_name

hash_subpartition_list:
    hash_subpartition [, hash_subpartition ...]

key_subpartition_list:
    key_subpartition [, key_subpartition ...]

```
hash_subpartition | key_subpartition:
    SUBPARTITION subpartition_name

expression_list:
    expression [, expression ...]

column_name_list:
    column_name [, column_name ...]

partition_count | subpartition_count:
    INT_VALUE
```

创建模板化二级分区表语句的部分参数说明如表 5-7 所示。

表 5-7 创建模板化二级分区表语句的部分参数说明

参数	描述
table_name	指定数据表名
column_name	指定字段名
column_type	指定字段的数据类型
locality_name	指定副本在 Zone 间的分布情况。例如：F@z1,F@z2,F@z3,F@z4 表示 z1、z2、z3、z4 为全能型副本
primary_zone_name	指定主 Zone（主副本所在的 Zone）
partition_name	指定一级分区名
subpartition_name	指定二级分区名
INT_VALUE	指定 Hash 或 Key 分区的二级分区个数

例如，创建 Range Columns + Range 分区的模板化二级分区表，命令如下所示。

```
obclient[(none)]> CREATE TABLE t2_m_rcr (col1 INT NOT NULL,col2 varchar(50),col3 INT NOT NULL)
PARTITION BY RANGE COLUMNS(col1)
SUBPARTITION BY RANGE(col3)
SUBPARTITION TEMPLATE
(SUBPARTITION mp0 VALUES LESS THAN(1000),
 SUBPARTITION mp1 VALUES LESS THAN(2000),
 SUBPARTITION mp2 VALUES LESS THAN(3000)
)
(PARTITION p0 VALUES LESS THAN(100),
 PARTITION p1 VALUES LESS THAN(200),
 PARTITION p2 VALUES LESS THAN(300)
);
```

相比于模板化的二级分区表，非模板化二级分区表的每个一级分区下的二级分区可以不按模板中二级分区进行定义，每个一级分区下的二级分区定义存在差异。创建非模板化二级分区表的语法格式如下所示。

```
obclient[(none)]> CREATE TABLE [IF NOT EXISTS] table_name(column_option_list)
```

[table_option_list] [partition_option_list];

column_option_list:
  column_name column_type [, column_name column_type]

table_option_list:
table_option [table_option]

table_option:
    LOCALITY [=] locality_name
  | PRIMARY_ZONE [=] primary_zone_name

partition_option_list:
PARTITION BY
  RANGE {(expression) | COLUMNS (column_name_list)}{subpartition_option}
    { range_partition_option (subpartition_option_list)
      [, range_partition_option (subpartition_option_list)]...
    }
  | LIST {(expression) | COLUMNS (column_name_list)}{subpartition_option}
    { list_partition_option (subpartition_option_list)
      [, list_partition_option (subpartition_option_list)]...
    }
  | HASH(expression) {subpartition_option}
    { hash_partition_option (subpartition_option_list)
    [, hash_partition_option (subpartition_option_list)]...
    }
  | KEY(column_name_list) {subpartition_option}
    { key_partition_option (subpartition_option_list)
    [, key_partition_option (subpartition_option_list)]
    }

subpartition_option:
SUBPARTITION BY
  RANGE {(expression) | COLUMNS (column_name_list)}
  | LIST {(expression) | COLUMNS (column_name_list)}
  | HASH (expression)
  | KEY(column_name_list)

subpartition_option_list:
    range_partition_option_list
  | list_partition_option_list
  | hash_partition_option_list
  | key_partition_option_list

range_partition_option_list:
  range_partition_option [, range_partition_option]...

list_partition_option_list:
  list_partition_option [, list_partition_option]...

hash_partition_option_list:
  hash_partition_option [, hash_partition_option]...

key_partition_option_list:
  key_partition_option [, key_partition_option]...

range_partition_option:
  SUBPARTITION subpartition_name VALUES LESS THAN range_partition_expr
    [,SUBPARTITION subpartition_name VALUES LESS THAN range_partition_expr]...

list_partition_option:
  SUBPARTITION subpartition_name VALUES IN list_partition_expr
    [, SUBPARTITION subpartition_name VALUES IN list_partition_expr]...

hash_partition_option_list:
  SUBPARTITION subpartition_name
    [, SUBPARTITION subpartition_name]...

key_partition_option_list:
  SUBPARTITION subpartition_name
    [, SUBPARTITION subpartition_name]...

例如，创建 Range + List Columns 分区的非模板化二级分区表，命令如下所示。

```
obclient[(none)]> CREATE TABLE t2_f_rlc (col1 INT NOT NULL,col2 varchar(50),col3 INT NOT NULL)
PARTITION BY RANGE(col1)
SUBPARTITION BY LIST COLUMNS(col3)
(PARTITION p0 VALUES LESS THAN(100)
  (SUBPARTITION sp0 VALUES IN(1,3),
   SUBPARTITION sp1 VALUES IN(4,6),
   SUBPARTITION sp2 VALUES IN(7,9)),
 PARTITION p1 VALUES LESS THAN(200)
  (SUBPARTITION sp3 VALUES IN(1,3),
   SUBPARTITION sp4 VALUES IN(4,6),
   SUBPARTITION sp5 VALUES IN(7,9))
);
```

2. 修改分区

当分区表创建成功后，如果项目需求有调整，此时需要修改分区。修改分区的规则是修改分区表的分区方式和分区类型，可通过 ALTER TABLE 命令实现，语法格式如下所示。

```
# 修改一级分区表的分区类型
obclient[(none)]> ALTER TABLE table_name partition_option;
partition_option:
     PARTITION BY HASH(expression) PARTITIONS partition_count
    | PARTITION BY KEY([column_name_list]) PARTITIONS partition_count
    | PARTITION BY RANGE {(expression) | COLUMNS (column_name_list)} (range_partition_list)
# 修改二级分区表的分区类型
obclient[(none)]> ALTER TABLE table_name partition_option;
partition_option:
     PARTITION BY HASH(expression) [subpartition_option] PARTITIONS partition_count
    | PARTITION BY KEY([column_name_list]) [subpartition_option] PARTITIONS partition_count
    | PARTITION BY RANGE {(expression) | COLUMNS (column_name_list)} [subpartition_option]
(range_partition_list)

subpartition_option:
     SUBPARTITION BY HASH(expression)
     SUBPARTITIONS subpartition_count
   | SUBPARTITION BY KEY(column_name_list)
     SUBPARTITIONS subpartition_count
   | SUBPARTITION BY RANGE {(expression) | COLUMNS (column_name_list)}
     (range_subpartition_list)

range_subpartition_list:
    range_subpartition [, range_subpartition ...]

range_subpartition:
    SUBPARTITION subpartition_name
    VALUES LESS THAN {(expression_list) | MAXVALUE}

expression_list:
    expression [, expression ...]

column_name_list:
    column_name [, column_name ...]

range_partition_list:
    range_partition [, range_partition ...]

range_partition:
    PARTITION partition_name
```

VALUES LESS THAN {(expression_list) | MAXVALUE}

partition_count | subpartition_count:
　　INT_VALUE

修改分区参数说明如表 5-8 所示。

表 5-8　修改分区参数说明

参数	描述
table_name	指定数据表名
column_name	指定字段名
expression	指定表达式
column_name_list	指定 Key 分区的字段名列表
partition_name	指定分区名
subpartition_name	指定二级分区名
partition_count	指定分区个数
subpartition_count	指定二级分区个数

3．添加分区

创建分区表后，用户可以为分区表添加分区。MySQL 模式的 OceanBase 分布式数据库中，可通过 ALTER TABLE ADD 命令向一级分区表、模板化二级分区表和非模板化二级分区表中添加一级分区。注意，当前的 OceanBase 分布式数据库暂不支持向数据表中添加二级分区。

（1）向一级分区表和模板化二级分区表中添加一级分区

根据分区的不同，在向一级分区表和模板化二级分区表中添加一级分区时需要注意以下几个方面。

① 对于 Range、Range Columns 分区，只能在最大的分区之后添加一个分区。如果当前的分区中有 MAXVALUE 的分区，则不能添加分区。

② 在 List、List Columns 分区添加一级分区时，添加的分区不与之前的分区冲突即可。如果一个 List、List Columns 分区有默认分区，即 Default Partition，则不能添加任何分区。

③ 向 Range、Range Columns、List、List Columns 分区中添加一级分区不会影响全局索引和局部索引的使用。

④ 对于模板化二级分区表，添加一级分区时只需要指定一级分区的定义即可，对应二级分区的定义会自动按照模板填充。

使用 ALTER TABLE ADD 命令向一级分区表和模板化二级分区表中添加一级分区，语法格式如下所示。

```
obclient[(none)]> ALTER TABLE table_name ADD PARTITION (partition_option);
partition_option:
  {PARTITION partition_name VALUES LESS THAN range_partition_expr
    [,PARTITION partition_name VALUES LESS THAN range_partition_expr]... }
  |{PARTITION partition_name VALUES IN list_partition_expr
    [,PARTITION partition_name VALUES IN list_partition_expr]...}
```

（2）向非模板化二级分区表中添加一级分区

对于非模板化二级分区表，添加一级分区时，需要同时指定一级分区的定义和该一级分区下的二级分区定义，语法格式如下所示。

```
obclient[(none)]> ALTER TABLE table_name ADD PARTITION (partition_option);
partition_option:
   {PARTITION partition_name VALUES LESS THAN range_partition_expr (subpartition_option)
      [,PARTITION partition_name VALUES LESS THAN range_partition_expr (subpartition_option)]... }
  |{PARTITION partition_name VALUES IN list_partition_expr (subpartition_option)
      [,PARTITION partition_name VALUES IN list_partition_expr (subpartition_option)]...}

subpartition_option:
   {SUBPARTITION subpartition_name VALUES LESS THAN range_partition_expr, ...}
  |{SUBPARTITION subpartition_name VALUES IN list_partition_expr, ....}
  |{SUBPARTITION subpartition_name, ....}
```

4. 删除分区

除了上述的创建、添加分区等操作外，根据业务需要，还可以将分区表中的分区删除，包括一级分区和二级分区的删除。

（1）删除一级分区

目前，OceanBase 分布式数据库提供的 ALTER TABLE DROP 命令，可以完成 Range 分区、Range Columns 分区、List 分区以及 List Columns 分区等一级分区表中分区的删除操作，而 Hash 分区和 Key 分区的一级分区表暂不支持删除分区。删除一级分区的语法格式如下所示。

```
obclient[(none)]> ALTER TABLE table_name DROP PARTITION partition_name[, partition_name ...];
```

另外，在删除一级分区时，需要注意以下几点。

① 可以删除一个或多个分区，但不能删除全部分区。

② 尽量避免要删除的分区上存在活动的事务或查询，否则可能会导致 SQL 语句报错，或者出现一些异常情况。系统租户可通过视图 oceanbase.GV$OB_TRANSACTION_PARTICIPANTS 查询当前还未结束的事务上下文状态。

③ 删除一级分区时，会同时删除分区中的数据，如果只需要删除数据，则可以使用 TRUNCATE 命令。

④ 对于二级分区表，删除一级分区时，会同时删除对应一级分区的定义和其对应的二级分区及数据。

（2）删除二级分区

ALTER TABLE DROP 命令不仅可以删除一级分区表，还可以进行组合分区中二级分区表的分区的删除，语法格式如下所示。

```
obclient[(none)]> ALTER TABLE table_name DROP SUBPARTITION subpartition_name[, subpartition_name ...];
```

二级分区的删除需要注意以下几点。

① 尽量避免要删除的分区上存在活动的事务或查询，否则可能会导致 SQL 语句报错，或者出现一些异常情况。系统租户可通过视图 oceanbase.GV$OB_TRANSACTION_PARTICIPANTS 查询当前还未结束的事务上下文状态。

② 删除二级分区会同时删除对应分区的定义和其中的数据。

③ 当删除多个二级分区时，这些二级分区必须属于同一个一级分区。

5. 分区索引

（1）局部索引

局部索引又名分区索引，和非分区表的索引类似，索引的键值和主表的数据是一一对应的，但由于主表已经分区，主表的每一个分区都会有自己单独的索引结构，即局部索引的一个分区一定对应一个表分区，它们具有相同的分区规则。对每一个索引来说，其键（Key）只映射到自己分区中的主表，不会映射到其他分区中的主表，这保证了分区内部的唯一性，但无法保证表数据的全局唯一性。

如果要使用局部唯一索引对数据唯一性进行约束，那么局部唯一索引中必须包含分区表的分区键。并且，如果索引字段没有指定，那么默认的索引字段是 LOCAL 字段，即创建的索引是局部索引。局部唯一索引必须包括分区表分区函数中的所有字段。

例如，创建 Hash 分区一级分区表 tbl1_h，并为其创建局部唯一索引 tbl1_h_idx1，命令如下所示。

```
obclient[(none)]> CREATE TABLE tbl1_h(col1 INT PRIMARY KEY,col2 INT)
    PARTITION BY HASH(col1) PARTITIONS 5;
obclient[(none)]> CREATE UNIQUE INDEX tbl1_h_idx1 ON tbl1_h(col2) LOCAL;
```

（2）全局索引

全局索引的创建规则是在索引字段中指定 GLOBAL 关键字。与局部索引相比，全局索引最大的特点之一是全局索引的分区规则与分区表的分区规则是相互独立的，全局索引允许指定自己的分区规则和分区个数，不一定需要跟与分区表的分区规则保持一致。

例如，创建非模板化 Range+List 分区表 tbl2_f_rl，并为其创建全局唯一索引 tbl2_f_rl_idx1，命令如下所示。

```
obclient[(none)]> CREATE TABLE tbl2_f_rl(col1 INT,col2 INT)
    PARTITION BY RANGE(col1)
    SUBPARTITION BY LIST(col2)
    (PARTITION p0 VALUES LESS THAN(100)
      (SUBPARTITION sp0 VALUES IN(1,3),
       SUBPARTITION sp1 VALUES IN(4,6),
       SUBPARTITION sp2 VALUES IN(7,9)),
     PARTITION p1 VALUES LESS THAN(200)
      (SUBPARTITION sp3 VALUES IN(1,3),
       SUBPARTITION sp4 VALUES IN(4,6),
       SUBPARTITION sp5 VALUES IN(7,9))
    );
obclient[(none)]> CREATE UNIQUE INDEX tbl2_f_rl_idx1 ON tbl2_f_rl(col1) GLOBAL;
```

与局部索引相比，由于全局索引有独立的分区规则，因此索引表中一个分区的索引值可能对应主表的多个分区内的数据。由于索引的分区规则和主表的分区规则不一定相同，因此在分布式环境中，索引数据和主表数据存储的位置也无法保证始终相同，这不可避免地会引入读写的 RPC 代价。例如，当主表的分区和全局索引的分区不在同一个物理位置上，TABLE LOOKUP 中就会包含一次 RPC 操作，用于在远端计算机上获取主表数据。因此全局索引相比局部索引有更高的维护代价，用户应当充分评估主表的分区规则，合理选择分区键，尽量使更多的查询条件能够覆盖主表的分区键，从而尽可能避免使用全局索引。

技能点 5.2.2　管理副本

OceanBase 分布式数据库提供了对副本的管理功能，包括为租户添加副本、修改资源池中的资源单元数量和删除副本。

1. 为租户添加副本

在 OceanBase 分布式数据库中，通过修改租户的 LOCALITY 来增加副本。每次只能修改一个 Zone 内的 LOCALITY，语法格式如下所示。

obclient[(none)]>ALTER TENANT tenant_name LOCALITY [=] 'locality_description';

2. 修改资源池中的资源单元数量

资源池创建后，可以根据业务需要修改资源池。修改资源池也是实现租户的扩容或缩容的一种方式。例如，在每个 Zone 中增加或减少节点数量，可以通过修改参数 unit_num 来实现，语法格式如下所示。

obclient[(none)]>ALTER RESOURCE POOL pool_name UNIT_NUM [=] unit_num [DELETE UNIT = (unit_id_list)];

3. 删除副本

OceanBase 分布式数据库以集群形态运行，集群可以跨机房、跨城市部署。数据架构至少包含三副本。副本数越多，反脆弱性越强。在删除副本的过程中需要修改 LOCALITY，然后解除租户和资源池的引用关系，最后需要删除资源池和资源单元，语法格式如下所示。

\# 修改 LOCALITY，在 LOCALITY 中删除某个 Zone 的副本
obclient[(none)]>ALTER TENANT tenant_name [SET] LOCALITY [=] 'locality_description';

\# 解除租户和资源池的引用关系
obclient[(none)]>ALTER TENANT tenant_name [SET] RESOURCE_POOL_LIST [=](pool_name [, pool_name...]);

\# 删除资源池
obclient[(none)]>DROP RESOURCE POOL pool_name;

\# 删除资源单元
obclient[(none)]>DROP RESOURCE UNIT unit_name;

技能点 5.2.3　管理 LOCALITY

在 OceanBase 分布式数据库中，租户的分区在各个区上的副本分布和类型称为 LOCALITY。在创建租户时可以确定租户的分区初始的副本分布和类型，后续可以通过改变租户的地点进行修改。

可用区一般情况下对应一个有独立网络和供电容灾能力的 IDC，同一个地理位置的多个可用区之间的数据库集群具有容灾能力。

1. LOCALITY 语法

在使用分布式数据库的过程中，通过 LOCALITY 描述表、表组或租户下副本的分布情况，语法格式如下所示。

replicas{量词}@location

其中各参数说明如表 5-9 所示。

表 5-9 LOCALITY 各参数说明

参数	说明
replicas	表示副本类型，副本类型支持全称和简写
量词	不指定量词的时候，表示一个副本。{n}表示 n 个副本。 有一个特殊的量词 all_server 表示副本数和可用的 Server 的数量相同。一个分区在一个 Zone 中最多有一个全能型或日志型副本（这些类型的副本是 Paxos 复制组的成员），只读型副本在同一个 Zone 中可以有多个
location	表示位置。location 的值为可用区的名称

使用 LOCALITY 描述不同副本的分布情况，命令如下所示。

locality='F@z1,F{memstore_percent:0}@z2,F{1},R{ALL_SERVER}@z3,L@z4,L@z5'

需注意以下几点。

（1）在以上命令中，允许在副本类型之后的{}内指定副本的其他字段。

（2）{}内的数字表示对应 Zone 对应副本类型的副本个数，对于全能型副本（简称 F 副本）、日志型副本（简称 L 副本）、加密投票型副本（简称 E 副本），{}内的数字只能为 1 或者不指定；对于只读型副本（简称 R 副本），{}内的值上限为租户对应 Zone 的可用资源单元数目或者指定为 ALL_SERVER（表示尽可能在对应 Zone 中创建 R 副本）或者不指定（不指定视作 1）。

（3）为了限制副本内存表的内存字段，可以添加 memstore_percent 字段，memstore_percent 字段可以作用于 F、R 型副本，只有 0 和 100 两种取值。

2. LOCALITY 应用场景

LOCALITY 的设置通常用于集群的副本数增加/减少和集群的搬迁，具体介绍如下所示。

（1）集群副本数增加

以租户为粒度，对集群中的每一个租户，增加其分区的副本数。例如，将 LOCALITY 由 F@z1,F@z2,F@z3 变更为 F@z1,F@z2,F@z3,F@z4,F@z5，租户从三副本变为五副本。

（2）集群副本数减少

以租户为粒度，对集群内的每一个租户，减少其分区的副本数。例如，将 LOCALITY 由 F@z1,F@z2,F@z3,F@z4,F@z5 变更为 F@z1,F@z2,F@z3,F@z4，租户从五副本变为四副本。

（3）集群搬迁

以租户为粒度，对集群内的每一个租户，通过若干次 LOCALITY 变更进行集群搬迁。例如，将 LOCALITY 从 F@hz1,F@hz2,F@hz3 变更为 F@hz1,F@sh1,F@sh2，代表将原集群中属于杭州的两个 Zone 搬迁到上海。

3. LOCALITY 命令

在数据库中可以对租户的 LOCALITY 信息进行相关的修改，语法格式如下所示。

obclient[(none)]>ALTER TENANT 'TENANT_NAME' SET LOCALITY = locality

例如，将租户 test_tenant 的 LOCALITY 修改为 F{1}@z1,F{1}@z2,F{1}@z3,F{1}@z4，命令如下所示。

obclient[(none)]>ALTER TENANT test_tenant SET LOCALITY = 'F{1}@z1,F{1}@z2,F{1}@z3,F{1}@z4'

在变更 LOCALITY 之前，需要变更 Zone 的资源单元和资源池的状态。如果 Zone 的 OBServer 资源不足，无法存放租户需要的资源单元，将无法进行 LOCALITY 变更。

任务实施　创建分区实现数据存储与查询

学习管理分区、管理副本以及管理 LOCALITY 等相关知识后，通过以下几个步骤创建分区实现数据存储与查询。

（1）使用 tenant1 租户的 mq_user 用户登录 myStudent 数据库，统计学生在校的消费情况，创建 timemoney 表，其中包含学号、消费时间和消费金额等信息，实现数据存储，创建分区，命令如下所示。

```
obclient [(none)]> USE myStudent;
obclient [myStudent]> CREATE TABLE timemoney (stuNo CHAR(10),time DATE,money INT) PARTITION BY RANGE COLUMNS(time) (
    PARTITION M202201 VALUES LESS THAN('2022/02/01'),
    PARTITION M202202 VALUES LESS THAN('2022/03/01'),
    PARTITION M202203 VALUES LESS THAN('2022/04/01'),
    PARTITION M202204 VALUES LESS THAN('2022/05/01'),
    PARTITION M202205 VALUES LESS THAN('2022/06/01'),
    PARTITION M202206 VALUES LESS THAN('2022/07/01'),
    PARTITION M202207 VALUES LESS THAN('2022/08/01'),
    PARTITION M202208 VALUES LESS THAN('2022/09/01'),
    PARTITION M202209 VALUES LESS THAN('2022/10/01'),
    PARTITION M202210 VALUES LESS THAN('2022/11/01'),
    PARTITION M202211 VALUES LESS THAN('2022/12/01'),
    PARTITION M202212 VALUES LESS THAN('2023/01/01')
);
```

创建 timemoney 表并创建分区结果如图 5-12 所示。

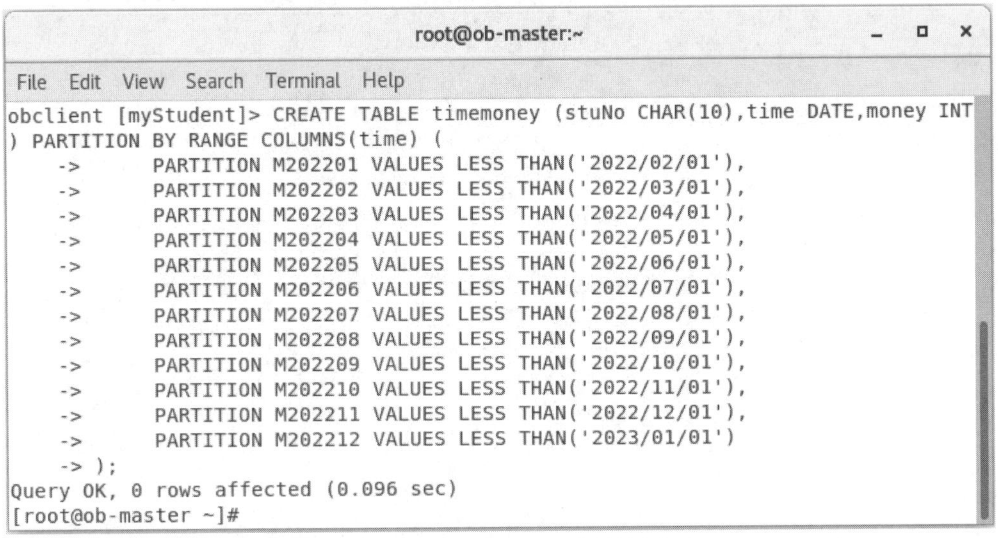

图 5-12　创建 timemoney 表并创建分区

（2）向 timemoney 表的不同分区插入数据，命令如下所示。

```
obclient [myStudent]> INSERT INTO timemoney PARTITION(M202201) VALUES
```

```
('230001','2022-1-31',10),
('230001','2022-1-31',13),
('230001','2022-1-30',11),
('230001','2022-1-25',5),
('230001','2022-1-20',2),
('230002','2022-1-30',10),
('230002','2022-1-28',20),
('230002','2022-1-10',15),
('230003','2022-1-24',40),
('230003','2022-1-22',35),
('230004','2022-1-2',10),
('230004','2022-1-8',16),
('230004','2022-1-22',9);
obclient [myStudent]> INSERT INTO timemoney PARTITION(M202205) VALUES
('230005','2022-5-31',10),
('230005','2022-5-31',13),
('230005','2022-5-30',11),
('230006','2022-5-25',5),
('230006','2022-5-20',2),
('230006','2022-5-30',10),
('230006','2022-5-28',20),
('230007','2022-5-10',15),
('230007','2022-5-24',40),
('230007','2022-5-22',35),
('230007','2022-5-2',10),
('230008','2022-5-8',16),
('230008','2022-5-22',9);
obclient [myStudent]> INSERT INTO timemoney PARTITION(M202210) VALUES
('230001','2022-10-31',10),
('230002','2022-10-31',13),
('230003','2022-10-30',11),
('230004','2022-10-25',5),
('230005','2022-10-20',2),
('230006','2022-10-30',10),
('230007','2022-10-28',20),
('230008','2022-10-10',15),
('230009','2022-10-24',40),
('230009','2022-10-22',35),
('230009','2022-10-2',10),
('230008','2022-10-8',16),
('230009','2022-10-22',9);
```

向不同分区插入数据结果如图 5-13～图 5-15 所示。

```
root@ob-master:~
File Edit View Search Terminal Help
obclient [myStudent]> INSERT INTO timemoney PARTITION(M202201) VAL
UES
    -> ('230001','2022-1-31',10),
    -> ('230001','2022-1-31',13),
    -> ('230001','2022-1-30',11),
    -> ('230001','2022-1-25',5),
    -> ('230001','2022-1-20',2),
    -> ('230002','2022-1-30',10),
    -> ('230002','2022-1-28',20),
    -> ('230002','2022-1-10',15),
    -> ('230003','2022-1-24',40),
    -> ('230003','2022-1-22',35),
    -> ('230004','2022-1-2',10),
    -> ('230004','2022-1-8',16),
    -> ('230004','2022-1-22',9);
Query OK, 13 rows affected (0.017 sec)
Recores: 13 Duplicates: 0 Warnings: 0
[root@ob-master ~]# a
```

图 5-13　向 M202201 分区插入数据

```
root@ob-master:~
File Edit View Search Terminal Help
obclient [myStudent]> INSERT INTO timemoney PARTITION(M202205) VA
LUES
    -> ('230005','2022-5-31',10),
    -> ('230005','2022-5-31',13),
    -> ('230005','2022-5-30',11),
    -> ('230006','2022-5-25',5),
    -> ('230006','2022-5-20',2),
    -> ('230006','2022-5-30',10),
    -> ('230006','2022-5-28',20),
    -> ('230007','2022-5-10',15),
    -> ('230007','2022-5-24',40),
    -> ('230007','2022-5-22',35),
    -> ('230007','2022-5-2',10),
    -> ('230008','2022-5-8',16),
    -> ('230008','2022-5-22',9);
Query OK, 13 rows affected (0.006 sec)
Records: 13 Duplicates: 0 Warnings: 0
```

图 5-14　向 M202205 分区插入数据

```
root@ob-master:~
File Edit View Search Terminal Help
obclient [myStudent]> INSERT INTO timemoney PARTITION(M202210) VA
LUES
    -> ('230001','2022-10-31',10),
    -> ('230002','2022-10-31',13),
    -> ('230003','2022-10-30',11),
    -> ('230004','2022-10-25',5),
    -> ('230005','2022-10-20',2),
    -> ('230006','2022-10-30',10),
    -> ('230007','2022-10-28',20),
    -> ('230008','2022-10-10',15),
    -> ('230009','2022-10-24',40),
    -> ('230009','2022-10-22',35),
    -> ('230009','2022-10-2',10),
    -> ('230008','2022-10-8',16),
    -> ('230009','2022-10-22',9);
Query OK, 13 rows affected (0.055 sec)
Records: 13 Duplicates: 0 Warning: 0
```

图 5-15　向 M202210 分区插入数据

（3）查看分区中存储的数据以及表中的数据，命令如下所示。

obclient [myStudent]> SELECT * FROM timemoney PARTITION(M202201);
obclient [myStudent]> SELECT * FROM timemoney;

查看 M202201 分区中的数据结果如图 5-16 所示，查看 timemoney 表中的数据结果如图 5-17 所示。

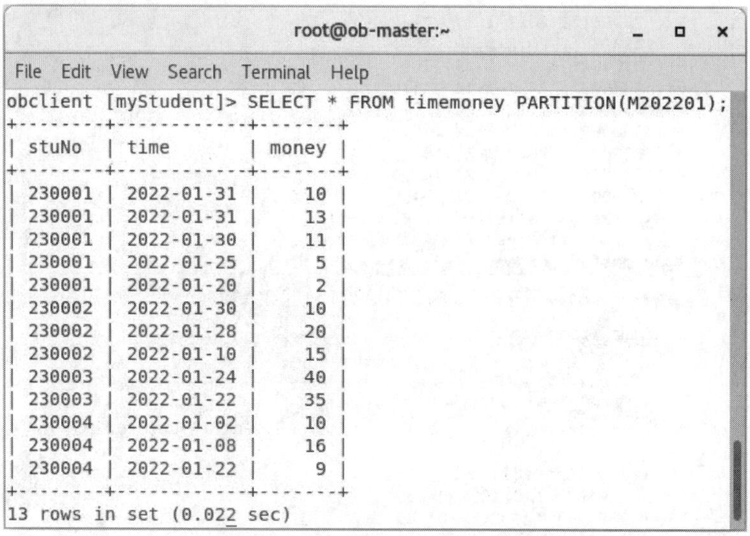

图 5-16　查看 M202201 分区中的数据

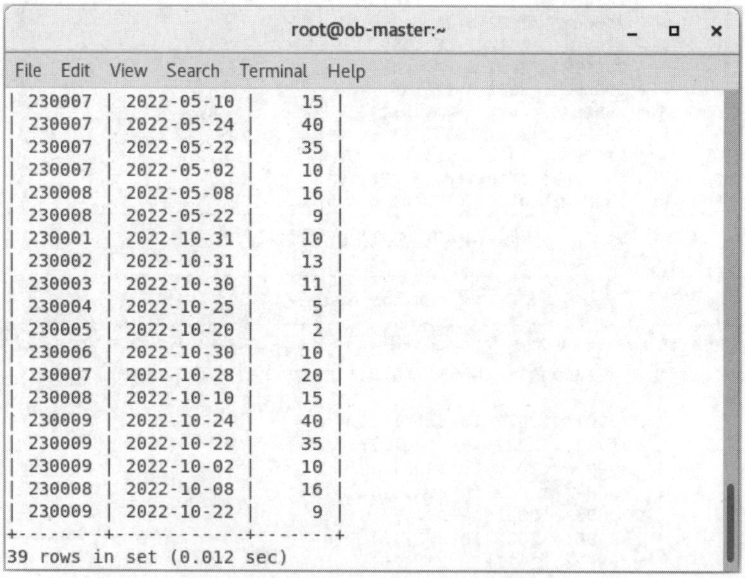

图 5-17　查看 timemoney 表中的数据

（4）为 timemoney 表添加 M202301 分区，命令如下所示。

obclient [myStudent]> ALTER TABLE timemoney ADD PARTITION (
　　PARTITION M202301 VALUES LESS THAN('2023/02/01')
);

为 timemoney 表添加 M202301 分区结果如图 5-18 所示。

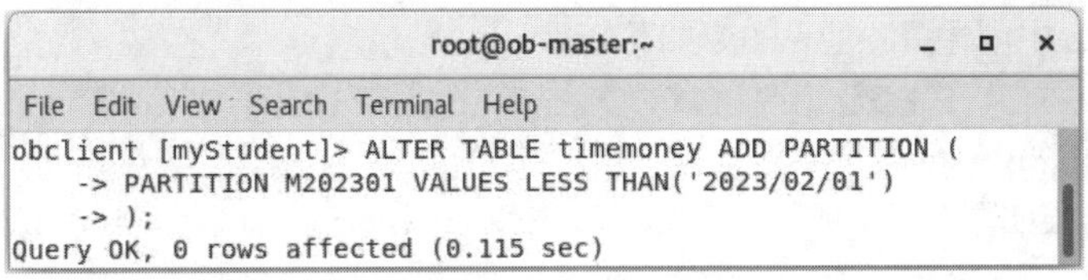

```
obclient [myStudent]> ALTER TABLE timemoney ADD PARTITION (
    -> PARTITION M202301 VALUES LESS THAN('2023/02/01')
    -> );
Query OK, 0 rows affected (0.115 sec)
```

图 5-18　为 timemoney 表添加 M202301 分区

（5）为分区 M202301 添加数据并检查，命令如下所示。

```
obclient [myStudent]> INSERT INTO timemoney PARTITION(M202301) VALUES
('230001','2023-1-2',10),
('230002','2023-1-4',13),
('230003','2023-1-13',11),
('230004','2023-1-18',5),
('230005','2023-1-23',2);
obclient [myStudent]> SELECT * FROM timemoney PARTITION(M202301);
```

向分区添加数据并检查结果如图 5-19 所示。

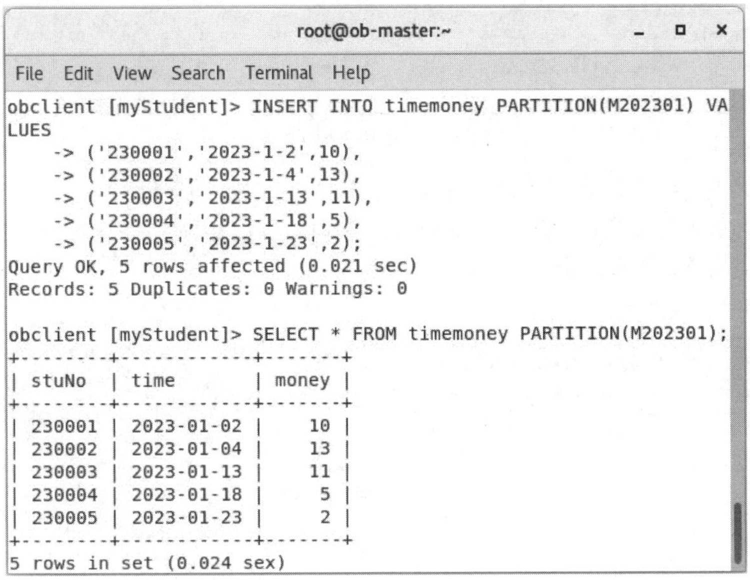

```
obclient [myStudent]> INSERT INTO timemoney PARTITION(M202301) VALUES
    -> ('230001','2023-1-2',10),
    -> ('230002','2023-1-4',13),
    -> ('230003','2023-1-13',11),
    -> ('230004','2023-1-18',5),
    -> ('230005','2023-1-23',2);
Query OK, 5 rows affected (0.021 sec)
Records: 5 Duplicates: 0 Warnings: 0

obclient [myStudent]> SELECT * FROM timemoney PARTITION(M202301);
+--------+------------+-------+
| stuNo  | time       | money |
+--------+------------+-------+
| 230001 | 2023-01-02 |    10 |
| 230002 | 2023-01-04 |    13 |
| 230003 | 2023-01-13 |    11 |
| 230004 | 2023-01-18 |     5 |
| 230005 | 2023-01-23 |     2 |
+--------+------------+-------+
5 rows in set (0.024 sex)
```

图 5-19　向分区添加数据并检查

（6）使用系统租户的 root 用户登录 OceanBase 分布式数据库，创建资源单元，命令如下所示。

```
obclient [(none)]> CREATE RESOURCE UNIT S2_unit_config MAX_CPU 1, MIN_CPU 1, MEMORY_SIZE '2G', MAX_IOPS 1024, MIN_IOPS 1024, IOPS_WEIGHT 0, LOG_DISK_SIZE '2G';
```

为租户创建资源单元结果如图 5-20 所示。

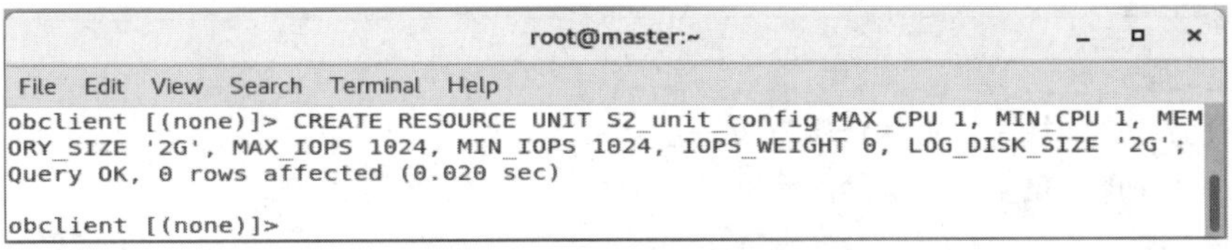

```
obclient [(none)]> CREATE RESOURCE UNIT S2_unit_config MAX_CPU 1, MIN_CPU 1, MEMORY_SIZE '2G', MAX_IOPS 1024, MIN_IOPS 1024, IOPS_WEIGHT 0, LOG_DISK_SIZE '2G';
Query OK, 0 rows affected (0.020 sec)

obclient [(none)]>
```

图 5-20　为租户创建资源单元

（7）在 zone2 中创建资源池，命令如下所示。

obclient [(none)]> CREATE RESOURCE POOL mq_pool_02 UNIT='S2_unit_config', UNIT_NUM=1, ZONE_LIST=('zone2');

创建资源池结果如图 5-21 所示。

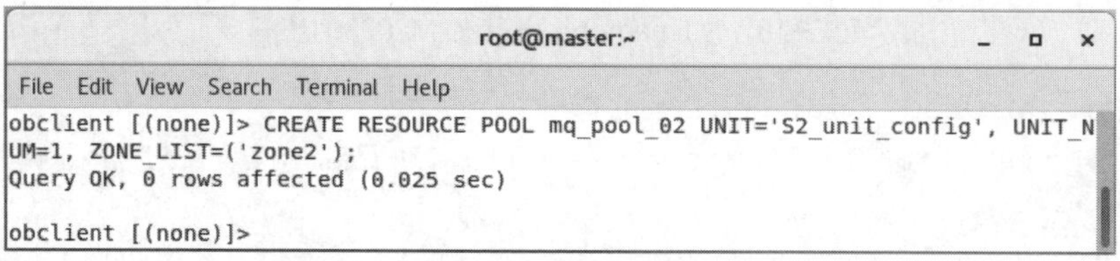

图 5-21 创建资源池

（8）为用户 tenant1 添加 zone2 中的资源池，命令如下所示。

obclient [(none)]> ALTER TENANT tenant1 resource_pool_list=('mq_pool_01','mq_pool_02');

为用户添加资源池结果如图 5-22 所示。

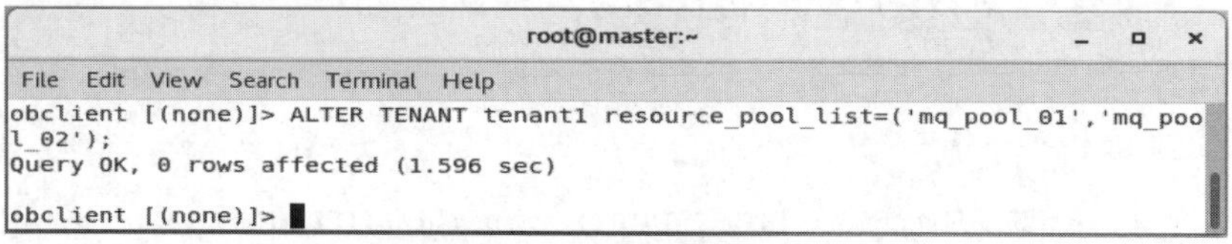

图 5-22 为用户添加资源池

（9）为用户 tenant1 添加 zone2 中的全能型副本，命令如下所示。

obclient [(none)]> ALTER TENANT tenant1 locality='F@zone1,F@zone2';

添加全能型副本结果如图 5-23 所示。

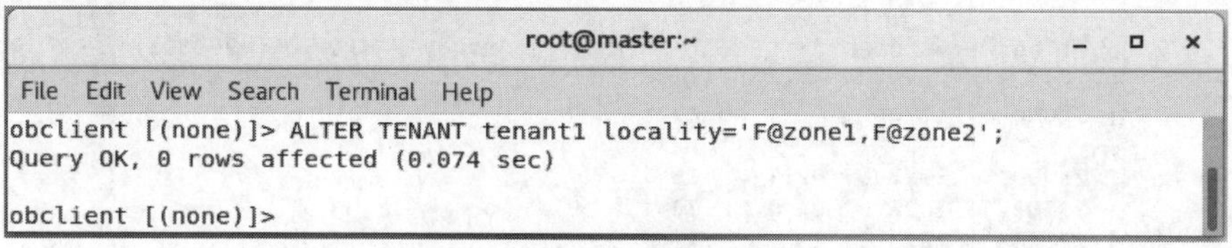

图 5-23 添加全能型副本

项目总结

通过对分布式数据库对象相关知识的学习，可以对分布式数据库对象的概念有所了解，对分布式数据库的分区副本类型、数据均衡的方法、动态扩容和缩容的概念、分布式对象管理有所掌握，并能够通过所学知识实现分布式数据库对象的创建与管理。

课后习题

1. 选择题

（1）在分布式环境下，为保证数据读写服务的高可用性，OceanBase 分布式数据库会把同一个（ ）中的数据复制到多台计算机。

　　A. 表　　　　　　B. 对象　　　　　　C. 分区　　　　　　D. 数据库

（2）分区副本的自动负载均衡是指在（　　）调整分区副本的分布，使资源单元的负载差值尽量小。

  A．用户资源单元内　　　　　　　　B．用户租户资源单元内
  C．租户拥有的资源单元内　　　　　D．集群资源单元内

（3）OceanBase 分布式数据库集群中的每一份数据都维护了多个副本，一份数据的多个副本通过 Paxos 协议组成一个基本的高可用（　　）单元。

  A．数据　　　　B．存储　　　　C．服务　　　　D．维护

（4）OceanBase 分布式数据库系统通常由多个（　　）组成，每个可用区内包含若干多台服务器。

  A．表　　　　B．服务器　　　　C．observer 进程　　　　D．可用区

2. 简答题

（1）简述分区副本自动负载均衡。
（2）简述集群级别的扩容和缩容方法。

项目6
管理事务与分布式执行计划

项目导言

事务（Transaction）是访问并操作各种数据项的一个数据库操作序列，这些操作要么全部执行，要么全部不执行，它是一个不可分割的工作单位。事务由事务开始与事务结束之间所执行的全部数据库操作组成。本项目包含两个任务，分别为管理事务和管理分布式执行计划，任务6.1中主要讲解认识事务、事务控制、控制数据并发、设置事务隔离级别以及读数据的弱一致性等知识，任务6.2中主要讲解认识SQL执行计划、认识分布式执行计划和并行查询、生成分布式执行计划、启用并行查询、控制分布式执行计划和优化并行查询等知识。

学习目标

知识目标
- 了解事务的概念和控制方法；
- 熟悉数据并发的规则；
- 了解事务的隔离级别；
- 熟悉分布式执行计划和并行查询的概念。

技能目标
- 具备启动和关闭并行查询的能力；
- 具备对并行查询进行参数调优的能力。

素养目标
- 具备精益求精、坚持不懈的精神；
- 具有独立解决问题的能力；
- 具备灵活的思维和处理问题的能力。

任务 6.1 管理事务

任务描述

在现实生活中，事务处理数据的应用非常广泛。例如，在网上交易流程中，用户选购商品完毕、收到商品并确认收货后，商家才会收到商品货款，整个交易过程才算完成。本任务涉及认识事务、事务控制、控制数据并发、设置事务隔离级别和读数据的弱一致性5个技能点，通过对这5个技能点的学习，完成基于student表的事务操作。

任务技能

技能点 6.1.1　认识事务

事务包含对数据库进行的一系列操作，可以使数据库从一个一致的状态转换到另一个一致的状态。通常事务中的 SQL 语句中会包含 DML（Data Manipulation Language，数据操纵语言，用于对数据库中的数据进行操作）语句，也会包含查询语句。如果一个事务中的 SQL 语句中只有查询语句，这个事务通常被称为只读事务。事务有以下两个作用。

（1）为数据库操作序列提供一个从失败状态恢复到正常状态的方法，同时提供了数据库即使在异常状态下仍能保持一致性的方法。

（2）为数据库的多个并发访问提供隔离的方法，避免多个并发操作导致数据库进入不一致的状态。

事务是一系列操作的集合，但对于用户来说，是一个操作，集合中的操作若执行失败会全部执行失败，若执行成功会全部执行成功。事务具有 4 个特性：原子性、一致性、隔离性、持久性，称为 ACID 特性，具体如下。

（1）原子性（Atomicity）：事务是数据库管理系统的最小执行单位，不允许分割。事务的原子性确保动作只有执行成功和执行失败两种情况。

（2）一致性（Consistency）：确保事务从一个正确的状态转换到另外一个正确的状态。事务执行成功，进入新的状态，否则事务回滚，回到过去稳定的状态。

（3）隔离性（Isolation）：并发访问数据库时，一个用户的事务不被其他事务所干扰，各并发事务之间是独立的。

（4）持久性（Durability）：一个事务被提交之后，它对数据库中的数据的改变是持久的，即使数据库发生故障，比如断电宕机，也不会对这种改变有影响。

1. 事务模型

为了能够帮助读者更好地理解事务，我们建立了一个事务模型。该模型中事务管理器统筹管理事务的执行；查询处理器负责解析 SQL 语句；缓冲区管理器负责维护内存缓冲区和刷新数据；日志管理器负责维护日志；恢复管理器负责在系统重启后恢复数据，事务模型如图 6-1 所示。

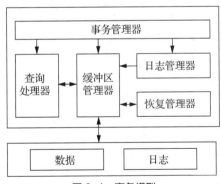

图 6-1　事务模型

2. 读取或写入数据

在数据库运行过程中，新插入的数据不会直接写入磁盘，而是先缓存在内存中。对于一个运行中的数据库，可以将其地址空间简单分成以下 3 个部分。

（1）持久化保存数据的磁盘空间。
（2）缓冲区对应的内存或虚拟内存空间。
（3）事务的局部地址空间（也在内存中）。

事务要读取数据，先要将数据读取到缓冲区，缓冲区的数据可以被事务读取到局部空间。事务写入数据的过程与此相反，先在局部空间中创建新数据，然后将新数据复制到缓冲区中。缓冲区中的数据通常由缓冲区管理器决定何时写入磁盘，而不立刻持久化到磁盘，为了便于研究日志和事务管理的细节，可以使用一系列原语来描述数据库操作。

（1）INPUT(X)：将数据库元素 X 从磁盘复制到缓冲区中。
（2）READ(X, t)：将数据库元素 X 从缓冲区复制到事务的局部变量 t 中。
（3）WRITE(X, t)：将局部变量 t 的值复制到缓冲区的数据库元素 X 中，如果 X 不在缓冲区，先执行 INPUT(X)。
（4）OUTPUT(X)：将数据库元素 X 从缓冲区复制到磁盘中。

3. 事务执行示例

假设当前数据库中包含两个账户，即 A 和 B，A 和 B 之间要进行转账操作，在任何一致的状态中，它们的值的总和是固定的。例如，一个转账事务 t 主要有两个操作：A 账户减 10 和 B 账户加 10。

假设 A 和 B 的初始值均为 15，事务 t 从一致的状态（A+B=15+15=30）开始，正常执行后，最终的状态必然也是一致的，A 和 B 的值发生了变化，但它们的和没有发生变化（A+B=5+25=30）。

t 从磁盘读取 A 和 B，执行运算，将 A 和 B 的新值写入缓冲区。之后缓冲区管理器会执行 OUTPUT，将数据写入磁盘。事务 t 的执行过程如下所示，缓冲区和磁盘中的值如表 6-1 所示。

第 1 步 READ(A,t)将 A 的值复制到局部变量 t 中，如果 A 不在缓冲区中，那么就会先执行 INPUT(A)。

第 2 步将 t 减 10，这一步不会改变 A 在缓冲区和磁盘中的值。

第 3 步将 t 写入缓冲区的 A 中，这一步也不会影响磁盘中 A 的值。

第 4~6 步与前 3 步类似。

第 7 步和第 8 步，将 A、B 的新值写入磁盘，完成持久化。

表 6-1　缓冲区和磁盘中的值

步骤	操作	t	A（内存）	B（内存）	A（磁盘）	B（磁盘）
1	READ(A,t)	15	15		15	15
2	t:= t-10	5	15		15	15
3	WRITE(A,t)	5	5		15	15
4	READ(B,t)	15	5	15	15	15
5	t:= t+10	25	5	15	15	15
6	WRITE(B,t)	25	5	25	15	15
7	OUTPUT(A)	25	5	25	5	15
8	OUTPUT(B)	25	5	25	5	25

技能点 6.1.2　事务控制

事务生命周期通常包括开启事务、结束事务等过程。其中，事务可以通过 BEGIN、START TRANSACTION 等命令显式开启，也可以通过 DML 语句隐式开启。结束事务通常有两种方式，通过 COMMIT 语句提交事务或者通过 ROLLBACK 命令回滚事务。

1. 开启事务

OceanBase 分布式数据库的事务控制语句与 MySQL 数据库的兼容，开启事务可以通过以下方式来完成。

执行 START TRANSACTION 命令，语法格式如下所示。

```
obclient[(none)]>START TRANSACTION
[transaction_characteristic [, transaction_characteristic] ...]
transaction_characteristic: {
WITH CONSISTENT SNAPSHOT
| READ WRITE
| READ ONLY
}
```

执行 BEGIN 命令，语法格式如下所示。

```
obclient[(none)]>BEGIN [WORK]
```

执行 SET autocommit = 0 之后再执行的第一条语句，当 autocommit（自动提交）的变量的值为 1 时为自动提交，此时每条语句执行结束后，OceanBase 分布式数据库会自动把这条语句所在的事务提交，这样一条语句就是一个事务，语法格式如下所示。

```
obclient[(none)]>SET autocommit = {0 | 1}
```

2. 提交事务

提交事务通过 COMMIT 命令来完成，语法格式如下所示。

```
obclient[(none)]>COMMIT [WORK] [AND [NO] CHAIN] [[NO] RELEASE]
```

此外，当 autocommit = 0 时，执行一条开启事务的语句也会隐式地提交当前执行的事务。

3. 创建事务保存点

事务保存点（Savepoint）是 OceanBase 分布式数据库提供的可以由用户定义的事务内的执行标记。用户可以通过在事务内定义若干标记并在需要时将事务恢复到指定标记对应的状态。例如，当用户在执行过程中，定义了某个保存点之后执行了一些错误的操作，用户不需要回滚整个事务再重新执行，可以通过执行 ROLLBACK TO 命令将保存点之后的修改回滚。创建事务保存点的语法格式如下所示。

```
obclient[(none)]>SAVEPOINT pointname;
```

4. 回滚事务

回滚事务通过 ROLLBACK 命令来完成，回滚事务的 SQL 语句的语法格式如下所示。

```
obclient[(none)]>ROLLBACK [WORK] [AND [NO] CHAIN] [[NO] RELEASE]
```

技能点 6.1.3　控制数据并发

OceanBase 分布式数据库可以对数据进行并发控制和通过锁机制保证数据并发性和数据一致性。

1. 并发控制

每个事务包含多个读写操作，操作对象为数据库内部的不同数据。最简单的并发控制之一就是串行（Serial）执行，它指一个进程在另一个进程执行完一个操作（收到触发操作的回应）前不会触发下一个操作，这明显不符合高并发的需求，因此提出了可串行化（Serializable），即并行（非串行）执行事务内的多个操作。

可以利用事务中的读写操作来为事务建立依赖关系（依赖关系代表事务串行化成串行执行序后的事务定序，若事务 B 依赖事务 A，事务 A 应该排在事务 B 前面）。

写写冲突：当事务 A 修改数据 X 后，事务 B 修改同一数据 X，则事务 B 依赖事务 A。
写读冲突：当事务 A 读取数据 X 后，若数据 X 是由事务 B 修改的，则事务 A 依赖事务 B。
读写冲突：当事务 A 读取数据 X 后，事务 B 修改了同一数据 X，则事务 B 依赖事务 A。

当事务间的冲突关系没有成环，就可以保证冲突可串行化。冲突可串行化有两种常见的实现机制，即两阶段锁和乐观锁机制。前者通过排他锁限制其他事务的冲突修改，并通过死锁检测机制回滚产生循环的事务，保证无环；后者通过提交事务时的检测阶段，回滚所有可能会导致成环的事务，保证不会产生环。

但是实际上实现可串行化隔离级别的商业数据库非常少，上述两种实现机制都有极大的性能代价，因此一般会通过允许一些容易接受的成环条件来暴露一些异常，并增强事务的性能和可扩展性。快照读和读已提交是比较常见的允许异常的并发控制。快照读隔离级别依赖维护多版本数据，并在读取时通过一个固定的读版本号读一个对应版本的数据，因此同一事务中的不同数据会产生因为读写冲突导致的环。比如事务 A 读取数据版本为 1 的 X 后修改产生数据版本为 2 的 Y，事务 B 读取数据版本为 1 的 Y 后修改产生数据版本为 2 的 X。可以发现事务 A 与事务 B 产生了环，这种异常就是写偏斜（Write Skew）。这是快照读暴露给用户的异常。对于读已提交隔离级别，则会暴露不可重复读等异常，即事务内部两次读取结果不同。定义隔离级别的抽象，能给予用户在性能上和语义易用性上的平衡感，这是设计事务隔离级别的关键。

2. 锁机制

OceanBase 分布式数据库的锁机制使用了以数据行为级别的锁粒度。同一行不同列的修改会导致同一把锁的互斥；而不同行的修改是不同的两把锁，因此是无关的。类似于其他的多版本两阶段锁的数据库，OceanBase 分布式数据库的读取是不上锁的，因此可以做到读写不互斥，从而提高用户读写事务的并发能力。对于锁的存储模式，首先，将锁存储在行上（可能存储在内存与磁盘上），从而避免在内存中维护大量锁的数据结构。其次，会在内存中维护锁之间的等待关系，从而在锁释放的时候唤醒等待在锁上面的其余事务。需要注意的是 SELECT ... FOR UPDATE 无法做到读写不互斥，在事务提交过程中，为了维护事务的一致性快照，会有短暂的读写互斥，称为 Lock For Read。

（1）OceanBase 分布式数据库锁机制的使用

例如，一个用于获取更新货物信息的 SQL 语句的语法格式如下所示。

```
UPDATE GOODS
SET     PRICE = ?, AMOUNT = ?
WHERE   GOOD_ID = ?
AND     LOCATION = ?;
```

根据用户填入的货物 ID（GOOD_ID）和地址（LOCATION），更新对应的价格（PRICE）和存量（AMOUNT）。对应事务中的一个 SQL 语句，在事务结束前，对应货物 ID 和地址的数据行会被加上行锁，所有并发的更新都会被阻塞并等待，从而预防并发的修改导致的脏写（Dirty Write）。

用户在更新数据的同时，隐式地为修改的数据行加上了对应的锁，用户不需要在显式地指定锁的范围的情况下，就可以依赖 OceanBase 分布式数据库内部的机制做到并发控制。

除隐式地指定使用锁机制，用户还可以显式地指定使用锁机制。例如，一个用于互斥地获取货物信息的 SQL 语句的语法格式如下所示。

```
SELECT PRICE = ?, AMOUNT = ?
FROM    GOODS
WHERE   GOOD_ID = ?
AND     LOCATION = ?
FOR UPDATE;
```

（2）OceanBase 分布式数据库锁机制的粒度

OceanBase 分布式数据库目前不支持表锁，只支持行锁，且只支持互斥行锁。传统数据库中的表锁主要用于实现较为复杂的 DDL 操作，在 OceanBase 分布式数据库中，还未支持一些极度依赖表锁的复杂的 DDL 操作，而其余 DDL 操作通过在线 DDL 变更实现。

在更新同一行的不同字段时，事务依旧会互相阻塞，目的是减少锁数据结构在行上的存储开销。而更新不同行时，事务之间不会有任何影响。

（3）OceanBase 分布式数据库锁机制的互斥

OceanBase 分布式数据库使用了多版本两阶段锁，事务的每次修改会产生新的版本。可以通过一致性快照获取旧版本的数据，不需要行锁依旧可以维护对应的并发控制，因此能做到执行中的读写不互斥，这极大地提升了 OceanBase 分布式数据库的并发能力。

技能点 6.1.4　设置事务隔离级别

隔离级别是根据事务并发执行过程中需要防止的现象来定义的。可防止的现象如下。

（1）脏读（Dirty Read）：一个事务读到其他事务尚未提交的数据。

（2）不可重复读（Non Repeatable Read）：对于曾经读到的某行数据，再次查询时发现该行数据已经被修改或者删除。例如，SELECT c2 FROM test WHERE c1=1;第一次查询 c2 的结果为 1，再次查询时由于其他事务修改了 c2 的值，因此 c2 的结果为 2。

（3）幻读（Phantom Read）：对于只读请求返回一组满足搜索条件的行，再次执行时发现另一个提交的事务已经插入了满足条件的行。

OceanBase 分布式数据库在 MySQL 模式下，支持 3 种隔离级别。

（1）读已提交（Read Committed）：一个事务执行的查询，只能得到这次查询开始之前提交的数据。读已提交无法防止不可重复读和幻读两种异常现象。如果冲突的事务比较少，简单高效的读已提交隔离级别对应用来说是足够的。

（2）可重复读（Repeatable Read）：事务内不同时间读取的同一批数据是一致的。它无法防止幻读这种异常现象。

（3）可串行化（Serializable）：该隔离级别类似 Oracle 数据库的可串行化，并非严格意义上的可串行化。

OceanBase 分布式数据库默认的隔离级别为读已提交，可以设置的隔离级别有两种，分别为全局 Global 级别及 Session 级别，设置隔离级别的语法格式如下所示。

SET [GLOBAL | SESSION] TRANSACTION ISOLATION LEVEL REPEATABLE READ

技能点 6.1.5　读数据的弱一致性

OceanBase 分布式数据库提供了两种一致性级别（Consistency Level）：STRONG 和 WEAK。STRONG 指强一致性，读取最新数据，请求路由给主副本；WEAK 指弱一致性，不要求读取最新数据，请求优先路由给从副本。OceanBase 分布式数据库的写操作始终是强一致性的，即始终由主副本提供服务；读操作默认是强一致性的，由主副本提供服务，用户也可以指定为弱一致性，由从副本优先提供服务。

1. 一致性级别的指定方式

一致性级别的指定方式有两种，分别为通过 ob_read_consistency 系统变量指定和使用 Hint 方式指定。

（1）通过 ob_read_consistency 系统变量指定

若通过 ob_read_consistency 系统变量指定一致性级别，当设置 Session 变量时，影响当前 Session，当设置 Global 变量时，影响之后新建的所有 Session，语法格式如下所示。

```
#当设置 Session 变量时，影响当前 Session
obclient[(none)]> SET ob_read_consistency = WEAK;
obclient[(none)]> SELECT * FROM t1;
#当设置 Global 变量时，影响之后新建的所有 Session
obclient[(none)]> SET GLOBAL ob_read_consistency = STRONG;
```

（2）使用 Hint 方式指定

使用 Hint 指定一致性级别的方式有两种，分别为指定 WEAK Consistency 和指定 STRONG Consistency，语法格式如下所示。

```
#指定 WEAK Consistency
obclient[(none)]> SELECT /*+READ_CONSISTENCY(WEAK) */ * FROM t1;
#指定 STRONG Consistency
obclient[(none)]> SELECT /*+READ_CONSISTENCY(STRONG) */ *  FROM t1;
```

2. SQL 语句的一致性级别

SQL 语句的一致性级别如下。

（1）写 DML 语句（INSERT/DELETE/UPDATE 语句）：强制使用 STRONG Consistency，要求基于最新数据进行修改。

（2）SELECT FOR UPDATE（SFU）语句：与写语句类似，强制使用 STRONG Consistency。

（3）只读语句 SELECT：用户可以配置不同的一致性级别，满足不同的读取需求。

3. 事务的一致性级别

弱一致性读的最佳实践是为不在事务中的 SELECT 语句指定 WEAK 一致性级别，它的语义是确定的。对于显式开启事务的场景，OceanBase 分布式数据库允许不同的语句配置不同的一致性级别，但这样会让用户很困惑，而且如果使用不当，SQL 语句会报错。设置事务的一致性级别的原则如下。

（1）一致性级别是事务级的，事务内所有语句采用相同的一致性级别。

（2）事务的第一条语句决定事务的一致性级别，后续的 SELECT 语句如果指定了不同的一致性级别，则强制改写为事务的一致性级别。

（3）写 DML 语句和 SFU 语句只能采用 STRONG，如果事务的一致性级别为 WEAK，则报错 OB_NOT_SUPPORTED。

设置事务的一致性级别语法格式如下所示。

```
BEGIN;
# 修改语句, consistency_level=STRONG，整个事务的一致性级别应该是 STRONG
obclient[(none)]>INSERT INTO t1 values (1);
# 对于 SQL 语句, consistency_level=WEAK，但由于 INSERT INTO t1 values(1);为 STRONG
# 因此这条语句的 consistency_level 强制设置为 STRONG
obclient[(none)]>SELECT /*+READ_CONSISTENCY(WEAK) */ FROM t1;
obclient[(none)]>COMMIT;

BEGIN;
# SFU 语句属于修改语句, consistency_level=STRONG，整个事务的一致性级别应该也是 STRONG
```

```
obclient[(none)]>SELECT * FROM t1 for update;
# 对于 SQL 语句，consistency_level=WEAK，但由于 SELECT* FROM t1 for update;为 STRONG
# 因此这条语句的 consistency_level 强制设置为 STRONG
obclient[(none)]>SELECT /*+READ_CONSISTENCY(WEAK) */ FROM t1;
obclient[(none)]>COMMIT;

obclient[(none)]>BEGIN;
# 这条语句的 consistency level 强制设置为 STRONG
obclient[(none)]>SELECT /*+READ_CONSISTENCY(WEAK) */ FROM t1;
# 本条语句虽然为 STRONG，但是会继承第一条语句的 consistency_level，会被强制设置为 WEAK
obclient[(none)]>SELECT * FROM t1;
obclient[(none)]>COMMIT;

obclient[(none)]>BEGIN;
# 第一条语句为 WEAK
obclient[(none)]>SELECT /*+READ_CONSISTENCY(WEAK) */ FROM t1;
# 修改语句的一致性级别必为 STRONG，由于第一条语句为 WEAK，这里会报错
obclient[(none)]>insert into t1 values (1);
# SFU 语句属于修改语句，必须为 STRONG，这里同样会报错
obclient[(none)]>SELECT * FROM t1 for update;
obclient[(none)]>COMMIT;
```

因此，对于单条 SQL 语句而言，一致性级别的确定规则的优先级从大到小如下所示。

（1）根据语句类型确定的一致性级别，例如写 DML 语句和 SFU 语句必须采用 STRONG。

（2）事务的一致性级别，如果语句在事务中，而且不是第一条语句，则采用事务的一致性级别。

（3）通过 Hint 指定的一致性级别。

（4）系统变量指定的一致性级别。

（5）默认采用 STRONG。

任务实施　基于 student 表进行事务操作

完成认识事务、事务控制、控制数据并发、设置事务隔离级别和读数据的弱一致性等相关知识的学习后，可通过以下几个步骤实现对事务的操作。

（1）使用 tenant1 租户的 mq_user 用户登录 OceanBase 分布式数据库，开启事务并设置事务不自动提交以及事务的隔离级别为 Session，分别向 student 表和 score 表中插入一行数据，并设置名为"fr"的保存点，最后查询数据添加结果，命令如下所示。

```
obclient [myStudent]> SET session autocommit=off;
obclient [myStudent]> INSERT INTO student VALUES('230010','舒道','男','2004-12-12','人工智能','13200230010','天津市');
obclient [myStudent]> INSERT INTO score VALUES('230010','ZB02',84);
obclient [myStudent]> SAVEPOINT fr;
obclient [myStudent]> SELECT * FROM student;
obclient [myStudent]> SELECT * FROM score;
```

开启事务并设置保存点结果如图 6-2 所示，查询数据添加结果如图 6-3 所示。

```
obclient [myStudent]> SET session autocommit=off;Query OK, 0 rows affected
(0.002 sec)

obclient [myStudent]> INSERT INTO student VALUES('230010','舒道','男','2004
-12-12','人工智能','13200230010','天津市');
Query OK, 1 row affected (0.002 sec)

obclient [myStudent]> INSERT INTO score VALUES('230010','ZB02',84);
Query OK, 1 row affected (0.005 sec)

obclient [myStudent]> SAVEPOINT fr;
Query OK, 0 rows affected (0.001 sec)
```

图 6-2　开启事务并设置保存点

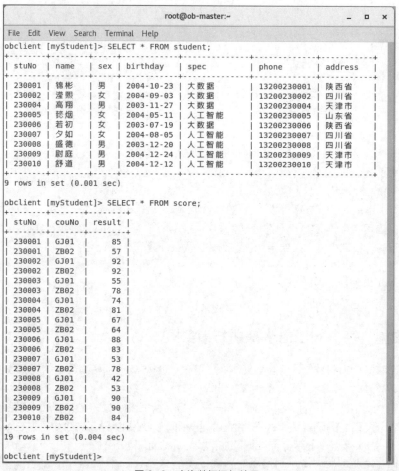

图 6-3　查询数据添加结果

（2）向 student 表中插入第二行数据，并设置第二个保存点"sd"，最后查询数据添加结果，命令如下所示。

obclient [myStudent]> INSERT INTO student VALUES('230011','志远','男','1995-12-12','大数据','13200450010','天津市');
obclient [myStudent]> SAVEPOINT sd;
obclient [myStudent]> SELECT * FROM student;

设置第二个保存点"sd"并查询数据添加结果如图 6-4 所示。

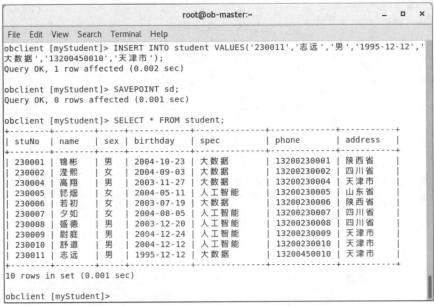

图 6-4　设置第二个保存点"sd"并查询数据添加结果

（3）将事务回滚到"fr"保存点，并提交事务，查询最终的 student 表的数据，命令如下所示。

obclient [myStudent]> ROLLBACK TO SAVEPOINT fr;
obclient [myStudent]> COMMIT;
obclient [myStudent]> SELECT * FROM student;

事务回滚后提交事务并查询最终的 student 表的数据结果如图 6-5 所示。

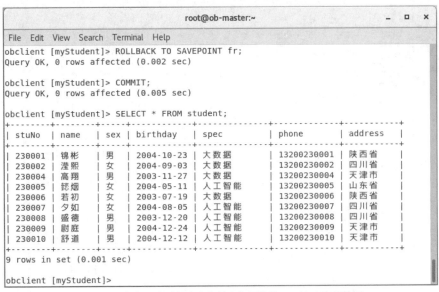

图 6-5　事务回滚后提交事务并查询最终的 student 表的数据

（4）将 ob_read_consistency 系统变量设置为 WEAK（弱一致性读），并查询 student 表的数据，命令如下所示。

```
obclient [myStudent]> SET ob_read_consistency = WEAK;
obclient [myStudent]> SELECT * FROM student;
```
设置 ob_read_consistency 系统变量为 WEAK 并查询 student 表的数据结果如图 6-6 所示。

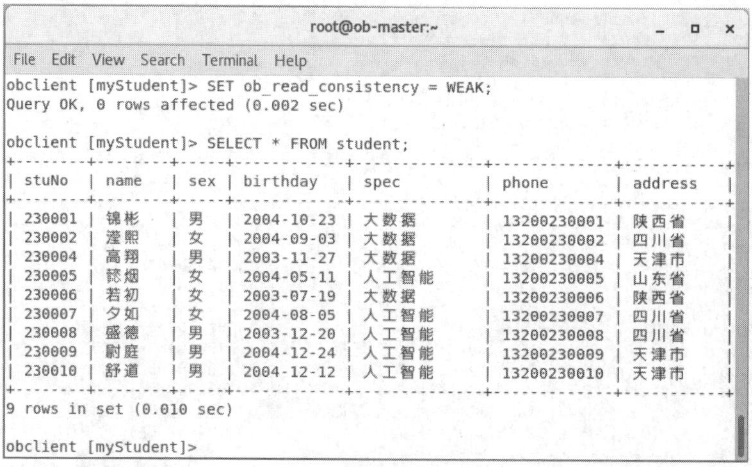

图 6-6　设置 ob_read_consistency 系统变量为 WEAK 并查询 student 表的数据

（5）使用 Hint 方式分别指定弱一致性和强一致性读 student 表，命令如下所示。
```
obclient [mystudent]> SELECT /*+READ_CONSISTENCY(WEAK) */ * FROM student;
obclient [mystudent]> SELECT /*+READ_CONSISTENCY(STRONG) */ * FROM student;
```
使用 Hint 方式分别指定弱一致性和强一致性读 student 表结果如图 6-7 所示。

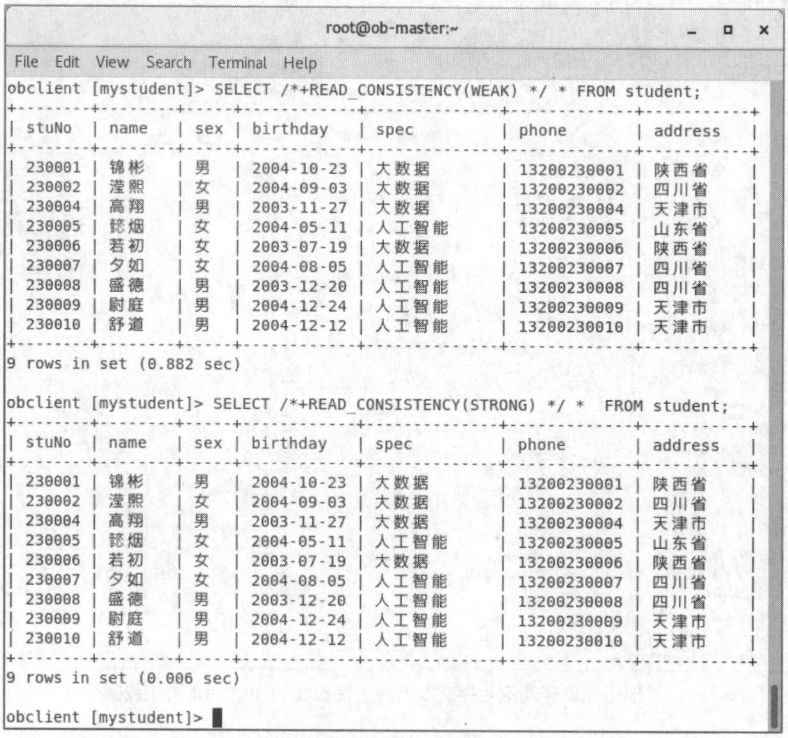

图 6-7　使用 Hint 方式分别指定弱一致性和强一致性读 student 表

任务 6.2 管理分布式执行计划

任务描述

并行查询技术可以用于分布式执行计划的执行，也可以用于本地查询计划的执行。本任务涉及认识 SQL 执行计划、认识分布式执行计划和并行查询、生成分布式执行计划、启用并行查询、控制分布式执行计划和优化并行查询 6 个技能点，通过对这 6 个技能点的学习，完成使用分布式执行计划查询数据的操作。

任务技能

技能点 6.2.1 认识 SQL 执行计划

执行计划是对一条 SQL 查询语句在数据库中执行过程的描述。用户可以通过 EXPLAIN 命令查看优化器针对指定 SQL 语句生成的逻辑执行计划。如果要分析某条 SQL 语句的性能问题，通常需要先查看 SQL 语句的执行计划，排查 SQL 语句执行的每一步是否存在问题。所以读懂执行计划是优化 SQL 语句的先决条件，而了解执行计划的算子是理解 EXPLAIN 命令的关键。OceanBase 分布式数据库的执行计划命令有 3 种模式：EXPLAIN BASIC、EXPLAIN EXTENDED 和 EXPLAIN。这 3 种模式可展示执行计划的不同粒度的细节信息。

（1）EXPLAIN BASIC 命令用于最基本的执行计划展示。

（2）EXPLAIN EXTENDED 命令用于最详细的执行计划展示（通常在排查问题时使用这种展示模式）。

（3）EXPLAIN 命令所展示的信息可以帮助普通用户了解整个执行计划的执行方式。

EXPLAIN 语法格式如下所示。

```
obclient [(none)]> EXPLAIN [BASIC | EXTENDED | PARTITIONS | FORMAT = format_name]
[PRETTY | PRETTY_COLOR] explainable_stmt
format_name:
  { TRADITIONAL | JSON }
explainable_stmt:
  { SELECT statement
  | DELETE statement
  | INSERT statement
  | REPLACE statement
  | UPDATE statement }
```

EXPLAIN 命令结合 SELECT、DELETE、INSERT、REPLACE 或 UPDATE 语句一起使用，可显示优化器所提供的有关语句执行计划的信息，包括如何处理有关语句、如何连接表以及以何种顺序连接表等。

一般来说，可以使用 EXPLAIN EXTENDED 命令将数据表扫描的数据范围展示出来。使用 EXPLAIN OUTLINE 命令可以显示概述信息。

使用 EXPLAIN PARTITIONS 可用于检查涉及分区表的查询。

FORMAT 选项可用于选择输出格式。TRADITIONAL 表示以表格格式显示输出，这是默认设置。JSON 表示以 JSON 格式显示信息。

对于复杂的执行计划，可以使用 PRETTY 或者 PRETTY_COLOR 选项将执行计划树中的父节点和子节点使用线条连接起来，使得执行计划更方便阅读。

OceanBase 分布式数据库执行计划各字段含义如表 6-2 所示。

表 6-2 OceanBase 分布式数据库执行计划各字段含义

列名	含义
ID	执行树按照前序遍历的方式得到的编号（从 0 开始）
OPERATOR	操作算子的名称
NAME	对应数据表操作的表名（索引名）
EST.ROWS	估算操作算子的输出行数
COST	操作算子的执行代价（单位为 μs）

在表操作中，NAME 字段会显示该操作涉及的数据表的名称，如果是使用索引访问数据表，还会在数据表名称后的括号中展示该索引的名称，例如 t1(t1_c2) 表示使用了 t1_c2 索引。如果扫描的顺序是逆序，还会在后面使用 RESERVE 关键字标识，例如 t1(t1_c2,RESERVE)。

OceanBase 分布式数据库 EXPLAIN 命令输出的第一部分是执行计划的树形结构展示。其中每一个操作在树中的层次通过其在 operator（操作算子的名称）中的缩进进行展示，层次最深的优先执行，层次相同的以特定算子的执行顺序为标准来执行。

OceanBase 分布式数据库 EXPLAIN 命令输出的第二部分是各操作算子的详细信息，包括输出表达式、过滤条件、分区信息以及各算子的独有信息（包括排序键、连接键、下压条件等），语法格式如下所示。

```
Outputs & filters:
-------------------------------------
  0 - output([t1.c1], [t1.c2], [t2.c1], [t2.c2]), filter(nil), sort_keys([t1.c1, ASC], [t1.c2, ASC]),
      prefix_pos(1)
  1 - output([t1.c1], [t1.c2], [t2.c1], [t2.c2]), filter(nil),
      equal_conds([t1.c1 = t2.c2]), other_conds(nil)
  2 - output([t2.c1], [t2.c2]), filter(nil), sort_keys([t2.c2, ASC])
  3 - output([t2.c2], [t2.c1]), filter(nil),
      access([t2.c2], [t2.c1]), partitions(p0)
  4 - output([t1.c1], [t1.c2]), filter(nil),
      access([t1.c1], [t1.c2]), partitions(p0)
```

技能点 6.2.2 认识分布式执行计划和并行查询

OceanBase 分布式数据库基于 Shared-Nothing 的分布式系统构建，具有分布式执行计划生成和执行能力。如果数据库数据表的数据比较少，则不必进行分区，如果数据表的数据比较多，则需要根据上层业务需求谨慎选择分区键，以保证大多数查询能够使用分区键进行分区，从而减少数据访问量。

对于有关联的表，建议使用关联键作为分区键，并采用相同分区方式，使用表组将相同的分区配置在同样的节点上，以减少跨节点的数据交互。

并行查询是指通过对查询计划的并行化执行，提升对每一个查询计划的 CPU 和 IO 处理能力，从而缩短单个查询的响应时间。并行查询技术可以用于分布式执行计划，也可以用于本地查询计划。

当单个查询的访问数据不在同一个节点上时，需要通过数据重分布的方式，将相关数据执行分发到相同的节点进行计算。以每一次的数据重分布节点为上下界，OceanBase 分布式数据库的执行计划在垂直方向上被划分为多个数据流对象，而每一个数据流对象可以被切分为指定并行度的任务，通过并发执行来提高执行效率。

一般情况下，当并行度提高时，查询的响应时间会缩短，更多的 CPU、IO 和内存资源会被用于执行查询命令。对于支持大数据量查询处理的决策支持系统（Decision Support System，DSS）或者数据仓库型应用来说，查询时间的缩短更加明显。

整体来说，并行查询的思路和分布式执行计划有相似之处，即将执行计划分解之后，执行计划的每个部分由多个执行线程执行，通过一定的调度方式，实现执行计划的数据流对象之间的并发执行和数据流对象内部的并发执行。并行查询特别适用于在线交易场景的批量更新操作、创建索引和维护索引等操作。

当系统满足以下条件时，并行查询可以有效提升系统处理性能。

（1）充足的输入/输出带宽。

（2）系统 CPU 负载较小。

（3）有充足的内存资源。

如果系统没有充足的资源进行额外的并行处理，使用并行查询或者提高并行度并不能提升系统处理性能。在系统过载的情况下，操作系统会被迫进行更多的调度（例如执行上下文切换），可能会导致系统处理性能降低。

在 DSS 中，通常需要访问大量数据，这时并行执行能够缩短响应时间。对于简单的 DML 操作或者涉及数据量比较小的查询来说，使用并行查询并不能很明显地缩短查询响应时间。

OceanBase 分布式数据库的数据以分片的形式存储于多个节点，节点之间通过千兆、万兆网络通信。一般会在每个节点上部署一个 observer 进程，它是 OceanBase 分布式数据库对外服务的主体。数据分片存储如图 6-8 所示。

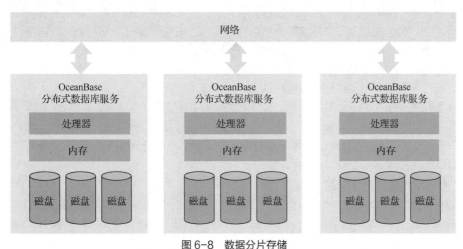

图 6-8　数据分片存储

OceanBase 分布式数据库会根据一定的均衡策略将数据分片均衡到多个 observer 进程上，因此一个并行查询一般需要同时访问多个 observer 进程。分片均衡策略举例如图 6-9 所示。

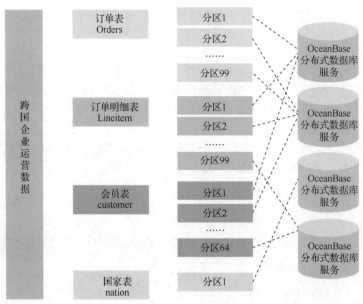

图 6-9 分片均衡策略举例

1. SQL 语句并行执行流程

当用户指定的 SQL 语句需要访问的数据位于两台或两台以上 OBServer 时，会启用并行执行，用户所连接的 OBServer 将扮演查询协调者（Query Coordinator，QC）的角色，并执行如下步骤。

（1）QC 预约足够的线程资源。

（2）QC 将需要并行执行的计划拆成多个子计划，即 DFO（Data Flow Operation，表示一个可以并行执行的操作）。每个 DFO 包含若干个串行执行的算子。例如一个 DFO 包含扫描分区、聚集和发送算子等任务，另外一个 DFO 包含收集、聚集算子等任务。

（3）QC 按照一定的逻辑顺序将 DFO 调度到合适的 OBServer 执行，OBServer 会临时启动一个辅助协调者（Sub Query Coordinator，SQC），SQC 负责在所在的 OBServer 上为各 DFO 申请执行资源、构造执行上下文环境等，然后启动 DFO 在各个 OBServer 上并行执行。

（4）当各 DFO 执行完毕后，QC 会串行执行剩余部分的计算。例如，一个并行的 COUNT 算法最终需要 QC 将各个计算机上的计算结果进行 SUM 运算。

（5）QC 所在线程将结果返回给客户端。

优化器负责决策生成一个并行计划，QC 负责具体执行该计划。例如，两分区表连接查询，优化器根据规则和代价信息，可能生成一个分布式的 PARTITION WISE JOIN 计划，也可能生成一个 HASH 分布式连接查询计划。计划一旦确定，QC 就会将计划分成多个 DFO，进行有序地调度执行。QC 的执行步骤如图 6-10 所示。

2. 并行度与任务划分方法

通过并行度（Degree of Parallelism，DOP）可以指定使用多少个线程来执行一个 DFO。目前 OceanBase 分布式数据库通过 PARALLEL Hint 来确定 DOP。确定 DOP 后，会将 DOP 分到需要运行 DFO 的多个 OBServer 上。

对于包含扫描的 DFO，OceanBase 分布式数据库会计算 DFO 需要访问哪些分区、这些分区分布在哪些 OBServer 上，然后将 DOP 按比例划分给对应的 OBServer。例如，DOP 为 6，DFO 要访问 120 个分区，其中 server1 上有 60 个分区，server2 上有 40 个分区，server3 上有 20 个分区,那么会分 3 个线程给 server1,分 2 个线程给 server2,分 1 个线程给 server3,达到平均每个线程可以处理 20 个分区的效果。如果 DOP 和分区数不能整除,OceanBase 分布式数据库会进行一定的调整。

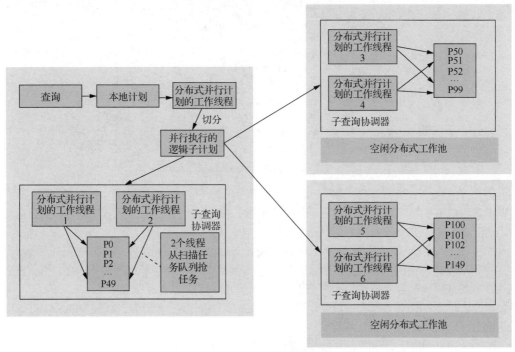

图 6-10　QC 的执行步骤

如果每个计算机上分得的线程数远大于分区数,OceanBase 分布式数据库会自动进行分区内并行。每个分区会以宏块(数据库中使用宏块来存储数据,每张表可能包含多个宏块,每个宏块占用 2M 空间。宏块内包含一个或者多个微块,每个微块内包含一行或者多行数据)为单位分成若干个扫描任务,由多个线程争抢执行。

为了将这种划分能力进行抽象和封装,引入 Granule 的概念,作为表和索引扫描的最小工作任务粒度。扫描任务称为 Granule,扫描任务既可以是扫描一个分区,也可以是扫描分区中的一小块。DOP 与任务划分方法如图 6-11 所示。

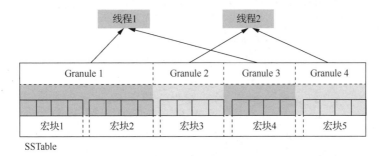

图 6-11　DOP 与任务划分方法

3. 并行调度方法

优化器生成并行计划后,QC 会将其切分成多个 DFO,如图 6-12 所示。

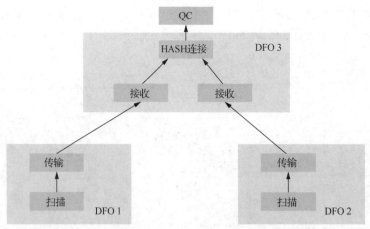

图 6-12 QC 将并行计划切分成多个 DFO

将 t1 表和 t2 表进行 HASH 连接,切分成 3 个 DFO,DFO1 和 DFO2 负责并行扫描数据,将数据传送到对应节点,DFO3 负责进行 HASH 连接,并将最终的结果汇总到 QC,QC 会尽量使用两组线程来完成计划的调度,具体流程如下。

(1) QC 调度 DFO1 和 DFO3,DFO1 开始执行后就开始扫描数据,并传送给 DFO3。

(2) DFO3 开始执行后,首先会阻塞在 HASH 连接创建 Hash Table 的步骤上,也就是会从 DFO1 收集数据,直至全部收集完成、建立 Hash Table 完成。然后 DFO3 会从右边的 DFO2 收集数据。这时候 DFO2 还没有被调度起来,所以 DFO3 会占用接收数据的线程。DFO1 把数据都发送给 DFO3 后,DFO3 退出线程资源。

(3) 调度器回收了 DFO1 的线程资源后,会立即调度 DFO2。

(4) DFO2 开始运行后就开始发送数据给 DFO3,DFO3 每收到一行 DFO2 的数据就回到 Hash Table 中查表,如果命中,就会立即向上输出给 QC,QC 负责将结果输出给客户端。

4. 网络通信方法

对于一对有关联的 Child DFO 和 Parent DFO,Child DFO 作为生产者分配了 M 个线程,Parent DFO 作为消费者分配了 N 个线程。它们之间的数据传输需要用到 M×N 个网络通道,网络通信方法如图 6-13 所示。

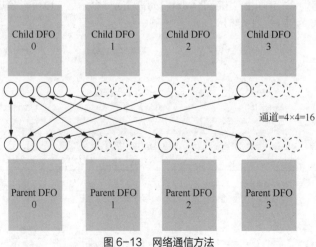

图 6-13 网络通信方法

为了更好地讲解这种网络通信方法，引入了数据传输层（Data Transfer Layer，DTL）的概念，任意两点之间的通信连接使用通道（Channel）的概念来描述。

通道分为发送端和接收端，在最初的实现中我们允许发送端无限地给接收端发送数据，但如果接收端无法立即消费这些数据，可能会导致接收端内存被占满，所以加入流控逻辑。每个通道的接收端预留了 3 个槽位，当槽位被数据占满时会通知发送端暂停发送数据；当接收端数据被消费，空闲槽位出现时，通知发送端继续发送。

技能点 6.2.3　生成分布式执行计划

OceanBase 分布式数据库的优化器会分两个阶段来生成分布式执行计划。这两个阶段生成分布式执行计划的方式如下。

第一阶段：不考虑数据的物理分布，生成所有基于本地关系优化的最优执行计划，即本地计划。在本地计划生成后，优化器会检查数据是否访问了多个分区，或者是否访问的是本地单分区表。

第二阶段：生成分布式执行计划。根据执行计划树，在需要进行数据重分布的地方，插入 EXCHANGE 算子，从而将原先的本地计划变成分布式执行计划。

生成分布式执行计划的过程就是在原始计划树上寻找恰当位置插入 EXCHANGE 算子的过程，在自顶向下遍历计划树的时候，需要根据相应算子的数据处理情况以及输入算子的数据分区情况，决定是否需要插入 EXCHANGE 算子。

假设当前表 t1 是一个分区表，可以在 TABLE SCAN 上插入配对的 EXCHANGE 算子，从而将 TABLE SCAN 和 EXCHANGEOUT 封装成一个 Job（任务），并且可以用于并行执行，示例如下所示。

```
obclient[(none)]> CREATE TABLE t1 (v1 INT, v2 INT) PARTITION BY HASH(v1)
obclient[(none)]> EXPLAIN SELECT * FROM t1\G
```

1. 单输入可下压算子

单输入可下压算子主要包括 AGGREGATION、SORT、GROUP BY 和 LIMIT 等算子，除了 LIMIT 算子以外，其余所列举的算子都有一个操作的键，如果操作的键和输入数据的分布是一致的，则可以做一阶段分区聚合操作，即 Partition Wise Aggregation。如果操作的键和输入数据的分布是不一致的，则需要做两阶段聚合操作，聚合算子通过并行执行的方式，将对应的算子下压到各个计算节点上，充分利用集群的计算资源，提升执行效率。聚合操作语法格式如下所示。

```
obclient[(none)]> CREATE TABLE t2 (v1 INT, v2 INT) PARTITION BY HASH(v1) PARTITIONS 4;
obclient[(none)]> EXPLAIN SELECT SUM(v1) FROM t2 GROUP BY v1\G
```

2. 二元输入算子

二元输入算子主要考虑 JOIN 算子的情况。对于 JOIN 算子来说，主要基于规则来生成分布式执行计划和选择数据重分布方法。JOIN 算子主要有以下 3 种连接方式。

（1）智能化分区连接。当左右表都是分区表、分区方式相同、物理分布一致，并且 JOIN 的连接条件为分区键时，可以使用以分区为单位的连接方法，语法格式如下所示。

```
obclient[(none)]> CREATE TABLE t3 (v1 INT, v2 INT) PARTITION BY HASH(v1)
obclient[(none)]> EXPLAIN SELECT * FROM t2, t3 WHERE t2.v1 = t3.v1\G
```

（2）部分分区按顺序连接。当左右表中的一个表为分区表，另一个表为非分区表，或者两者皆为分区表但是连接键仅和其中一个分区表的分区键相同时，会以分区表的分区分布为基准，重新分布另一个表的数据，语法格式如下所示。

```
obclient[(none)]> CREATE TABLE t4 (v1 INT, v2 INT) PARTITION BY HASH(v1) PARTITIONS 3;
obclient[(none)]> EXPLAIN SELECT * FROM t4, t2 WHERE t2.v1 = t4.v1\G
```

（3）数据重分布。当连接键和左右表的分区键都没有关系时，可以根据规则来选择使用 BROADCAST 还是 HASH 的数据重分布方式，语法格式如下所示。

```
#方式一
obclient[(none)]>EXPLAIN SELECT /*+ PARALLEL(2)*/* FROM t4, t2 WHERE t2.v2 = t4.v2\G
#方式二
obclient[(none)]>EXPLAIN SELECT /*+ PQ_DISTRIBUTE(t2 HASH HASH) PARALLEL(2)*/* FROM t4, t2
```

需要注意的是，只有在 DOP 大于 1 时，上述示例中的两种数据重分布才能被选中。

技能点 6.2.4　启用并行查询

OceanBase 分布式数据库启用分区表并行查询、非分区表并行查询、多表并行查询的方式如下所示。

1. 启用分区表并行查询

针对分区表的查询，如果查询的目标分区数大于 1，系统会自动启用并行查询，并行度由系统默认指定为 1。

创建一个分区表 ptable，对 ptable 进行全表数据的扫描操作，通过 EXPLAIN 命令查看生成的执行计划。通过执行计划可以看出，分区表默认的并行查询的 DOP 值为 1。如果 OceanBase 分布式数据库集群一共有 3 个 OBServer，表 ptable 的 16 个分区分散在 3 个 OBServer 中，那么每一个 OBServer 都会启动一个工作线程（Worker Thread）来执行分区数据的扫描工作，总共需要启动 3 个工作线程来执行表的扫描工作，语法格式如下所示。

```
obclient[(none)]> CREATE TABLE ptable(c1 INT, c2 INT) PARTITION BY HASH(c1) PARTITIONS 16;
obclient[(none)]> EXPLAIN SELECT * FROM ptable\G
```

针对分区表，通过添加 PARALLEL Hint 启动并行查询，并指定 DOP 值，通过 EXPLAIN 命令查看生成的执行计划，语法格式如下所示。

```
obclient[(none)]> EXPLAIN SELECT /*+ PARALLEL(8) */ * FROM ptable\G
```

通过执行计划可以看出，并行查询的 DOP 值为 8。如果查询分区所在的 OBServer 的个数小于等于 DOP 值，那么工作线程（总个数等于 DOP 值）会按照一定的策略分配到涉及的 OBServer 上；如果查询分区所在的 OBServer 的个数大于 DOP 值，那么每一个 OBServer 都会至少启动一个工作线程，总共需要启动的工作线程的数目会大于 DOP 值。

例如，当 DOP 值为 8 时，如果 16 个分区均匀分布在 4 个 OBServer 节点上，那么每一个 OBServer 上都会启动 2 个工作线程来扫描其对应的分区（一共启动 8 个工作线程）；如果 16 个分区分布在 16 个 OBServer 节点上（每一个节点对应一个分区），那么每一台 OBServer 上都会启动 1 个工作线程来扫描其对应的分区（一共启动 16 个工作线程）。

如果针对分区表的查询的分区数目小于等于 1，系统不会启动并行查询。对 ptable 表的查询添加一个过滤条件 c1=1，语法格式如下所示。

```
obclient[(none)]> EXPLAIN SELECT * FROM ptable WHERE c1 = 1\G
```

通过执行计划可以看出，查询的目标分区个数为 1，系统没有启动并行查询。如果希望针对一个分区的查询也能够进行并行执行，就只能通过添加 PARALLEL Hint 的方式进行分区内并行查询，通过 EXPLAIN 命令查看生成的执行计划，语法格式如下所示。

```
obclient[(none)]> EXPLAIN SELECT /*+ PARALLEL(8) */ * FROM ptable WHERE c1 = 1\G
```

2. 启用非分区表并行查询

非分区表本质上是只有 1 个分区的分区表，因此针对非分区表的查询，只能通过添加 PARALLEL Hint 的方式启动分区内并行查询，否则不会启动并行查询。

创建一个非分区表 stable，对 stable 进行全表数据的扫描操作，通过 EXPLAIN 命令查看生成的执行计划，语法格式如下所示。

```
obclient[(none)]> CREATE TABLE stable(c1 INT, c2 INT);
obclient[(none)]> EXPLAIN SELECT * FROM stable\G
```

通过执行计划可以看出，在非分区表不使用 Hint 的情况下，不会启动并行查询。

针对非分区表，通过添加 PARALLEL Hint，启动分区内并行查询，并指定 DOP 值（大于或等于 2），通过 EXPLAIN 命令查看生成的执行计划，语法格式如下所示。

```
obclient[(none)]> EXPLAIN SELECT /*+ PARALLEL(4)*/ * FROM stable\G
```

3. 启用多表并行查询

在查询中，多表 JOIN 查询较为常见。对于多表的场景，如果查询的分区数都大于 1，每个表都会采用并行查询。创建两个分区表 p1table 和 p2table，语法格式如下所示。

```
obclient[(none)]> CREATE TABLE p1table(c1 INT ,c2 INT) PARTITION BY HASH(c1) PARTITIONS 2;
obclient[(none)]> CREATE TABLE p2table(c1 INT ,c2 INT) PARTITION BY HASH(c1) PARTITIONS 4;
```

通过条件 p1table.c1=p2table.c2 进行连接查询，默认情况下针对 p1table 与 p2table（两个表需要查询的分区数均大于 1）会采用并行查询，DOP 默认为 1。同样也可以通过 PARALLEL Hint 的方式来改变并行度。

改变连接的条件为 p1table.c1=p2table.c2 和 p2table.c1=1，这样针对 p2table 表仅仅会选择单个分区，语法格式如下所示。

```
obclient[(none)]>EXPLAIN SELECT * FROM p1table p1 JOIN p2table p2 ON p1.c1=p2.c2 AND p2.c1=1\G
```

p2table 表仅需要扫描一个分区，在默认情况下不进行并行查询；p1table 表需要扫描两个分区，在默认情况下进行并行查询。同样，也可以通过添加 PARALLEL Hint 的方式改变，使 p2table 表针对一个分区的查询变为分区内并行查询。

技能点 6.2.5　控制分布式执行计划

一般情况下，优化器能够自动选择最优的执行计划，无须人为控制。计划不优时，分布式执行计划可以使用 Hint 控制，以提高 SQL 查询性能。分布式执行计划支持的 Hint 包括 PARALLEL、ORDERED、LEADING、USE_NL 等。

1. PARALLEL Hint

PARALLEL Hint 用于指定分布式执行的并行度。启用 3 个线程并行执行扫描，语法格式如下所示。

```
obclient[(none)]> SELECT /*+ PARALLEL(3) */ MAX(L_QUANTITY) FROM tbl1;
```

OceanBase 分布式数据库也支持表级别的 PARALLEL Hint，语法格式如下所示。

```
/*+ PARALLEL(table_name n) */
```

如果同时指定了全局 DOP 和表级 DOP，则表级 DOP 不会生效。需要注意的是，在复杂查询中，调度器可以调度 2 个 DFO 并行流水执行，此时，启用的线程数量为 DOP 的 2 倍，即 PARALLEL×2。

2. ORDERED Hint

ORDERED Hint 用于指定并行查询计划中连接的顺序，严格按照 FROM 语句中的顺序生成。强制要求 customer 为左表，orders 为右表，并且使用 NESTED LOOP JOIN，语法格式如下所示。

```
obclient[(none)]>CREATE TABLE lineitem(
    l_orderkey              NUMBER(20) NOT NULL ,
    l_linenumber            NUMBER(20) NOT NULL ,
    l_quantity              NUMBER(20) NOT NULL ,
    l_extendedprice         DECIMAL(10,2) NOT NULL ,
    l_discount              DECIMAL(10,2) NOT NULL ,
    l_tax                   DECIMAL(10,2) NOT NULL ,
    l_shipdate              DATE NOT NULL,
    PRIMARY KEY(L_ORDERKEY, L_LINENUMBER));
CREATE TABLE customer(
    c_custkey               NUMBER(20) NOT NULL ,
    c_name                  VARCHAR(25) DEFAULT NULL,
    c_address               VARCHAR(40) DEFAULT NULL,
    c_nationkey             NUMBER(20) DEFAULT NULL,
    c_phone                 CHAR(15) DEFAULT NULL,
    c_acctbal               DECIMAL(10,2) DEFAULT NULL,
    c_mktsegment            CHAR(10) DEFAULT NULL,
    c_comment               VARCHAR(117) DEFAULT NULL,
    PRIMARY KEY(c_custkey));
 CREATE TABLE orders(
    o_orderkey              NUMBER(20) NOT NULL ,
    o_custkey               NUMBER(20) NOT NULL ,
    o_orderstatus           CHAR(1) DEFAULT NULL,
    o_totalprice            DECIMAL(10,2) DEFAULT NULL,
    o_orderdate             DATE NOT NULL,
    o_orderpriority         CHAR(15) DEFAULT NULL,
    o_clerk                 CHAR(15) DEFAULT NULL,
    o_shippriority          NUMBER(20) DEFAULT NULL,
    o_comment               VARCHAR(79) DEFAULT NULL,
    PRIMARY KEY(o_orderkey,o_orderdate,o_custkey));
obclient[(none)]> INSERT INTO lineitem VALUES(1,2,3,6.00,0.20,0.01,'01-JUN-02');
obclient[(none)]> INSERT INTO customer VALUES(1,'Leo',null,null,'1390000****',null,'BUILDING',null);
obclient[(none)]> INSERT INTO orders VALUES(1,1,null,null,'01-JUN-20',10,null,8,null);
obclient[(none)]>SELECT /*+ ORDERED USE_NL(orders) */o_orderdate, o_shippriority
        FROM customer, orders WHERE c_mktsegment = 'BUILDING' AND
          c_custkey = o_custkey GROUP BY o_orderdate, o_shippriority;
```

写 SQL 语句时，ORDERED 较为有用，在用户知道连接的最佳顺序时，可以将表按照顺序写在 FROM 的后面，然后加上 ORDERED Hint。

3. LEADING Hint

LEADING Hint 用于指定并行查询计划中最先连接哪些表，LEADING 中的表从左到右的顺序，也是连接的顺序。它比 ORDERED 有更强的灵活性。

需要注意的是，如果 ORDERED Hint 和 LEADING Hint 同时使用，则仅 ORDERED Hint 生效。

4. PQ_DISTRIBUTE Hint

PQ Hint 即 PQ_DISTRIBUTE，用于指定并行查询计划中的数据分布方式。PQ Hint 会改变分布式连接时的数据分布方式，PQ Hint 的语法格式如下所示。

```
PQ_DISTRIBUTE(tablespec outer_distribution inner_distribution)
```

参数说明如下。

（1）tablespec：指定关注的表，关注连接的右表。

（2）outer_distribution：指定左表的数据分发方式。

（3）inner_distribution：指定右表的数据分发方式。

两表的数据分发方式共有以下 5 种。

（1）HASH、HASH。

（2）BROADCAST、NONE NONE。

（3）BROADCAST PARTITION。

（4）NONE NONE、PARTITION。

（5）NONE、NONE。

其中，带分区的两种分发方式要求左表或右表有分区，而且分区键就是连接的键。若不满足要求，则 PQ Hint 不会生效。

技能点 6.2.6 优化并行查询

OceanBase 分布式数据库并行查询的参数决定了并行查询的速度，下面主要讲解 DOP 和 EXCHANGE 等相关参数。

1. DOP 参数

DOP 参数主要决定每个查询并发时的线程个数。DOP 参数如表 6-3 所示。

表 6-3 DOP 参数

参数名称	描述	取值范围	默认值	配置建议
parallel_servers_target	准备排队之前，检查查询要求的 DOP 和已统计的线程总和是否超过该值。如果超过该值，则查询需要排队，否则查询继续执行	[0, 1800]	10	该参数主要是控制并行查询场景下，当准备进行并行查询时，如果没有足够的线程处理查询，是继续进行还是排队等待
_force_parallel_query_dop	该参数在会话中指定查询 SQL 语句的默认 DOP，在没有指定 PARALLEL Hint 的情况下，查询 SQL 语句的 DOP 受此参数控制	[1,+∞)	1	根据实际需要设置。例如同一个会话中要运行一批并行查询 SQL 语句又不想手动给每条 SQL 语句加上 Hint 时，建议使用此参数
_force_parallel_dml_dop	该参数在会话中指定 DML SQL 语句的默认 DOP，在没有指定 PARALLEL Hint 的情况下，DML SQL 语句的 DOP 受此参数控制	[1,+∞)	1	根据实际需要设置。例如同一个会话中要运行一批并行 DML SQL 语句又不想手动给每条 SQL 语句加上 Hint 时，建议使用此参数

2. EXCHANGE 的 Shuffle 参数

EXCHANGE 的 Shuffle 参数主要用于控制在 DFO 之间进行数据传输时的缓存大小。OceanBase 分布式数据库将数据传输封装成了 DTL 模块，EXCHANGE 的 Shuffle 参数如表 6-4 所示。

表 6-4　EXCHANGE 的 Shuffle 参数

参数名称	描述	取值范围	默认值	配置建议
dtl_buffer_size	控制 EXCHANG 算子之间（即 Transmit 和 Receive 之间）发送数据时，每次发送数据的缓存的大小。即当数据达到了该值上限才进行发送，减少每行传输的代价	[0,1800]	10	并行查询场景下，EXCHANGE 算子之间发送数据依赖于该参数，一般不需要调整该参数，如果为了减少发送数据次数可以尝试进行修改

可以通过 SHOW PARAMETERS 来查看参数的值，语法格式如下所示。
obclient[(none)]>SHOW PARAMETERS LIKE '%dtl%';

其他并行参数如表 6-5 所示。

表 6-5　其他并行参数

参数名称	描述	取值	默认值	配置建议
_enable_px_batch_rescan	控制在 NLJ 生成分布式 PX RESCAN 执行计划时是否使用 BATCH RESCAN	True 或 False	True	配置为 True 会获得更好的性能，但会消耗更多的内存
_bloom_filter_enabled	控制在 HASH 连接场景下是否开启 BLOOM FILTER	True 或 False	True	在并行度大于 1 的情况下默认开启，如果 HASH 连接的连接条件过滤性不佳，打开 BLOOM FILTER 会有额外的开销，在此场景可以考虑关闭 BLOOM FILTER 功能

任务实施　使用分布式执行计划查询数据

完成认识 SQL 执行计划、认识分布式执行计划和并行查询、生成分布式执行计划、启用并行查询、控制分布式执行计划以及优化并行查询等相关知识的学习后，可通过以下几个步骤实现使用分布式执行计划查询数据操作。

（1）对 student 表和 score 表进行连接查询，统计出各门课程成绩最高的学生信息的基本执行计划，命令如下所示。

```
obclient [myStudent]> EXPLAIN BASIC SELECT s.name,sc.stuNo,sc.couNo,MAX(result) AS maxscore
FROM student s,score sc
WHERE s.stuNo=sc.stuNo
GROUP BY couNo;
```

基本执行计划结果如图 6-14 所示。

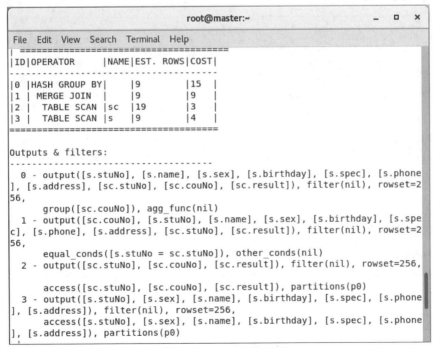

图 6-14 基本执行计划

（2）查看 student 表和 score 表连接查询的完整执行计划，命令如下所示。

```
obclient [mystudent]> EXPLAIN   SELECT * FROM student s,score sc WHERE s.stuNo=sc.stuNo GROUP BY couNo;
```

查看完整执行计划结果如图 6-15 所示。

图 6-15 查看完整执行计划

（3）使用单输入可下压算子 GROUP BY 对 student 表中的 address 字段进行分组查询，查看执行计划，命令如下所示。

obclient [mystudent]> EXPLAIN SELECT * FROM student GROUP BY address;

查看执行计划结果如图 6-16 所示。

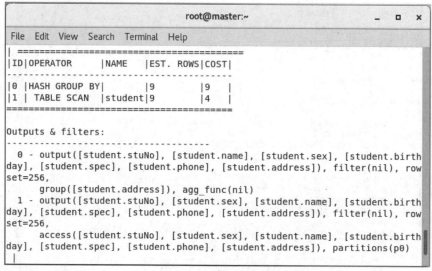

图 6-16　查看执行计划

（4）启用 3 个 Worker 并行执行扫描 score 表，统计出最高成绩，命令如下所示。

obclient [mystudent]> SELECT /*+ PARALLEL(3) */ MAX(result) FROM score;

统计出最高成绩结果如图 6-17 所示。

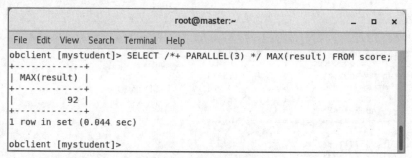

图 6-17　统计出最高成绩

项目总结

通过对事务管理与分布式执行计划相关知识的学习，可以对数据库事务与分布式执行计划有所了解，对数据并发性、事务隔离级别、分布式执行计划和并行查询的操作方法、分布式执行计划管理方法有所掌握，并能够通过所学知识进行事务操作以及使用分布式执行计划查询数据。

课后习题

1. 选择题

（1）如果一个事务中的 SQL 语句中只有查询语句，这个事务通常称为（　　）。

　　A. 查询事务　　　　B. 只读事务　　　　C. SQL 事务　　　　D. 搜寻事务

（2）可以通过（　　）语句提交事务。
　　　A．ACTIONS　　　　B．ADD　　　　C．COMMIT　　　　D．PUSH
（3）当单个查询的访问数据不在同一个节点上时，需要通过（　　）的方式，将相关数据执行分发到相同的节点进行计算。
　　　A．数据重构　　　　B．数据重组　　　　C．数据重排列　　　　D．数据重分布
（4）OceanBase 分布式数据库并行查询的（　　）决定了并行查询的速度。
　　　A．参数　　　　B．结构　　　　C．对象　　　　D．大小
（5）通过（　　）语句回滚事务。
　　　A．CANCEL　　　　B．ABORTED　　　　C．ROLLBACK　　　　D．REFUSE

2．简答题

（1）简述事务隔离级别的使用场景。
（2）简述优化并行查询的常用参数。

项目7
认识存储架构

项目导言

对于一个大规模集群的存储系统而言，服务器宕机、交换机失效是常发生的故障，数据库程序员需要进行系统设计确保故障发生时系统依然可用。在系统架构层面，保证高可用的方式包含服务器热备、数据多份存储等，这些方式使整个集群在部分计算机故障的情况下可以进行失效转移，保证系统整体依然可用、数据持久可靠。本项目包含两个任务，分别为存储数据和转储合并，任务7.1主要讲解OceanBase分布式数据库的存储架构、数据存储、MemTable、SSTable、压缩与编码，任务7.2主要介绍数据转储和合并。

学习目标

知识目标
- 了解存储架构的概念；
- 熟悉数据存储的方法；
- 了解数据的转储和合并。

技能目标
- 具备对数据进行压缩与编码的能力；
- 具备使用MemTable和SSTable的能力。

素养目标
- 具有较强的劳动组织能力、集体意识和社会责任心；
- 具有发现问题、分析问题、解决问题的能力。

任务7.1 存储数据

任务描述

当需要数据库中的数据时，要将其从磁盘读取到内存中。然而，在数据存储中，内存离CPU较近，存取速度较快，而磁盘离CPU较远，存取速度较慢。因此，在设计数据库时，出于对运行速度的考虑，应当尽可能地减少磁盘I/O。一般来说，磁盘的顺序读取速度大于其随机读取速度，因此，数据库更希望读取磁盘上连续的数据。本任务涉及存储架构、数据存储、MemTable、SSTable和压缩与编码5个技能点，通过对这5个技能点的学习，完成设置学生管理数据库中表压缩方式与数据编码格式的操作。

任务技能

技能点 7.1.1 认识存储架构

OceanBase 分布式数据库的存储引擎基于 LSM-Tree 架构,将数据分为静态基线数据(放在 SSTable 中)和动态增量数据(放在 MemTable 中)两部分,其中基线数据是只读的,一旦生成就不能被修改,存储于磁盘;增量数据支持读写,存储于内存。进行数据库 DML 操作(如插入、更新、删除等)时,先将数据写入 MemTable,等到 MemTable 达到一定大小时转储到磁盘成为 SSTable。在进行查询时,需要分别对 SSTable 和 MemTable 进行查询,并将查询结果进行归并,返回归并后的查询结果给 SQL 层。在内存实现块缓存(Block Cache)和行缓存(Row Cache),可避免对基线数据的随机读取。OceanBase 分布式数据库存储架构如图 7-1 所示。

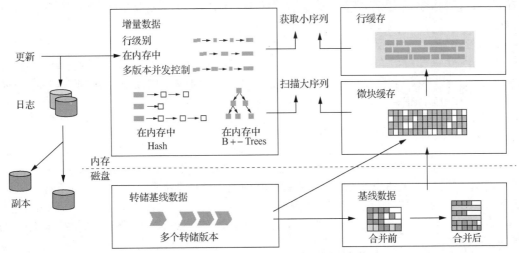

图 7-1 OceanBase 分布式数据库存储架构

当内存的增量数据达到一定规模的时候,会触发增量数据和基线数据的合并,把增量数据落盘。同时,每天晚上的空闲时刻,系统也会自动进行每日合并。另外,OceanBase 分布式数据库本质上是一个"基线加增量"的存储引擎,在保持 LSM-Tree 架构优点的同时也借鉴了部分传统关系数据库存储引擎的优点。传统数据库把数据分成很多页面(传统数据库通常使用固定大小的页面存储数据,表、集合、行、列等最终都以字节形式存在页面中),OceanBase 分布式数据库也借鉴了传统数据库的思想,把数据文件以 2MB 为基本粒度切分为一个个宏块,在每个宏块内部继续拆分出多个变长的微块;而在合并时数据会基于宏块的粒度进行重用,没有更新的数据宏块不会被重新打开并读取,这样能够尽可能减少合并期间的写放大,相较于传统的 LSM-Tree 架构数据库可显著降低合并代价。

由于 OceanBase 分布式数据库采用"基线加增量"的设计,一部分数据为基线数据,另一部分为增量数据,原则上每次查询既要读基线数据,也要读增量数据。为此,OceanBase 分布式数据库做了很多的优化,尤其是针对单行的优化。在 OceanBase 分布式数据库内部除了对数据块进行缓存之外,也会对行进行缓存,行缓存会极大提升对单行的查询性能。对于不存在行的"空查",会构建布隆过滤器,并对布隆过滤器进行缓存。OLTP 业务大部分操作为小查询,通过对小查询的优化,OceanBase 分布式数据库节省了传统数据库解析整个数据块的开销,达到了接近内存数据库的性能。另外,由于基线数据是只读数据,而且基线内部采用连续存储的方式,OceanBase 分布式数据库可以采用压缩算法，既能实现高压缩比，又不影响查询性能，大大降低了成本。

借鉴经典数据库的部分优点，OceanBase 分布式数据库提供的更为通用的 LSM-Tree 架构的关系数据库存储引擎具备以下特性。

（1）低成本

利用 LSM-Tree 写入数据不再更新的特点，通过自研行列混合编码叠加通用压缩算法，OceanBase 分布式数据库的数据存储压缩比较传统数据库提升 10 多倍。

（2）易使用

不同于其他 LSM-Tree 数据库，OceanBase 分布式数据库通过支持活跃事务的落盘保证用户的大事务/长事务的正常运行或回滚，通过多级合并和转储机制来帮助用户在性能和空间上找到更好的平衡。

（3）高性能

OceanBase 分布式数据库提供了多级 Cache 加速来保证极短的响应延时，而对于范围扫描，存储引擎能够利用数据编码特征支持查询过滤条件的计算下压（计算优化策略），并提供原生的向量化支持。

（4）高可靠

除了全链路的数据检验之外，利用原生分布式的优势，OceanBase 分布式数据库还会在全局合并时通过多副本比对以及主表和索引表比对的校验来保证用户数据的正确性，同时提供后台线程定期扫描以规避静默错误。

技能点 7.1.2 认识数据存储

从 OceanBase 分布式数据库的存储视角看，存储结构里最上层是分区组（Partition Group，PG）。分区组是一个为了取得极限性能而抽象出来的概念。在一个用户的事务中，可能会操作很多个不同的表，在 OceanBase 分布式数据库的分布式架构下，很难保证这些不同的表在相同的服务器上，这势必会使用分布式事务，而分布式事务是依赖两阶段提交的，会有更大的开销；如果这些不同的表都在相同的服务器上，通过对这个事务做一阶段优化，可以取得更好的性能。但大多数情况下，表的位置其实是没有办法保证的。对于互联网中的很多应用，业务都会根据唯一标识做表的分区，并且多个表的分区规则都是相同的，这些表会构建成表组，表组中的相应分区被称为分区组，OceanBase 分布式数据库会保证同一个分区组中的多个分区始终绑定在一起，那么同一个分区组的事务操作就会被优化为单机事务，以取得更好的性能。OceanBase 分布式数据库数据存储结构如图 7-2 所示。

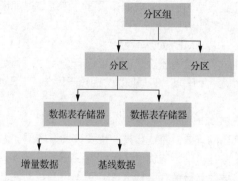

图 7-2 OceanBase 分布式数据库数据存储结构

在一个分区组中可能包含多个分区，注意这些分区的分区键和分区规则要完全相同。分区组是 OceanBase 分布式数据库的主副本选举和迁移复制的最小单位。这里的分区和 Oracle/MySQL

对于分区的定义基本相同。表的分区可能有很多种，例如 Hash 分区、Range 分区、List 分区等，但对于存储层来说，都一视同仁为分区。

另外，在 OceanBase 分布式数据库中，对于用户表支持创建局部索引，局部索引的特征就是会和主表绑定在同一个分区内部存储，主表和每个索引会独立存储在一个 Table Store 内，在每一个 Table Store 中会包含多个 SSTable 和 MemTable。

技能点 7.1.3 认识 MemTable

OceanBase 分布式数据库的内存存储引擎 MemTable 由 B-Tree 和 Hash Table 两部分组成，在插入、更新、删除数据时，数据被写入内存块，在 Hash Table 和 B-Tree 中存储的均为指向对应数据的指针。MemTable 中的数据结构如图 7-3 所示。

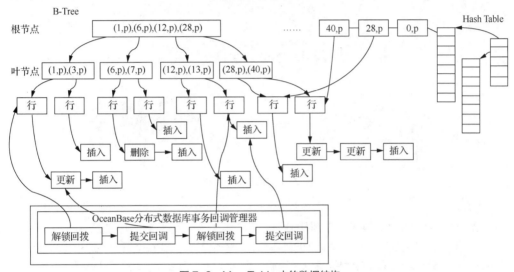

图 7-3　MemTable 中的数据结构

在 Hash Table 中插入一行数据的时候，需要先检查此行数据是否已经存在，当且仅当此行数据不存在时才能插入，检查冲突时，Hash Table 要比 B-Tree 快。事务在插入或更新一行数据的时候，需要找到此行并对其进行上锁，防止其他事务修改此行，OceanBase 分布式数据库的行锁在行头数据结构中，需要先找到它，才能上锁。但在进行范围查询时不应使用 Hash Table。

而 B-Tree 在进行范围查找时，由于 B-Tree 中的数据都是有序的，因此只需要搜索局部的数据。但在进行单行的查找时，由于需要进行大量的主键比较，而主键比较性能较差，因此理论上其性能比 Hash Table 差很多。

技能点 7.1.4 认识 SSTable

在 OceanBase 分布式数据库中，每个分区的基本存储单元就是 SSTable，当 MemTable 的大小达到某个阈值后，OceanBase 分布式数据库将 MemTable 冻结，然后将其中的数据转储于磁盘上，转储后的结构就称为 SSTable 或者 Minor SSTable。当集群发生全局合并时，每个分区所有的 Minor SSTable 会根据合并快照点一起进行合并（Major Compaction），最后会生成 Major SSTable。每个 SSTable 的构造方式类似，都由自身的元数据信息和一系列的数据宏块组成，每个数据宏块则可以划分为多个微块，根据用户表模式定义的不同，微块可以选择使用平铺模式或者编码格式进行数据行的组织，SSTable 组成如图 7-4 所示。

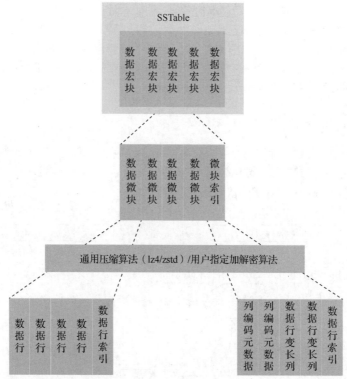

图 7-4　SSTable 组成

（1）宏块

OceanBase 分布式数据库将磁盘切分为若干个大小为 2MB 的定长数据块，它们称为宏块（Macro Block），宏块是数据文件写 I/O 的基本单位，每个 SSTable 由若干个宏块构成，宏块长度不可更改，后续转储、合并、重用宏块以及复制、迁移等任务都会以宏块为最基本粒度。

（2）微块

在宏块内部，数据被组织为多个大小为 16KB 的变长数据块，它们称为微块（Micro Block），微块中包含若干数据行，微块是数据文件读 I/O 的基本单位，有 flat（未编码）和 encoding（编码）两种存储格式。每个微块在构建时都会根据用户指定的压缩算法进行压缩，因此宏块上存储的实际是压缩后的微块，当从磁盘读取微块时，会在后台进行解压并将解压后的数据放入数据块缓存中。每个微块的大小可在用户创建表时指定，默认为 16KB，用户可以通过 ALTER TABLE 命令指定微块长度，但是它不能超过宏块大小，语法格式如下所示。

```
obclient[(none)]> ALTER TABLE mytest SET block_size = value;
```

其中，value 默认为 16384，即 16KB，取值范围为[1024,1048576]。

一般来说微块长度越大，数据的压缩比会越高，但相应的一次 I/O 读的代价也会越大；微块长度越小，数据的压缩比会越低，但相应的一次随机 I/O 读的代价会更小。

技能点 7.1.5　认识压缩与编码

数据库系统普遍都会对数据进行不同程度的压缩来降低存储成本、节省存储空间、提高存储效率，一些面向 OLAP 的列式存储数据库按列编码压缩，能够提高某些查询的效率。但对于大部分压缩算法，越高的压缩比也就意味着更复杂的计算和更慢的压缩/解压速度。在传统 B-Tree 存储结构的数据库中，数据压缩可能会给数据写入带来 CPU 的计算压力，影响写入性能。但

OceanBase 分布式数据库的 LSM-Tree 架构使数据在压缩时，不会影响数据的写入，同时也能够使用压缩比更高的方法，在一些客户的应用场景中也证明了 OceanBase 分布式数据库在压缩能力上的优势。

目前，OceanBase 分布式数据库的数据压缩与编码都是在微块的粒度上进行的。对于一个 encoding 格式的微块，需要经历"填充行 > 数据编码 > 通用压缩（可选）> 加密（可选）"的流程后才能完成构建，成为最后存储到磁盘的数据块，并写入定长的宏块中。这个流程中的通用压缩和数据编码就是 OceanBase 分布式数据库对数据进行压缩的两种方式。

1. 通用压缩

通用压缩指的是压缩算法在对数据内部的结构不了解的情况下，直接对数据块进行压缩。这种压缩往往根据二进制数据的特征进行编码来减少存储数据的冗余，并且压缩后的数据不能随机访问，压缩和解压都要以整个数据块为单位进行。对于数据块，OceanBase 分布式数据库支持 zlib、snappy、lz4 和 zstd 4 种压缩算法，在 OceanBase 分布式数据库内部对默认为 16KB 大小的微块进行压缩的测试中，压缩算法对比如表 7-1 所示。

表 7-1 压缩算法对比

	zlib	snappy	lz4	zstd
压缩等级	6	默认压缩等级	1	1
压缩速度	慢	快	快	慢
压缩效率	高	低	低	高
支持模式	MySQL	MySQL	MySQL、Oracle	MySQL、Oracle

OceanBase 分布式数据库支持通过 DDL 来对表级别的压缩/编码方式来进行配置。但对已经生成了 SSTable 的表进行压缩选项的变更时，为了避免给一次合并带来太大的 I/O 写入压力，需要通过渐进合并的方式逐渐重写全部的微块，来完成压缩选项的变更，语法格式如下所示。

```
# 建表时指定压缩选项
obclient[(none)]> CREATE TABLE table_name ROW_FORMAT [=] redundant | compact | dynamic | compressed | condensed | default COMPRESSION [=] none | lz4_1.0 | zstd_1.0 | snappy_1.0;
# 修改一个表的压缩选项
obclient[(none)]>ALTER TABLE table_name [SET] ROW_FORMAT [=] redundant | compact | dynamic | compressed | condensed | default  COMPRESSION [=] none | lz4_1.0 | zstd_1.0 | snappy_1.0;
```

压缩命令参数说明如表 7-2 所示。

表 7-2 压缩命令参数说明

参数	描述
ROW_FORMAT	指定表是否启用 encoding 存储格式，可选值如下。 redundant：不启用 encoding 存储格式。 compact：不启用 encoding 存储格式。 dynamic：启用 encoding 存储格式。 compressed：启用 encoding 存储格式。 condensed：selective encoding（encoding 的子集，一种对于查询更友好的编码方式）。 default：等价于 dynamic 模式

续表

参数	描述
COMPRESSION	指定表的压缩算法，可选值如下。 none：表示数据不压缩。 lz4_1.0：表示指定压缩算法为 lz4_1.0。 snappy_1.0：表示指定压缩算法为 snappy_1.0。 zlib_1.0：表示指定压缩算法为 zlib_1.0。 zstd_1.0：表示指定压缩算法为 zstd_1.0

2. 数据编码

在通用压缩的基础上，OceanBase 分布式数据库自研了一套对数据库进行行列混存编码的压缩方法，即数据编码。和通用压缩不同，数据编码建立在压缩算法感知数据块内部数据的格式和语义的基础上。并且，经过数据编码后，在读微块中的一行数据时，可以只对这一行数据进行解码，避免了有些解压算法读一部分数据要解压整个数据块的计算放大。另外，在向量化执行的过程中也可以对指定的字段进行解码，降低了投影（用于选择出表中的一个或多个属性来形成新的关系）的开销。

任务实施　设置学生管理数据库中表压缩方式与数据编码格式

对存储架构概念、数据存储概念、MemTable、SSTable 以及压缩与编码工具等相关知识学习后，可以通过以下几个步骤实现设置数据库中表压缩方式与数据编码格式的操作。

（1）分别指定 student 表和 score 表的微块大小为 131072KB，命令如下所示。

```
obclient [myStudent]> ALTER TABLE student SET block_size = 131072;
obclient [myStudent]> ALTER TABLE score SET block_size = 131072;
```

指定数据表的微块大小结果如图 7-5 所示。

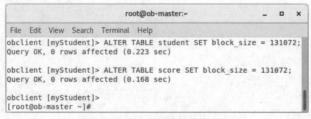

图 7-5　指定数据表的微块大小

（2）修改 student 表和 score 表的压缩方式和数据编码格式，分别修改为 zlib_1.0 方式和 encoding 存储格式以及 snappy_1.0 方式和不开启 encoding 存储格式，命令如下所示。

```
obclient [myStudent]> ALTER TABLE student SET ROW_FORMAT=CONDENSED COMPRESSION='zlib_1.0';
obclient [myStudent]> ALTER TABLE score SET ROW_FORMAT = REDUNDANT COMPRESSION = 'snappy_1.0';
```

修改数据表的压缩方式和数据编码格式结果如图 7-6 所示。

（3）查看表的结构以确定微块大小、压缩方式以及数据编码格式等是否修改成功，命令如下所示。

```
obclient [myStudent]> SHOW CREATE TABLE student;
obclient [myStudent]> SHOW CREATE TABLE score;
```

```
obclient [myStudent]> ALTER TABLE student SET ROW_FORMAT=CONDENSED
 COMPRESSION='zlib_1.0';
Query OK, 0 rows affected (2.110 sec)

obclient [myStudent]> ALTER TABLE score SET ROW_FORMAT = REDUNDANT
 COMPRESSION = 'snappy_1.0';
Query OK, 0 rows affected (10.0202 sec)

obclient [myStudent]>
```

图 7-6　修改数据表的压缩方式和数据编码格式

查看 student 表是否修改成功，结果如图 7-7 所示；查看 score 表是否修改成功，结果如图 7-8 所示。

```
-------------------------------------------------------------+
| student | CREATE TABLE `student` (
  `stuNo` char(10) NOT NULL,
  `name` varchar(50) NOT NULL,
  `sex` char(2) NOT NULL,
  `birthday` date DEFAULT NULL,
  `spec` varchar(30) DEFAULT NULL,
  `phone` varchar(11) DEFAULT NULL,
  `address` varchar(255) DEFAULT '地址不详',
  PRIMARY KEY (`stuNo`),
  KEY `idx_spec_sex` (`spec`, `sex`) BLOCK_SIZE 131072 LOCAL,
  CONSTRAINT `student_OBCHECK_1678844180285153` CHECK ((`sex` in
('男','女')))
) DEFAULT CHARSET = utf8mb4 ROW_FORMAT = CONDENSED COMPRESSION =
'zlib_1.0' REPLICA_NUM = 2 BLOCK_SIZE = 131072 USE_BLOOM_FILTER =
 FALSE TABLET_SIZE = 134217728 PCTFREE = 0 TABLEGROUP = 'tablegro
upStudent'          |
+---------+---------------------------------------------------
```

图 7-7　查看 student 表是否修改成功

```
----------------------------------------------------+
| score | CREATE TABLE `score` (
  `stuNo` char(10) NOT NULL,
  `couNo` char(10) NOT NULL,
  `result` int(11) DEFAULT NULL,
  PRIMARY KEY (`stuNo`, `couNo`),
  CONSTRAINT `fk_course_score` FOREIGN KEY (`couNo`) REFERENCES `
mystudent`.`course`(`couNo`) ON UPDATE RESTRICT ON DELETE RESTRIC
T ,
  CONSTRAINT `fk_student_score` FOREIGN KEY (`stuNo`) REFERENCES
`mystudent`.`student`(`stuNo`) ON UPDATE RESTRICT ON DELETE RESTR
ICT ,
  KEY `idx_stuNo_couNo` (`stuNo`, `couNo`) BLOCK_SIZE 131072 LOCA
L
) DEFAULT CHARSET = utf8mb4 ROW_FORMAT = REDUNDANT COMPRESSION =
'snappy_1.0' REPLICA_NUM = 2 BLOCK_SIZE = 131072 USE_BLOOM_FILTER
 = FALSE TABLET_SIZE = 134217728 PCTFREE = 0 TABLEGROUP = 'tableg
roupStudent' |
+-------+---------------------------------------------------
```

图 7-8　查看 score 表是否修改成功

任务 7.2 转储与合并

任务描述

对于 LSM-Tree 结构,如果保存多个层次的 MemTable 的话,会带来很大的存储空间问题,OceanBase 分布式数据库对 LSM-Tree 结构进行了简化,只保留了 C0 层和 C1 层,也就是说,内存中的增量数据会被转储到磁盘,当转储了一定的次数之后,需要把磁盘上的 MemTable 与基线数据进行合并(Merge)。本任务涉及转储和合并 2 个技能点,通过对这 2 个技能点的学习,完成转储所有租户数据并合并的操作。

任务技能

技能点 7.2.1 转储

简单来说,转储与合并是 OceanBase 分布式数据库中 MemTable 和 SSTable 两部分的转化过程,当 MemTable 的大小超过一定阈值时,就需要将 MemTable 中的数据转存到 SSTable 中以释放内存,这一过程称为转储。另外,在转储之前需要先保证被转储的 MemTable 不再进行新的数据写入,即冻结(Minor Freeze)。冻结会阻止当前活跃的 MemTable 再有新的数据写入,同时会生成新的活跃 MemTable。

1. 分层转储

在 OceanBase 分布式数据库 2.1 版本之前,在同一时刻只会维护一个转储 SSTable,当 MemTable 需要进行转储时,会将 MemTable 中的数据和要转储的 SSTable 中的数据进行合并。这会带来一个问题,随着转储次数不断增多,要转储的 SSTable 也越来越大,而一次转储需要操作的数据量也越来越多,导致转储速度越来越慢,进而导致 MemTable 内存爆满。从 2.2 版本开始,OceanBase 分布式数据库引入了分层转储策略。

结合目前 OceanBase 分布式数据库架构,OceanBase 分布式数据库的分层转储方案可以理解为常见的分层压缩策略变种方案,其中 L0 层是大小压缩策略,L0 层内部继续根据不同场景分裂多层,L1 和 L2 层基于宏块粒度来维持平整压缩策略。OceanBase 分布式数据库分层存储如图 7-9 所示。

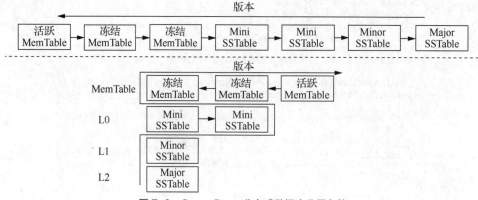

图 7-9 OceanBase 分布式数据库分层存储

(1) L0 层

L0 层内部称为 Mini SSTable，根据不同转储策略需要的不同参数设置，L0 层 SSTable 可能为空。L0 层提供 Server 级配置参数来设置 L0 层内部的分层数和每层最大的 SSTable 个数，L0 层内部分为 level 到 level-n 层，每层最大容纳 SSTable 的个数相同。当 L0 层的 level-n 层的 SSTable 到达一定阈值后开始整体压缩，合并成一个 SSTable 写入 level-n+1 层。当 L0 层的 level 层的 SSTable 个数达到上限后，开始做 L0 层到 L1 层的整体压缩释放空间。在 L0 层存在转储策略的情况下，冻结 MemTable 直接转储在 L0-level0 写入一个新的 Mini SSTable，L0 层每层内多个 SSTable 有序排列，后续本层或跨层合并时需要保持一个原则，参与合并的所有 SSTable 的版本必须邻接，这样合并后的 SSTable 之间仍然能维持版本有序，简化后续读取合并逻辑。L0 层内部分层会延缓到 L1 层的压缩，更好地降低写放大，但同时会带来读放大，假设共 n 层，每层最多 m 个 SSTable，则最差情况下 L0 层会需要有 $n \times m + 2$ 个 SSTable，因此实际应用中层数和每层 SSTable 数量都需要控制在合理范围内。

(2) L1 层

L1 层内部称为 Minor SSTable，L1 层的 Minor SSTable 仍然维持行键有序，每当 L0 层 Mini SSTable 达到压缩阈值后，L1 层 Minor SSTable 开始参与和 L0 层的压缩。为了尽可能提升 L1 层压缩效率，降低整体写放大，OceanBase 分布式数据库内部提供写放大系数设置，当 L0 层 Mini SSTable 总大小和 L1 层 Minor SSTable 大小比值达到指定阈值后，才开始调度 L1 层压缩，否则仍位于 L0 层内部压缩。

(3) L2 层

L2 层是基线 Major SSTable，为保持多副本间基线数据完全一致，日常转储过程中 Major SSTable 仍保持只读，不发生实际压缩动作。

2. 转储操作触发

自动触发转储操作是 OceanBase 分布式数据库中默认执行的一种操作。在创建租户时指定租户的内存大小，租户的内存分为动态可伸缩内存和 MemTable，当一个租户的 MemTable 内存的使用量达到 memstore_limit_percentage（用于设置租户使用 MemStore 的内存占其总可用内存的百分比，默认值是 50%，取值范围是[1%, 99%]）× freeze_trigger_percentage（用于设置触发全局冻结的租户使用内存阈值，默认值是 20%，取值范围是[1%, 99%]）所限制的值时，就会自动触发冻结操作（转储的前置操作），然后系统内部会调度转储，并在转储达到一定的条件时触发自动合并操作。

除了自动触发转储操作外，还可以通过 ALTER SYSTEM MINOR FREEZE 命令实现转储操作的手动触发。其中，系统租户可以对所有租户或指定的一个或多个租户发起转储操作，在使用 root 用户登录数据库的系统租户后，根据业务需求选择合适的转储操作，语法格式如下所示。

```
# 可以对所有租户、指定的一个或多个租户进行转储
obclient[(none)]> ALTER SYSTEM MINOR FREEZE [TENANT [=] ALL | tenant_name [, tenant_name ...]];
# 可以对指定的一个或多个 OBServer 进行转储
obclient[(none)]> ALTER SYSTEM MINOR FREEZE SERVER = ('ip:port' [, 'ip:port'...]);
# 可以对指定租户的指定分区进行转储
obclient[(none)]> ALTER SYSTEM MINOR FREEZE [TENANT [=] ALL | tenant_name [, tenant_name ...]] TABLET_ID = tid;
```

转储操作参数说明如表 7-3 所示。

表 7-3 转储操作参数说明

参数	描述
TENANT	转储租户
ALL	可以转储所有租户
tenant_name	租户名称
SERVER	OBServer 的 IP 地址和端口号
tid	表示指定租户的分区名,可以由系统租户通过查询 oceanbase.CDB_OB_TABLET_TO_LS 视图获取

注意,当不使用 TENANT 参数时,表示普通租户对当前租户发起转储操作;并且,当前租户的分区名可以通过查询 oceanbase.DBA_OB_TABLET_TO_LS 和 sys.DBA_OB_TABLET_TO_LS 视图获取。

3. 转储信息查看

在 OceanBase 分布式数据库的转储操作被触发后,即可通过查看 oceanbase.GV$OB_TABLET_COMPACTION_PROGRESS 和 oceanbase.GV$OB_TABLET_COMPACTION_HISTORY 视图分别进行转储进度和转储历史的查看,语法格式如下所示。

```
# 查看转储进度
obclient[(none)]> SELECT * FROM oceanbase.GV$OB_TABLET_COMPACTION_PROGRESS;
# 查看转储历史
obclient[(none)]> SELECT * FROM oceanbase.GV$OB_TABLET_COMPACTION_HISTORY;
```

4. 转储配置修改

目前,转储最常用的控制参数之一是 major_compact_trigger,该参数控制在转储多少次后自动进行合并,如果该参数设置为 0,则表示关闭转储功能,当租户 MemTable 内存的使用达到阈值时不会触发转储操作而是直接进行合并。在 OceanBase 分布式数据库中,通常根据具体的业务需求来进行转储配置,转储配置项如表 7-4 所示。

表 7-4 转储配置项

配置项	描述	默认值	设定范围
minor_compact_trigger	触发转储的 SSTable 的个数阈值	2	[0, 16]
freeze_trigger_percentage	租户 MemTable 占用内存的比例阈值,达到该值则触发转储	20	[1, 99]
memstore_limit_percentage	租户 MemStore 占租户总内存的百分比	50	[1, 99]

语法格式如下所示。

```
obclient> ALTER SYSTEM SET 配置项=值;
```

技能点 7.2.2 合并

与转储相比,合并通常是比较复杂的操作,时间也较长,一般在一天只做一次合并操作,并且控制在业务低峰期进行,因此有时也会把合并称为每日合并。它和转储最大的区别在于,合并是租户所有的分区在一个统一的快照点和全局静态数据进行合并的行为,是一个全局的操作,最终形成一个全局快照。转储和合并操作区别如表 7-5 所示。

表 7-5 转储和合并操作区别

	转储	合并
级别	分区或者租户级别，只是 MemTable 的物化	全局级别，产生一个全局快照
一致性	每个 OBServer 的每个租户独立决定自己的 MemTable 的冻结操作，主备分区不保持一致	全局分区一起进行 MemTable 的冻结操作，要求主备分区保持一致，在合并时会对数据进行一致性校验
数据	可能包含多个不同版本的数据行	只包含快照点的版本的数据行
版本	只与相同大版本的 Minor SSTable 合并，产生新的 Minor SSTable，所以它只包含增量数据，最终被删除的行需要特殊标记	把当前大版本的 SSTable 和 MemTable 与前一个大版本的全量静态数据进行合并，产生新的全量数据

合并虽然比较费时，但是合并为数据库提供了一个操作窗口，在这个窗口内，OceanBase 分布式数据库可以利用合并特征完成多个计算密集任务，提升整体资源利用效率，如下所示。

（1）数据压缩

合并期间，OceanBase 分布式数据库会对数据进行两层压缩，第一层压缩是数据库内部基于语义的编码压缩，第二层压缩是基于用户指定压缩算法的通用压缩，使用 lz4 等压缩算法对编码后的数据再做一次"瘦身"。压缩不仅节省存储空间，还会极大地提升查询性能。目前 OceanBase 分布式数据库支持 snappy、lz4、lzo、zstd 等压缩算法。MySQL 和 Oracle 在一定程度上也支持数据压缩，但和 OceanBase 分布式数据库相比，由于传统数据库定长页的设计，压缩不可避免地会造成存储的空洞，压缩效率会受影响。而更重要的是，OceanBase 分布式数据库压缩操作对数据写入性能几乎无影响。

（2）数据校验

通过全局一致快照进行合并能够帮助 OceanBase 分布式数据库进行多副本的数据一致校验，合并完成后，多个副本可以直接对比基线数据来确保业务数据在多副本间是一致的。另外还能基于这个基线数据做主表和索引表的数据校验，保障数据在主表和索引表之间是一致的。

（3）统计信息收集

排查宏块重用的场景，合并过程需要对每个用户表进行全表扫描，这个过程中能够顺便完成对每一字段以及全表的统计信息收集，并提供给优化器使用。

（4）模式变更

对于加字段、减字段等模式变更，OceanBase 分布式数据库可以在合并中一起完成数据变更操作，DDL 操作对业务来说更加平滑。

OceanBase 分布式数据库合并管理包含合并状态查看、合并操作触发、合并过程查看以及合并配置修改等。

1. 合并状态查看

在 OceanBase 分布式数据库中，可以通过视图功能实现合并状态的查看。查看视图 DBA_OB_ZONE_MAJOR_COMPACTION 中的 status 列即可查看合并状态，OceanBase 分布式数据库合并状态如表 7-6 所示。

表 7-6 OceanBase 分布式数据库合并状态

状态	描述
IDLE	表示未进行合并
COMPACTING	表示正在进行合并
VERIFYING	表示正在校验中

2. 合并操作触发

当集群中任一租户的转储数据次数超过阈值时，就会自动触发整个集群的合并操作，OceanBase 分布式数据库中除自动触发合并操作外，还可以实现定时触发合并和手动触发合并。

（1）定时触发合并

目前，OceanBase 分布式数据库用户通常指定每日合并触发时间来定时触发合并，每当系统时间达到每日合并的时间点时，就会自动触发合并。在设置时，需使用 root 用户登录数据库的系统租户，之后通过 ALTER SYSTEM SET 命令实现合并触发时间设置，语法格式如下所示。

```
obclient[(none)]> ALTER SYSTEM SET major_freeze_duty_time='time' [TENANT [=] ALL | tenant_name [, tenant_name ...]];
```

定时触发合并参数说明如表 7-7 所示。

表 7-7 定时触发合并参数说明

参数	描述
major_freeze_duty_time	指定触发合并操作时间，例如"01:00"表示每天的 1:00 进行合并操作
TENANT	指定合并租户
ALL	表示可以合并所有租户
tenant_name	指定租户名称

（2）手动触发合并

相比于定时触发合并操作，执行手动触发合并操作前，须在 root 用户登录数据库的系统租户后，使用 ALTER SYSTEM SET enable_major_freeze='False'命令关闭自动合并开关后，通过 ALTER SYSTEM MAJOR FREEZE 命令实现合并操作的手动触发，语法格式如下所示。

```
obclient[(none)]> ALTER SYSTEM MAJOR FREEZE [TENANT [=] ALL | tenant_name [, tenant_name ...]];
```

手动触发合并参数说明如表 7-8 所示。

表 7-8 手动触发合并参数说明

参数	描述
TENANT	指定合并租户
ALL	表示可以合并所有租户
tenant_name	指定租户名称

3. 合并过程查看

发起合并后，合并的过程可以通过内部表进行查看，通常合并的时间取决于两次合并之间的数据变化量，两次合并之间的数据变化大，合并的时间会更长。同时，合并的线程数、合并时的集群压力以及是否轮转合并等都影响合并的时间长短。需要注意的是，不同的租户使用不同的方式查看合并过程。

其中，系统租户可以通过查询 oceanbase.CDB_OB_ZONE_MAJOR_COMPACTION 和 oceanbase.CDB_OB_MAJOR_COMPACTION 视图来观察所有租户的合并信息。在使用 root 用户登录数据库的系统租户后，使用 SELECT 语句查看合并进度，语法格式如下所示。

```
# 查看所有租户各个 Zone 的合并过程
obclient[(none)]> SELECT * FROM oceanbase.CDB_OB_ZONE_MAJOR_COMPACTION\G;
# 查看所有租户的合并全局信息
obclient[(none)]> SELECT * FROM oceanbase.CDB_OB_MAJOR_COMPACTION\G;
```

而用户租户可以通过查询 DBA_OB_ZONE_MAJOR_COMPACTION 和 DBA_OB_MAJOR_COMPACTION 来观察本租户的合并过程。在租户管理员登录数据库后，通过查看指定视图查看合并进度，语法格式如下所示。

```
# 查看当前租户各个 Zone 的合并过程
obclient[(none)]> SELECT * FROM oceanbase.DBA_OB_ZONE_MAJOR_COMPACTION\G;
# 查看当前租户的合并全局信息
obclient[(none)]> SELECT * FROM oceanbase.DBA_OB_MAJOR_COMPACTION\G;
```

4. 合并配置修改

在 OceanBase 分布式数据库中，定时触发合并操作的实现就是通过合并配置修改实现的，除了合并时间的设置外，还可以进行建表时默认合并行为、每个 Zone 的合并进度检查间隔等内容的设置，合并相关参数如表 7-9 所示。

表 7-9 合并相关参数

配置项	描述	默认值	取值范围
major_freeze_duty_time	集群级配置项，表示每天定时合并的时间	02:00	[00:00,24:00]
major_compact_trigger	租户级配置项，表示转储多少次后触发合并	0	[0,65535]
default_progressive_merge_num	租户级配置项，表示建表时默认的合并行为	0	[0, +∞)，具体说明如下。 0：表示执行渐进合并，且渐进合并的次数为 100。 1：表示强制执行全量合并，不执行渐进合并。 大于 1：表示发生数据库对象变更时按照指定轮次做渐进合并
merger_check_interval	租户级配置项，表示每个 Zone 的合并进度检查时间间隔	10min	[10s, 60min]

合并配置修改的语法格式如下所示。

```
obclient[(none)]> ALTER SYSTEM SET 配置项=值;
```

任务实施　转储所有租户数据并合并

学习 OceanBase 分布式数据库转储、合并操作等相关知识后，可以通过以下几个步骤实现 OceanBase 分布式数据库的转储与合并。

（1）使用 root 用户登录到数据库的系统租户，命令如下所示。

```
[root@ob-master ~]# obclient -h192.168.0.10 -uroot@系统 -P2883
```

（2）手动触发转储操作，对所有租户进行转储，命令如下所示。

```
obclient [(none)]> ALTER SYSTEM MINOR FREEZE TENANT =ALL;
```

手动触发转储操作结果如图 7-10 所示。

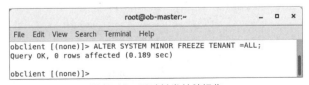

图 7-10　手动触发转储操作

（3）查看转储进度，命令如下所示。

obclient [(none)]> SELECT * FROM oceanbase.GV$OB_TABLET_COMPACTION_PROGRESS;

查看转储进度结果如图 7-11 所示。

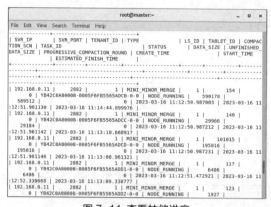

图 7-11 查看转储进度

（4）修改转储配置项对转储操作进行设置，包括触发合并的转储次数、租户 MemStore 占租户总内存的百分比，命令如下所示。

obclient [(none)]> ALTER SYSTEM SET major_compact_trigger=10;
obclient [(none)]> ALTER SYSTEM SET memstore_limit_percentage=60;

修改转储配置项结果如图 7-12 所示。

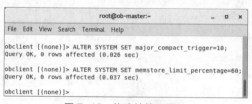

图 7-12 修改转储配置项

（5）检查全局合并开关是否已开启，命令如下所示。

obclient [(none)]> SHOW PARAMETERS LIKE 'enable_major_freeze';

检查全局合并开关结果如图 7-13 所示。

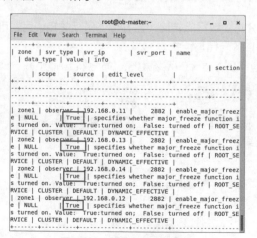

图 7-13 检查全局合并开关

（6）如果全局合并开关未开启，需要开启全局合并开关，命令如下所示。

obclient [(none)]> ALTER SYSTEM SET enable_major_freeze='True';

（7）系统租户对所有租户发起合并，命令如下所示。

obclient [(none)]> ALTER SYSTEM MAJOR FREEZE TENANT=ALL;

触发合并操作结果如图7-14所示。

图7-14 触发合并操作

（8）查看所有租户各个Zone的合并过程，命令如下所示。

obclient [(none)]> SELECT * FROM oceanbase.CDB_OB_ZONE_MAJOR_COMPACTION\G;

查看合并过程结果如图7-15所示。

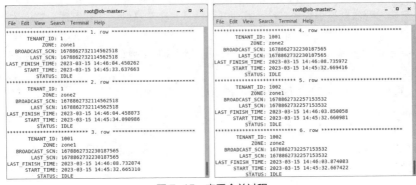

图7-15 查看合并过程

（9）查看所有租户的全局合并信息，命令如下所示。

obclient [(none)]> SELECT * FROM oceanbase.CDB_OB_MAJOR_COMPACTION\G;

查看全局合并信息结果如图7-16所示。

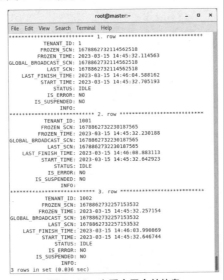

图7-16 查看全局合并信息

项目总结

通过对存储结构相关知识的学习,读者可对数据库存储架构与数据存储有初步了解,对 OceanBase 分布式数据库的数据转储与合并的知识有所掌握,并能够通过所学知识实现存储架构的修改与转储合并操作。

课后习题

1. 选择题

(1)基线数据是只读的,一旦生成就不能被修改,存储于( )。

    A. 磁盘   B. 表   C. 缓存   D. 内存

(2)增量数据支持读写,存储于( )。

    A. 磁盘   B. 表   C. 缓存   D. 内存

(3)在宏块内部数据被组织为多个大小为( )KB 左右的变长数据块,它们称为微块。

    A. 8   B. 32   C. 24   D. 16

(4)合并是租户上所有的分区在一个统一的快照点和全局静态数据进行合并的行为,是一个( )的操作。

    A. 局域   B. 全局   C. 独立   D. 分区

(5)通过( )命令实现合并触发时间的设置。

    A. LOG SYSTEM SET   B. ALTER SYSTEM SET

    C. COMMIT   D. SETINTERVAL

2. 简答题

(1)简述 MemTable 和 SSTable 的区别。

(2)简述一个 encoding 存储格式的微块完成构建需要经历的流程。

(3)简述 OceanBase 分布式数据库的转储过程。

项目8
优化性能与运维管理

项目导言

数据库发展到现在,逐渐从理论知识形成了商业产品,并且在各行各业中被广泛应用,数据库系统不仅能够实现海量数据的存储和计算,还能够实现数据资源共享,数据库系统自身的发展直接影响着社会经济的发展。在数据库运行的过程中需要恰当地对整个系统内部组件进行全面的调整,保证多种业务目标都能够实现,在数据库系统优化的过程中要确保整个数据库的吞吐量和响应时间满足需求。通过数据库性能调优,可以保证整个系统的运行更加安全稳定。本项目包含两个任务,分别为优化性能和运维管理,任务8.1主要讲解如何优化OceanBase分布式数据库的集群性能,任务8.2主要讲解OceanBase分布式数据库的运维管理方面的知识以及分布式数据库未来的发展。

学习目标

知识目标
- 了解性能调优的概念;
- 熟悉系统调优的方法;
- 了解运维管理的概念。

技能目标
- 具备使用系统调优参数对数据库进行优化的能力;
- 具备规避和处理应急情况的能力。

素养目标
- 形成严谨踏实的工作作风;
- 提升应变能力。

任务 8.1 优化性能

任务描述

数据库作为应用底层,其性能对应用的使用过程会产生较大影响。好的性能会大幅提升用户体验,差的性能会成为应用的性能瓶颈。通过性能调优可以提高数据库的资源利用率,降低业务成本,还可以大大降低应用系统的运行风险,提高系统稳定性。本任务涉及认识性能调优、优化系统性能、优化业务模型和性能测试4个技能点,通过对这4个技能点的学习,完成数据库性能调优。

任务技能

技能点 8.1.1　认识性能调优

数据库系统在使用过程中会占用系统资源,包括 CPU、内存、网络带宽等。系统资源对数据库系统的运行有显著影响,数据库运行过程中系统资源的使用效率是考量数据库性能的重要因素。

吞吐量和响应时间是评估数据库性能的两个重要指标。不同的应用系统对吞吐量和响应时间的需求不同,在进行性能调优时,需要根据系统的特点进行相应的调整,从而使其达到最佳使用状态。

数据库工程师需要从系统架构、服务器配置、数据库配置、业务模型、SQL 执行计划等多个角度设计调优方案。为了实现使用较少资源获得高吞吐、低延时的数据服务,数据库工程师在性能调优时会重点关注系统资源的使用、吞吐量和响应时间。数据库系统性能调优的最终目标是充分利用服务器软硬件资源,使数据库软件能够提供高效的数据服务。

技能点 8.1.2　优化系统性能

在性能调优过程中,可以根据实际业务情况修改操作系统(Operating System,OS)配置项,以提升 OceanBase 分布式数据库的性能。

1. 操作系统配置项调优

数据库是基于操作系统的,所以操作系统的一些配置项也会影响 OceanBase 分布式数据库的性能,操作系统配置项如表 8-1 所示。

表 8-1　操作系统配置项

类型	配置项	描述	建议
网络配置项	net.core.somaxconn	套接字(Socket)监听队列的最大长度,频繁建立连接需要调大该值	默认为 128,建议配置为 2048
网络配置项	net.core.netdev_max_backlog	协议栈处理的缓冲队列长度,该值过小有可能造成丢包	建议配置为 10000
网络配置项	net.core.rmem_default	接收缓冲区队列的默认长度	建议配置为 16777216
网络配置项	net.core.wmem_default	发送缓冲区队列的默认长度	建议配置为 16777216
网络配置项	net.core.rmem_max	接收缓冲区队列的最大长度	建议配置为 16777216
网络配置项	net.core.wmem_max	发送缓冲区队列的最大长度	建议配置为 16777216
网络配置项	net.ipv4.ip_local_port_range	本地 TCP/UDP 的端口号范围,本地系统使用该范围内的端口与远端发起连接	建议的端口号范围为 [3500,65535]
网络配置项	net.ipv4.tcp_rmem	Socket 接收缓冲区的大小,分别为最小值、默认值、最大值	建议最小值、默认值、最大值分别配置为 4096、87380、16777216
网络配置项	net.ipv4.tcp_wmem	Socket 发送缓冲区的大小,分别为最小值、默认值、最大值	建议最小值、默认值、最大值分别配置为 4096、65536、16777216
网络配置项	net.ipv4.tcp_max_syn_backlog	处于 SYN_RECVD 状态的连接数	建议配置为 16384

续表

类型	配置项	描述	建议
网络配置项	net.ipv4.tcp_fin_timeout	Socket 主动断开之后 FIN-WAIT-2 状态的持续时间	建议配置为 15
网络配置项	net.ipv4.tcp_tw_reuse	允许重用处于 TIME WAIT 状态的 Socket	建议配置为 1
网络配置项	net.ipv4.tcp_slow_start_after_idle	禁止 TCP 连接在 Idle 状态的慢启动，降低某些情况的网络延迟	建议配置为 0
虚拟内存配置项	vm.swappiness	表示优先使用物理内存	建议配置为 0
虚拟内存配置项	vm.max_map_count	进程可以拥有的虚拟内存区域数量	建议配置为 655360
AIO 配置项	fs.aio-max-nr	异步 I/O 的请求数目	建议配置为 1048576
进程调度策略	kernel.sched_migration_cost_ns	如果某线程运行时间小于该值，则 CPU 核间负载均衡就不会考虑该线程，调小该值有利于 CPU 核间的负载均衡	建议配置为 0

2. 数据库配置项调优

OceanBase 分布式数据库是一个灵活性强的数据库系统，提供了很多配置项，便于根据应用和服务器硬件来做定制数据库服务。常用数据库 CPU 相关配置项如表 8-2 所示。

表 8-2 常用数据库 CPU 相关配置项

配置项	描述	建议
cpu_quota_concurrency	此配置项的值×租户 min_cpu = 租户可用的最大工作线程数	对于 CPU 配置较高的租户，该配置项的值尽量调小。从 OceanBase 分布式数据库 4.0 版本开始，此配置项为租户级配置项，需要在租户下配置
workers_per_cpu_quota	此配置项的值×租户 max_cpu = 租户能分配的最大线程数	这里的最大线程数是分配的、可以使用的，并不是同时运行的最大线程数。此配置项一般不做调整
net_thread_count	接收客户端请求的网络线程数	重启生效后，top -H 查看 MySQL I/O 线程的使用效率，如果使用率大于 90%，说明接收请求的线程数较少，建议调大该配置项的值，如果所有线程都小于 50%，建议调小该配置项的值，降低线程切换的开销
autoinc_cache_refresh_interval	设置自动切换后台线程工作间隔时间	根据业务需求调整
enable_early_lock_release	开启提前解行锁功能	在热点行场景中建议开启
enable_monotonic_weak_read	开启单调度功能	在性能场景中建议关闭
weak_read_version_refresh_interval	弱一致性读版本号的刷新周期	该配置项的值为 0 时，表示不再刷新弱一致性读版本号，不提供单调读功能，在性能场景中建议关闭
enable_sql_audit	开启 SQL Audit 功能	在生产环境中必须开启，在性能测试场景中可以酌情关闭

续表

配置项	描述	建议
enable_perf_event	开启信息采集功能	在生产环境中必须开启，在性能测试场景中可以酌情关闭
enable_record_trace_log	开启 Trace Log 功能	在生产环境中开启 Perf Event 和 SQL Audit 功能的情况下，建议关闭
_ob_get_gts_ahead_interval	提前获取 GTS 的时间间隔	1 ms～5 ms，最佳值需要根据实际业务进行调整。如果业务 SQL 的平均延时较长，可以适当调大该配置项的值
_trace_control_info	开启全链路追踪功能	在性能测试场景中，可以根据需要关闭

数据库 I/O 相关配置项如表 8-3 所示。

表 8-3　数据库 I/O 相关配置项

配置项	描述	建议
syslog_io_bandwidth_limit	限制输出系统日志的带宽	默认为 30MB，建议调整为 10MB
syslog_level	系统日志的级别	在性能场景中调整为 PERF
clog_sync_time_warn_threshold	日志同步耗时超过一定阈值时，输出报警日志，阈值可以通过该配置项调整	建议调大
trace_log_slow_query_watermark	事务执行时间超过一定的阈值时，输出 slow trans 日志，阈值可以通过该配置项调整	建议调大，这样可以避免输出 Slow Query 的 Trace 日志
max_syslog_file_count	observer.log 的最大允许数量	根据磁盘容量进行调整
enable_sql_operator_dump	允许 SQL 层操作转储中间结果，避免其超出内存大小限制而报错	在 AP 测试时建议开启
_temporary_file_io_area_size	SQL 中间结果在存储层能使用的总大小	在 AP 测试时建议调大
builtin_db_data_verify_cycle	宏块巡检周期，当设置为 0 时关闭巡检	建议在性能相关场景中设置为 0
disk_io_thread_count	磁盘 I/O 线程数，须为偶数	根据 I/O 线程压力适当调整
enable_async_syslog	开启异步日志	在性能场景中建议设置为 true
fuse_row_cache_priority	融合行缓存在 KV 缓存中的优先级，所谓融合缓存就是在 OceanBase 分布式数据库多级存储架构下，如果一行的多个字段存在于 MemStore、Mini SSTable、Minor SSTable、SSTable 中，那么在查询该行时，需要将多个字段融合，此时用 Fuse Row Cache 来缓存该行，避免在下次查询时继续进行融合操作，这对性能有一定影响	建议调整为大于 1，可以避免相应缓存过早被淘汰替换
micro_block_merge_verify_level	宏块验证级别，0 表示不做任何验证	在性能场景中可以设置成 0，但在生产场景中不建议修改
compaction_low_thread_score	低优先级压缩的并发线程数，低优先级是指 Major SSTable 进行压缩操作	默认是 0，表示 6 个并发线程，如果需要提升并发，可以适当调大该配置项的值

续表

配置项	描述	建议
compaction_mid_thread_score	中优先级压缩的并发线程数，中优先级是指 Minor SSTable 进行压缩操作	默认是 0，表示 6 个并发线程，如果需要提升并发，可以适当调大该配置项的值
compaction_high_thread_score	高优先级压缩的并发线程数，高优先级是指 Mini SSTable 进行压缩操作	默认是 0，表示 6 个并发线程，如果需要提升并发，可以适当调大该配置项的值

数据库内存相关配置项如表 8-4 所示。

表 8-4　数据库内存相关配置项

配置项	描述	建议
memory_chunk_cache_size	用于设置内存分配器缓存的内存块容量	默认值为 0，建议保持默认值
memory_limit_percentage	OceanBase 分布式数据库占系统总内存的比例	增大 OceanBase 分布式数据库可用的内存
memstore_limit_percentage	用于设置租户使用 MemStore 的内存与其总可用内存的比例	尽量增大 MemStore 的空间。如果该配置项的值过大可能存在写入过大的情况，即存在由于转储速度跟不上写入速度导致的内存超限的风险
freeze_trigger_percentage	触发转储的时机	对于写入压力比较大的系统，建议调整该配置项的值为 30%~50%，可实现尽快触发转储，以防内存不足。触发转储会带来额外的 CPU 和 I/O 开销，且频繁触发转储后，Mini SSTable 的个数会增加，查询路径增加，会对性能产生一定影响，此配置项从 OceanBase 分布式数据库 4.0 版本开始改为租户级配置项
system_memory	为 500 租户（特殊的虚拟租户）预留的内存大小	建议保持默认值
use_large_pages	大内存页功能	在操作系统中开启大内存页功能，可以提高内存页表的查询效率
writing_throttling_trigger_percentage	在写入压力较大时，设置写入限速	默认值为 60，在性能场景中可以根据需要设置该配置项；如果不设置该配置项，在写入并发量很高的时候可能会有内存不足的风险

数据库网络传输相关配置项如表 8-5 所示。

表 8-5　数据库网络传输相关配置项

配置项	描述	建议
__easy_memory_limit	发往单个 OBServer 的 RPC 数据包内存上限	默认为 4GB，对于数据量较大的查询建议调大

续表

配置项	描述	建议
ob_proxy_readonly_transaction_routing_policy	控制 Proxy 对于事务的路由是否受只读语句的影响	将该配置项的值修改为 false，表示 Proxy 对于事务的路由以第一条实际开启事务的语句为准

3. OBProxy 配置项调优

虽然 OBProxy 有优秀的线程模型和异步框架，但其功能的不断丰富，也会使性能产生一定的损耗。需要从应用程序、编译器和内核、硬件 3 层做性能优化。

OBProxy CPU 相关配置项如表 8-6 所示。

表 8-6 OBProxy CPU 相关配置项

配置项	描述	建议
work_thread_num	OBProxy 的工作线程数，对 CPU 占用影响比较大，默认值为 8。更改后需要重启 OBProxy	可根据环境动态调整，OBProxy 的 CPU 使用上限为 work_thread_num 的值
task_thread_num	一些后台任务的线程数	保持默认值
block_thread_num	块线程数，默认值为 1。更改后需要重启 OBProxy	保持默认值
grpc_thread_num	grpc 线程数，默认值为 8。更改后需要重启 OBProxy	保持默认值
automatic_match_work_thread	忽略指定的 work_thread_num，根据 CPU 数自动调整线程数，该配置项的值为 true 时，线程数上限为 work_thread_num 的值，默认值为 true。更改后需要重启 OBProxy	如果 OBProxy 和 OBServer 共同部署，会抢占 CPU，建议设置为 false；如果 OBProxy 单独部署，建议开启
enable_compression_protocol	关闭压缩，减少 OBProxy 对 CPU 的占用。需要重启 OBProxy 才能生效	建议设置为 false

OBProxy 网络传输相关配置项如表 8-7 所示。

表 8-7 OBProxy 网络传输相关配置项

配置项	描述	建议
server_tcp_user_timeout	OBProxy 与 OBServer 连接的 tcp user timeout，默认值为 0，单位为 s	保持默认值
client_tcp_user_timeout	OBProxy 与客户端连接的 tcp user timeout，默认值为 0，单位为 s	保持默认值
client_max_connections	OBProxy 所能接受的客户端最大连接数，默认值为 8192	保持默认值
connect_observer_max_retries	OBProxy 连接 OBServer 的最大重试次数，默认值为 3	保持默认值
observer_query_timeout_delta	网络传输延时，给 OBServer 的 ob_query_timeout 设置的增量，默认值为 20，取值范围为 [1, 39]，单位为 s	保持默认值

续表

配置项	描述	建议
sock_option_flag_out	OBProxy 和 OBServer 之间 tcp 的配置项，用二进制位表示，如下所示。 比特 0：为 1 表示启用 no_delay。 比特 1：为 1 表示启用 keepalive。 比特 2：为 1 表示启用 linger_on	建议设置为 3
server_tcp_keepidle	OBProxy 和 OBServer 的 tcp 启动 keepalive 探寻活动节点前的空闲时间，默认值为 5，单位为 s	保持默认值
server_tcp_keepintvl	OBProxy 和 OBServer 的 tcp 两个 keepalive 探活包的时间间隔，默认值为 5，单位为 s	保持默认值
server_tcp_keepcnt	OBProxy 和 OBServer 的 tcp 最多发送多少个 keepalive 包，默认值为 5	保持默认值
client_sock_option_flag_out	客户端和 OBProxy 之间 tcp 的配置项，用二进制位表示。 比特 0：为 1 表示启用 no_delay。 比特 1：为 1 表示启用 keepalive。 比特 2：为 1 表示启用 linger_on	建议配置为 3
client_tcp_keepidle	客户端和 OBProxy 的 tcp 启动 keepalive 探寻活动节点前的空闲时间，默认值为 5，单位为 s	保持默认值
client_tcp_keepintvl	客户端和 OBProxy 的 tcp 两个 keepalive 探活包的时间间隔，默认值为 5，单位为 s	保持默认值
client_tcp_keepcnt	客户端和 OBProxy 的 tcp 最多发送多少个 keepalive 包，默认值为 5	保持默认值

OBProxy 节点路由相关配置项如表 8-8 所示。

表 8-8　OBProxy 节点路由相关配置项

配置项	描述	建议
enable_index_route	用于设置 OBProxy 是否开启基于全局索引键的全局索引表路由，具体值如下。 true：开启。 false（默认）：不开启	保持默认值
enable_pl_route	用于设置 OBProxy 是否开启 PL 路由，具体值如下。 true（默认）：开启。 false：不开启	建议设置为 false
enable_reroute	用于设置 OBProxy 是否开启二次路由，在第一次路由未命中的情况下，重新将请求转发到对应 OBServer，具体值如下。 true：开启。 false（默认）：不开启	保持默认值

续表

配置项	描述	建议
enable_partition_table_route	用于设置 OBProxy 是否开启分区表路由，具体值如下。 true（默认）：开启。 false：不开启	保持默认值
server_routing_mode	OBProxy 的路由模式，具体值如下。 oceanbase（默认）：OceanBase 分布式数据库模式。 random：随机模式，随机选择 OBServer 发送请求。 mock：mock 模式，可通过 OBProxy 的 test_server_addr 配置项指定 IP 路由，格式为 "ip1:sql_port1;ip2:sql_port2"。 mysql：MySQL 模式，用于连接 MySQL 集群	保持默认值
enable_ob_protocol_v2	用于设置 OBProxy 与 OBServer 之间是否开启 OceanBase 2.0 协议（OceanBase 分布式数据库自研的基于 MySQL 压缩协议的传输协议）进行传输，具体值如下。 true：开启。 false（默认）：不开启	保持默认值
routing_cache_mem_limited	用于设置 OBProxy 路由 Cache 内存上限，比如表缓存、地址缓存等，取值范围为 [1k, 100G]，默认值为 128M	保持默认值
enable_bad_route_reject	用于设置是否拒绝无法路由的请求，具体值如下。 true：拒绝。 false（默认）：不拒绝	保持默认值

技能点 8.1.3　优化业务模型

随着网络技术的发展，当前许多数据库都以集群的方式呈现，集群在不同领域都得到了发展，它能够为用户解决大量的任务分配问题，在负载节点上提供高质量的服务。但是要将数据分配得更加合理，就要依靠负载均衡等业务模型调优技术来实现。

1. 负载均衡

负载均衡是性能调优过程中经常关注的信息，包括集群内服务器负载均衡和业务流量负载均衡两个方面。较好的负载均衡能够充分利用软件、硬件环境，使得性能达到最优的状态。下面主要从集群部署、资源分布等方面介绍负载均衡。

（1）集群部署：位置。

位置信息至关重要，部分关键位置信息，如 IDC、部署方式等，影响 SQL 路由转发、事务模型和性能。位置信息主要包括如下方面。

① 部署方式：同城三机房、两地三中心、三地五中心或其他部署方式。

② OBProxy 等中间件的位置：部署在客户端或跟 Observer 混合部署，不同的部署方式，对性能有一定的影响。

③ 应用服务器及其他中间件位置。

查看集群各 Zone 分别在什么机房、机房所在城市、IDC 配置的相关 SQL 语句如下。

```
MySQL [oceanbase]> SELECT zone, name, info FROM __all_zone WHERE name in ('region', 'idc');
```

（2）集群部署：延迟。

可通过延迟信息评估单条 SQL 语句的响应时间是否符合预期。整个集群具体的延迟信息如下。

① 机房间延迟。
② Zone 间延迟。
③ OBProxy 到 OBServer 端延迟。
④ 客户端到 OBProxy 端延迟。
(3) 集群部署:带宽。
需要确认如下组件的带宽。
① OBProxy 所在计算机网卡带宽。
② 应用服务器网卡带宽。
③ OBServer 网卡、磁盘 I/O 带宽。
这些信息可以通过执行 ping、tsar、ethtool、ifconfig 等命令获取。
(4) 资源分布:租户的基本信息。
租户的基本信息包括 primary、locality 等,相关 SQL 语句如下所示。

MySQL [oceanbase]> SELECT * FROM __all_tenant LIMIT 1\G;

(5) 资源分布:通过 gv$ob_units 视图可查看租户所在的 OBServer 的资源分布信息,系统租户可看到指定集群所有 OBServer 的资源单元信息,语法格式如下所示。

OceanBase(root@oceanbase)> SELECT * FROM gv$ob_units LIMIT 1\G;

gv$ob_units 视图字段说明如表 8-9 所示。

表 8-9 gv$ob_units 视图字段说明

字段名称	类型	描述
svr_ip	varchar(46)	服务器 IP 地址
svr_port	bigint(20)	服务器端口号
unit_id	bigint(20)	资源单元 id
tenant_id	bigint(20)	资源单元所属的租户 id
zone	varchar(128)	Zone 名称
max_cpu	double	CPU 规格上限
min_cpu	double	CPU 规格下限
memory_size	bigint(20)	内存大小,单位为字节
max_iops	bigint(20)	磁盘 IOPS 规格上限
min_iops	bigint(20)	磁盘 IOPS 规格下限
iops_weight	bigint(20)	IOPS 权重
log_disk_size	bigint(20)	日志盘的空间大小
log_disk_in_use	bigint(20)	日志盘已使用的空间大小
data_disk_in_use	bigint(20)	数据盘已使用的空间大小
status	varchar(64)	资源单元的状态,如下所示。 normal:正常状态。 migrating in:正在迁入。 migrating out:正在迁出。 mark deleting:标记删除。 wait gc:等待垃圾回收数据。 deleting:垃圾回收完成,正在删除中。 error:错误状态
create_time	timestamp(6)	资源单元在 OBServer 上创建的时间

（6）资源分布：单机用户分区总数量及主副本分布，语法格式如下所示。

```
MySQL [oceanbase]> SELECT svr_ip,count(1) FROM __all_virtual_ls_meta_table WHERE tenant_id=1002 GROUP BY svr_ip;

MySQL [oceanbase]> SELECT svr_ip,count(1) FROM __all_virtual_ls_meta_table WHERE tenant_id=1001 and role=1 GROUP BY svr_ip;
```

（7）其他。

从应用服务器发出请求到 OBServer 应用服务器，中间经过的任何组件都是需要关注的重点，任何一个组件成为瓶颈，都会给性能带来比较大的影响。其他负载均衡影响因素主要包含以下几个方面。

① 物理资源：中间链路各组件资源是否到达瓶颈，比如 JVM 内存、应用服务器和 OBProxy CPU 使用率、软中断。

② 请求路由：OBProxy 是否能够正确路由 SQL 请求，是否存在乱转发的情况。

③ 连接池：长和短连接数量、SocketTimeout 配置。

④ 流量均衡：每个 OBServer 上接收处理的 SQL 请求数量是否出现严重不均衡问题。

2．SQL 诊断

SQL 语句的执行效率，一定程度上决定了系统的性能，因此 SQL 诊断是性能调优过程中最重要的一个环节，下面主要介绍如何定位并优化慢 SQL。

（1）视图统计

通过 gv$ob_plan_cache_plan_stat 视图，可查看当前租户在所有 OBServer 上的计划缓存中缓存的每一个缓存对象的状态，根据 Plan Cache 的统计，可以找出高频的 SQL 语句类别，语法格式如下所示。

```
obclient[(none)]> SELECT plan_id, sql_id, hit_count, avg_exe_usec, substr(statement, 1, 100) FROM gv$ob_plan_cache_plan_stat WHERE tenant_id=1002 ORDER BY hit_count desc limit 10;
```

gv$ob_plan_cache_plan_stat 视图部分字段说明如表 8-10 所示。

表 8-10 gv$ob_plan_cache_plan_stat 视图部分字段说明

字段名称	类型	描述
plan_id	bigint(20)	缓存对象的 id
sql_id	varchar(32)	缓存对象对应的 sql_id，如果是 PL 对象，则该字段为 null
hit_count	bigint(20)	被命中的次数
avg_exe_usec	bigint(20)	平均执行时间

根据具体的 sql_id，可通过 gv$ob_sql_audit 视图查看所有 OBServer 上每一个 SQL 请求的来源、执行状态等统计信息。该视图是按照租户拆分的，除了系统租户，其他租户不能跨租户查询，语法格式如下所示。

```
obclient[(none)]> SELECT svr_ip, plan_type, elapsed_time, affected_rows, return_rows, tx_id, usec_to_time(request_time), substr(query_sql, 1, 30) FROM gv$ob_sql_audit WHERE sql_id='F96CE9DFB959E383828A9D91575EE97F' and request_time > time_to_usec('2021-08-25 22:00:00') and request_time < time_to_usec('2021-08-25 22:50:00') ORDER BY elapsed_time desc LIMIT 10;
```

gv$ob_sql_audit 视图部分字段说明如表 8-11 所示。

表 8-11　gv$ob_sql_audit 视图部分字段说明

字段名称	类型	描述
svr_ip	varchar(46)	IP 地址
plan_type	bigint(20)	执行计划类型，具体如下。 local; remote; distribute
elapsed_time	bigint(20)	从接收到请求到执行结束所消耗的总时间
affected_rows	bigint(20)	影响行数
return_rows	bigint(20)	返回行数
tx_id	bigint(20)	请求对应的事务 id
request_time	bigint(20)	开始执行时间点
query_sql	longtext	实际的 SQL 语句

（2）OCP 监控

OCP 目前已经有完善的慢 SQL 分析，包括执行计划、执行频率、耗时等。通过 OCP 能大大提高运维人员工作效率，快速定位慢 SQL 的相关信息。

（3）SQL 调优

定位慢 SQL 之后，需要从以下几个方面进行排查。

① 租户资源是否充足？
② 索引或计划是否更优？
③ 确定受影响的行、返回行的大小。确定写入或查询涉及的分区数、行数是否较多？
④ 是否存在跨城访问、跨机访问？
⑤ 对于较为复杂的 SQL 语句，可能有中间结果转储到磁盘，需要确认其是否符合预期？
⑥ 系统层面排查：确认转储、磁盘 I/O 使用率等。

3. 分布式事务

提交不同类型的事务耗时不同，通过性能调优尽量降低跨机分布式事务的比例。选择事务模型可以从以下几个方面入手。

（1）执行计划类型统计

SQL 语句的执行计划分为 4 种：Local、Remote、Distribute 和 Uncertain。其中 Local 表示当前语句所涉及的分区主副本与 Session 所在的计算机相同；Remote 表示当前语句所涉及的分区主副本与 Session 所在的计算机不同；Distribute 和 Uncertain 表示不能确定主副本和 Session 的关系，它们可能在同一个计算机，也可能跨多机。

对于事务的性能而言，优先使用单机事务，其次使用分布式事务，根据执行计划的类型统计信息，可以大致估算出分布式事务的比例，进而为调优提供数据支持。相关 SQL 语句如下所示。

```
MySQL [oceanbase]> SELECT plan_type, count(1) FROM gv$ob_sql_audit WHERE request_time > time_to_usec('2021-08-24 18:00:00') GROUP BY plan_type;
```

```
+------------+----------+
| plan_type  | count(1) |
+------------+----------+
|          1 |    17119 |
|          0 |     9614 |
|          3 |     4400 |
|          2 |    23429 |
+------------+----------+
4 rows in set
```

其中，plan_type 的值为 1、2、3、4，分别表示 Local、Remote、Distribute 和 Uncertain 执行计划。一般，0 代表无执行的 SQL 语句。

（2）非 Local 计划分析

非 Local 计划的请求（plan_type = 0 的请求除外）通常会导致事务跨机，对于单机事务，这对性能会有一定的影响。可按照如下几种情况进行检查。

① 非 Local 计划分析：Primary Zone 为单 Zone 和单资源单元。

单资源单元部署的场景中如果出现远程、随机计划，是不符合预期的，原因主要有以下几种。

（a）直连了相应租户的从副本。可根据执行计划的类型统计信息确认。

（b）应用连接了 OBProxy，但事务的第一条 SQL 请求无法被 OBProxy 正确转发，导致 Session 和事务所涉及的分区主副本跨机。此时需要检查本集群中所有 OBProxy 的日志，关键日志信息如下所示。

```
fail to caculate partition id, just use tenant server
```

（c）部分分区刚刚切换主分区，OBServer 或者 OBPoxy 维护的 Location Cache 尚未刷新。

如果是第 1 个原因，需要让应用改为连接 OBProxy；如果是第 2 个原因，则当前 SQL 请求较为复杂，OBProxy 在解析过程中无法计算出需要访问的分区，因此随机进行发送，此时需要对 SQL 请求进行调整，并带上分区键；如果是第 3 个原因，则不需要处理。

② 非 Local 计划分析：Primary Zone 为单 Zone 和多资源单元。

在该场景下，同 Zone 的 OBServer 会自动进行分区负载均衡，事务跨机是可能发生的。为了避免跨机事务，结合事务内语句执行情况，进行表组划分，尽量保证事务单机执行。

表组的用法如下所示。

```
#非分区场景
create tablegroup tg1;
create table t1 (id1 int, id2 int) tablegroup tg1;
create table t2 (id1 int, id2 int) tablegroup tg1;

#Hash 分区（MySQL 模式）
create tablegroup tg2    partition by hash partitions 2;
create table pg_trans_test2_1(id1 int, id2 int)
   tablegroup tg2 partition by hash(id1 % 2) partitions 2;
create table pg_trans_test2_2(id1 int, id2 int)
   tablegroup tg2 partition by hash(id1 % 2) partitions 2;

#Hash 分区（Oracle 模式）
create tablegroup tg2    partition by hash partitions 2;
```

```
create table pg_trans_test2_1(id1 int, id2 int)
    tablegroup tg2 partition by hash(id1) partitions 2;
create table pg_trans_test2_2(id1 int, id2 int)
    tablegroup tg2 partition by hash(id1) partitions 2;

#Range 分区（MySQL 模式）
create tablegroup tg3
    partition by range columns 1 (
            partition p0 values less than (10),
            partition p1 values less than(20));

create table pg_trans_test3_1(id1 int, id2 int) tablegroup tg3
    partition by range columns(id1)
        (partition p0 values less than (10),
            partition p1 values less than(20));
create table pg_trans_test3_2(id1 int, id2 int) tablegroup tg3
    partition by range columns(id1)
        (partition p0 values less than (10),
            partition p1 values less than(20));

#Range 分区（Oracle 模式）
create tablegroup tg3
    partition by range columns 1
        (partition p0 values less than (10),
            partition p1 values less than(20));
create table pg_trans_test3_1(id1 int, id2 int)
    tablegroup tg3 partition by range (id1)
        (partition p0 values less than (10),
            partition p1 values less than(20));
create table pg_trans_test3_2(id1 int, id2 int)
    tablegroup tg3 partition by range (id1)
        (partition p0 values less than (10),
            partition p1 values less than(20));

#List 分区（MySQL 模式）
create tablegroup tg4 partition by list columns 1 (
     partition p0 values in (1, 2, 3, 4, 5, 6, 7, 8, 9, 10),
     partition p1 values in (11, 12, 13, 14, 15, 16, 17, 18, 19, 20)
);
create table pg_trans_test4_1(id1 int, id2 int) tablegroup tg4 partition by list columns(id1) (
     partition p0 values in (1, 2, 3, 4, 5, 6, 7, 8, 9, 10),
```

```
    partition p1 values in (11, 12, 13, 14, 15, 16, 17, 18, 19, 20)
);
create table pg_trans_test4_2(id1 int, id2 int) tablegroup tg4 partition by list columns(id1) (
    partition p0 values in (1, 2, 3, 4, 5, 6, 7, 8, 9, 10),
    partition p1 values in (11, 12, 13, 14, 15, 16, 17, 18, 19, 20)
);

#List 分区（Oracle 模式）
create tablegroup tg4 partition by list columns 1 (
    partition p0 values (1, 2, 3, 4, 5, 6, 7, 8, 9, 10),
    partition p1 values (11, 12, 13, 14, 15, 16, 17, 18, 19, 20)
);
create table pg_trans_test4_1(id1 int, id2 int) tablegroup tg4 partition by list(id1) (
    partition p0 values (1, 2, 3, 4, 5, 6, 7, 8, 9, 10),
    partition p1 values (11, 12, 13, 14, 15, 16, 17, 18, 19, 20)
);
create table pg_trans_test4_2(id1 int, id2 int) tablegroup tg4 partition by list(id1) (
    partition p0 values (1, 2, 3, 4, 5, 6, 7, 8, 9, 10),
    partition p1 values (11, 12, 13, 14, 15, 16, 17, 18, 19, 20)
);
```

③ Primary Zone 为 RANDOM。

这种情况表示随机部署。

（3）事务提交优化方案：单表和多表单机事务

OceanBase 分布式数据库 4.0 版本进行了单日志流架构的调整，只要事务涉及的日志流主副本在同一个计算机，默认会执行单日志流事务。这种事务模型性能最好，因此不需要任何配置项的调整。

（4）事务提交优化方案：跨机事务

该方案主要用于解决如下两个问题。

① 尽可能利用多机能力。

② OBServer 流量负载均衡。

具体方法如下。

① 为了避免跨机事务，应结合事务内语句执行情况，进行表组划分，尽量保证事务单机执行。

② 对于批量导入的场景，尽可能利用可分段数据库操作语言并行执行的能力（只针对 OceanBase 分布式数据库 V3.2 及之后的版本）。

③ 根据负载情况调整 net_thread_count（网络线程数量），进程启动之后，根据当前计算机 CPU 核数，自适应计算出需要的数量，公式为 min(6, cpu_core/8)。根据实际的情况，手动调整预期值，进程重启生效。

技能点 8.1.4　性能测试

OceanBase 分布式数据库性能测试包含 TPC-H 测试、Sysbench 测试、TPC-C 测试。

1. OceanBase 分布式数据库的 TPC-H 测试

TPC-H（商业智能计算测试）是美国交易处理效能委员会（Transaction Processing

Performance Council，TPC）组织制定的用来模拟决策支持类应用程序的一个测试集。目前，学术界和工业界普遍采用 TPC-H 来评价应用程序决策支持技术方面的性能。这种测试可以全方位评测系统的整体商业计算综合能力，对厂商的要求很高，具有普遍的商业实用意义，目前在电信运营分析、税收分析等领域中都有广泛的应用。

TPC-H 基准测试由 TPC-D（TPC 于 1994 年制定的标准，用于 DSS 方面的基准测试）发展而来。TPC-H 用 3NF 实现了一个数据仓库，其包含 8 个基本关系，主要评价指标是各个查询的响应时间，即从提交查询到结果返回所需时间。TPC-H 基准测试的度量单位是每小时执行的查询数（QphH@size，其中 H 表示每小时系统执行复杂查询的平均次数，size 表示数据库规模的大小，它能够反映系统在处理查询时的能力）。

2. OceanBase 分布式数据库的 Sysbench 测试

Sysbench 是一个基于 LuaJIT 的可编写脚本的多线程基准测试工具，可以执行 CPU、内存等方面的性能测试，常用于评估测试各种不同系统的数据库负载情况，不需要修改源码，通过自定义脚本就可以实现不同业务类型的测试。Sysbench 测试主要包括以下几种。

（1）CPU 性能测试。
（2）磁盘 I/O 性能测试。
（3）调度程序性能测试。
（4）内存分配及传输速度测试。
（5）POSIX 线程性能测试。
（6）数据库性能测试（OLTP 基准测试）。

3. OceanBase 分布式数据库的 TPC-C 测试

TPC-C Benchmark 是一个对 OLTP 系统进行测试的规范，使用一个商品销售模型对 OLTP 系统进行测试，其中包含 5 类事务。

（1）NewOrder：新订单的生成。
（2）Payment：订单付款。
（3）OrderStatus：最近订单查询。
（4）Delivery：配送。
（5）StockLevel：库存缺货状态分析。

该模型中包含若干个仓库（WAREHOUSE），每个仓库包含 10 个地区（DISTRICT），每个地区为 3000 个客户（CUSTOMER）提供服务，有 100000 种商品（ITEM）供应，每个仓库都有对应于每种商品的库存数据（STOCK）。客户下单后，包含若干个订单明细（ORDER-LINE）的订单（ORDER）被生成，并被加入新订单（NEW-ORDER）列表。客户对订单支付还会产生交易历史（HISTORY）。WAREHOUSE、DISTRICT、CUSTOMER、ITEM、STOCK、ORDER-LINE、ORDER、NEW-ORDER、HISTORY 就是该模型中的 9 个数据表。仓库的数量 W 可以根据系统的实际情况进行调整，以使系统性能测试结果达到最佳。

TPC-C 使用每分钟事务数来衡量系统最大有效吞吐量（Max Qualified Throughput），其中 Transaction 以新交易数据为准，即最终衡量单位为每分钟处理的新订单数。

任务实施　OceanBase 分布式数据库性能调优

对性能调优概念、系统调优参数、业务模型调优以及性能测试等相关知识学习后，可以通过以下几个步骤实现 OceanBase 分布式数据库的性能调优。

（1）通过 gv$ob_units 视图查看 id 为 1001 的租户所在的 OBServer 的资源单元信息，可根据现在的资源占用情况对租户资源进行扩容等调优操作，命令如下所示。

```
obclient [(none)]> USE oceanbase;
obclient [oceanbase]> SELECT * FROM gv$ob_units WHERE TENANT_ID=1001;
```

查看资源单元信息结果如图 8-1 所示。

```
root@master:~
File Edit View Search Terminal Help
obclient [oceanbase]>  SELECT * FROM gv$ob_units WHERE TENANT_ID=1001;
+--------------+----------+---------+-----------+-------+---------+---------+--------
-----+----------+----------+-------------+---------------+-----------------+--------
---------+--------+----------------------------+
| SVR_IP       | SVR_PORT | UNIT_ID | TENANT_ID | ZONE  | MAX_CPU | MIN_CPU | MEMORY_
SIZE | MAX_IOPS | MIN_IOPS | IOPS_WEIGHT | LOG_DISK_SIZE | LOG_DISK_IN_USE | DATA_DIS
K_IN_USE | STATUS | CREATE_TIME                |
+--------------+----------+---------+-----------+-------+---------+---------+--------
-----+----------+----------+-------------+---------------+-----------------+--------
---------+--------+----------------------------+
| 192.168.0.15 |     2882 |    1001 |      1001 | zone1 |    NULL |    NULL |  107374
1824 |     NULL |     NULL |        NULL |     858993459 |       114327584 |        5
51550976 | NORMAL | 2023-03-16 10:52:21.929555 |
| 192.168.0.14 |     2882 |    1002 |      1001 | zone2 |    NULL |    NULL |  107374
1824 |     NULL |     NULL |        NULL |     536870912 |       114327584 |        5
55745280 | NORMAL | 2023-03-16 11:07:39.609786 |
+--------------+----------+---------+-----------+-------+---------+---------+--------
-----+----------+----------+-------------+---------------+-----------------+--------
---------+--------+----------------------------+
2 rows in set (0.022 sec)

obclient [oceanbase]>
```

图 8-1　查看资源单元信息

（2）通过 gv$ob_plan_cache_plan_stat 视图查询当前用户在所有 OBServer 中执行的 SQL 语句，找出高频执行的前 10 条 SQL 语句，然后可根据执行频率最高的 SQL 语句，查看 SQL 执行计划，根据需求对其进行优化，命令如下所示。

```
obclient[(none)] > SELECT plan_id, sql_id, hit_count, avg_exe_usec, substr(statement, 1, 100) FROM gv$ob_plan_cache_plan_stat WHERE tenant_id=1002 ORDER BY hit_count desc LIMIT 10;
```

对高频执行的前 10 条 SQL 语句进行优化结果如图 8-2 所示。

```
root@master:~
File Edit View Search Terminal Help
+---------+----------------------------------+-----------+--------------+------------------------
--------------------------------------------------------------------------+
|     341 | 624F9288016A7704D6201261C0F494FF |      3271 |          191 | select * from __all_tenant_sch
eduler_job where tenant_id = ? and job = ?                                 |
|      80 | 17605A1DA6B6A2150E9FBCA5D4C7653A |      2105 |          323 | SELECT row_id, column_name, co
lumn_value FROM __all_core_table WHERE table_name = ? ORDER BY row_id, |
|      76 | 17605A1DA6B6A2150E9FBCA5D4C7653A |      2061 |         1842 | SELECT row_id, column_name, co
lumn_value FROM __all_core_table WHERE table_name = ? ORDER BY row_id, |
|     292 | 9CA2F8D24467EB1A28CA50EE09743A86 |      2041 |           99 | SELECT * FROM __all_acquired_s
napshot WHERE tenant_id = ?                                                |
|     291 | C1E19F19B0677FD5875F8C7C4FF30436 |      2041 |          114 | SELECT *  FROM __all_freeze_in
fo                                                                         |
|     231 | 17605A1DA6B6A2150E9FBCA5D4C7653A |      2033 |          978 | SELECT row_id, column_name, co
lumn_value FROM __all_core_table WHERE table_name = ? ORDER BY row_id, |
|     116 | C1E19F19B0677FD5875F8C7C4FF30436 |      2024 |         1619 | SELECT *  FROM __all_freeze_in
fo                                                                         |
|     310 | 9CA2F8D24467EB1A28CA50EE09743A86 |      2024 |          731 | SELECT * FROM __all_acquired_s
napshot WHERE tenant_id = ?                                                |
|     118 | 9CA2F8D24467EB1A28CA50EE09743A86 |      2024 |         1442 | SELECT * FROM __all_acquired_s
napshot WHERE tenant_id = ?                                                |
|     309 | C1E19F19B0677FD5875F8C7C4FF30436 |      2024 |          858 | SELECT *  FROM __all_freeze_in
fo                                                                         |
+---------+----------------------------------+-----------+--------------+------------------------
--------------------------------------------------------------------------+
```

图 8-2　对高频执行的前 10 条 SQL 语句进行优化

（3）根据（2）中查询到的执行频率最高的 SQL 语句的 sql_id，查看在 2023-03-15 00:00:00 至 2023-03-15 16:00:00 之间的 OBServer 上每一个 SQL 请求的来源、执行状态等统计信息，命令如下所示。

```
obclient [oceanbase]> SELECT svr_ip, plan_type, elapsed_time, AFFECTED_ROWS, RETURN_ROWS, tx_id, usec_to_time(REQUEST_TIME), substr(query_sql, 1, 30) FROM gv$ob_sql_audit WHERE sql_id='C1E19F19B0677FD5875F8C7C4FF30436' and request_time > time_to_usec('2023-03-15 00:00:00') and request_time < time_to_usec('2023-03-15 16:00:00') ORDER BY elapsed_time desc LIMIT 10;
```

查看 SQL 语句的统计信息结果如图 8-3 所示。

```
root@master:~
File Edit View Search Terminal Help
-----------------+------------------------------+
| 192.168.0.12 |        2 |       88519 |          0 |          1 |     0 | 2023-03-1
6 11:14:55.923530 | SELECT *  FROM __all_freeze_in |
| 192.168.0.16 |        2 |       72104 |          0 |          1 |     0 | 2023-03-1
6 11:14:55.924515 | SELECT *  FROM __all_freeze_in |
| 192.168.0.13 |        2 |       70917 |          0 |          1 |     0 | 2023-03-1
6 11:14:55.912202 | SELECT *  FROM __all_freeze_in |
| 192.168.0.14 |        2 |       19755 |          0 |          1 |     0 | 2023-03-1
6 11:17:07.305728 | SELECT *  FROM __all_freeze_in |
| 192.168.0.12 |        2 |       16614 |          0 |          1 |     0 | 2023-03-1
6 11:12:53.309677 | SELECT *  FROM __all_freeze_in |
| 192.168.0.15 |        2 |       12120 |          0 |          1 |     0 | 2023-03-1
6 11:17:11.323378 | SELECT *  FROM __all_freeze_in |
| 192.168.0.12 |        2 |       11413 |          0 |          1 |     0 | 2023-03-1
6 11:11:19.648811 | SELECT *  FROM __all_freeze_in |
| 192.168.0.14 |        2 |       10106 |          0 |          1 |     0 | 2023-03-1
6 11:17:19.756491 | SELECT *  FROM __all_freeze_in |
| 192.168.0.14 |        2 |        9546 |          0 |          1 |     0 | 2023-03-1
6 11:15:15.205436 | SELECT *  FROM __all_freeze_in |
| 192.168.0.13 |        2 |        8476 |          0 |          1 |     0 | 2023-03-1
6 11:17:00.523483 | SELECT *  FROM __all_freeze_in |
+--------------+----------+-------------+------------+------------+-------+----------
-----------------+------------------------------+
10 rows in set (0.082 sec)

obclient [oceanbase]>
```

图 8-3　查看 SQL 语句的统计信息

（4）根据执行计划的类型统计信息，估算分布式事务的比例，进而为调优提供数据支持，查询 2023-03-01 18:00:00 之后的事务比例，命令如下所示。

```
MySQL [oceanbase]> SELECT plan_type,count(1) FROM gv$ob_sql_audit WHERE request_time > time_to_usec('2023-03-01 18:00:00') GROUP BY plan_type;
```

查看事务比例结果如图 8-4 所示。

```
root@master:~
File Edit View Search Terminal Help
obclient [oceanbase]> SELECT plan_type,count(1) FROM gv$ob_sql_audit wher
e request_time > time_to_usec('2023-03-01 18:00:00') group by plan_type;
+-----------+----------+
| plan_type | count(1) |
+-----------+----------+
|         1 |    19208 |
|         3 |       44 |
|         0 |      530 |
|         2 |    49976 |
+-----------+----------+
4 rows in set (0.065 sec)

obclient [oceanbase]>
```

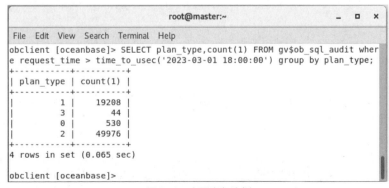

图 8-4　查看事务比例

任务 8.2　运维管理与未来发展

任务描述

数据库作为生产系统中极为关键的核心软件，数据库产品的高可用性一直是用户极为关注的。尤其是在金融等特殊的领域里，无论是从监管的要求来看，还是从业务需求来看，都需要提供"7×24"持续不间断的服务，这就对特殊行业中数据库产品的可用性提出了很高的要求：不但需要应对个别硬件故障的情况，还必须能够应对机房整体故障和城市灾难等极端情况，保证数据库在各种意外情况下都能持续提供服务。本任务涉及监控与告警、巡检与问题排查、应急处理和分布式数据库未来发展 4 个技能点，通过对这 4 个技能点的学习，完成检查 OceanBase 分布式数据库集群运行状态的操作。

任务技能

技能点 8.2.1　监控与告警

OceanBase 分布式数据库监控目前主要依赖 OCP 的监控功能，支持数据库集群维度、租户维度、节点维度的性能、容量、运行状态等指标的"7×24"监控采集，并将其以图表形式可视化展现，帮助用户全面了解 OceanBase 分布式数据库集群使用状况。

1. 监控

OceanBase 分布式数据库监控从功能方面主要可分为以下几个部分。

（1）集群状态监控：主要监控 OceanBase 分布式数据库集群健康度、总体性能趋势、合并时间排序、运维任务、巡检数据、计算机使用情况。

（2）集群性能监控：主要监控 OceanBase 分布式数据库集群的资源状态、QTPS 等，并进行实时性能展示。

（3）SQL 监控：主要监控 TopSQL、SlowSQL、RPC、事件和锁等指标，相关说明如下。

① TopSQL 是指总计执行时间最长的 SQL 语句。

② TopSQL 为不同内容的 SQL 语句按执行效率高低进行排序展示，TopSQL 的查询结果通常可反映一个 OceanBase 分布式数据库集群、租户或服务器在某段时间内执行的所有不同类型 SQL 的性能差异，通常用它可定位数据库中性能较差的 SQL 语句。

③ SlowSQL 是指执行超过一定时间的 SQL 语句，可通过 SlowSQL 诊断识别风险语句，规避风险。

④ SlowSQL 的查询结果通常可反映某条 SQL 在不同时间段内的性能变化，通常用它可定位 SQL 性能变化的原因。

2. 告警

目前 OceanBase 分布式数据库告警主要通过 OCP 告警功能实现，当预警事件发生时，通过配置好的告警通道发送告警消息给告警订阅者。OCP 告警功能主要包括告警配置、告警订阅、告警消息管理、常用告警项说明 4 个功能。

告警本身是独立的功能，未配置告警通道和告警订阅时，只能通过控制台的告警事件页面查看告警消息。通过配置告警通道和告警订阅，用户可以接收告警消息。告警通道是消息发送的通道，支持 HTTP 和自定义脚本两个通道类型。

(1)告警消息管理

OCP 对告警消息的管理主要包括管理告警事件、告警通知、告警屏蔽和日志过滤。

① 告警事件：当某集群处于异常状态，导致用户收到大量告警消息时，如需要对其中部分指定告警项进行查看和统计，可通过告警事件进行管理。

② 告警通知：OCP 提供 90 天内的通知查看功能，超过 90 天的通知将会自动归档。

③ 告警屏蔽：实际生产过程中，当集群出现异常引发告警时，某些导致告警的已知问题可能需要较长时间才能解决，为避免消息打扰，这时可使用告警界面中"告警屏蔽"页签中告警屏蔽的功能，对具体告警项进行短时间屏蔽。

④ 日志过滤：OceanBase 分布式数据库存在 3 种不同的类型日志，包括 election 选举日志、rootservice 管控服务日志、observer 运行日志。OceanBase 分布式数据库日志告警不基于告警规则触发，其实现原理是在 OceanBase 分布式数据库服务器节点上监视 3 种日志，若发现 ERROR 级别的日志则触发告警。由于服务器环境及不同节点的系统环境千差万别，如果用户发现 ERROR 级别日志误报的情况，可以在 OceanBase 分布式数据库日志过滤页面配置日志过滤规则。

(2)常用告警说明

OceanBase 分布式数据库常用的告警包含 OceanBase 分布式数据库告警项和应用告警项，OceanBase 分布式数据库告警项如表 8-12 所示，应用告警项如表 8-13 所示。

表 8-12　OceanBase 分布式数据库告警项

告警项名称	说明	触发条件	告警范围
os_observer_core_dump	OBServer 核心转储	[< 1200，严重]	服务器
os_observer_not_exist	observer 进程不存在	[== 0，严重]	服务器
os_tsar_nvme_ioawait	OBServer NVMe 磁盘读写等待时间长	[> 20，严重]	服务器
os_tsar_sda_ioawait	OBServer 磁盘读写等待过高	[>= 200，严重]	服务器
os_kernel_io_hang	OBServer I/O 挂起状态	[>= 99，严重]	服务器
os_observer_fd_usage	OBServer 打开句柄过多	[> 65，严重]	服务器
ob_tenant_slow_sql_exists	OceanBase 分布式数据库租户存在慢 SQL	[> 100，告警]	租户
ob_tenant_large_trans_exist	OceanBase 分布式数据库租户存在大事务	[> 0.5，严重]	租户
ob_tenant_long_trans_exist	OceanBase 分布式数据库租户存在长事务	[> 1200，严重]	租户
ob_tenant_expired_trans_exist	OceanBase 分布式数据库租户存在悬挂事务	[> 1200，严重]	租户
ob_tenant_memtable_release_timeout	OceanBase 分布式数据库租户 memtable 长时间未释放	[> 600，严重]	租户
ob_tenant_task_timeout	OceanBase 分布式数据库租户任务超时	[> 10800，严重]	租户
node_file_datalog1_usage	OceanBase 分布式数据库日志盘使用率过高	[> 82，严重]	服务器
node_file_data1_usage	OceanBase 分布式数据库数据盘磁盘使用率过高	[> 99.7，严重]	服务器
os_home_file_usage	服务器 home 目录磁盘使用率超限	[> 80，严重]	服务器
ob_cluster_rs_not_same	Config server 中 rootserver 信息不正确	告警等级：严重	集群
ob_host_log_disk_percent_over_threshold	OBServer 日志目录磁盘使用率超限	[> 85，严重]、[> 95，停服]	服务器

续表

告警项名称	说明	触发条件	告警范围
ob_host_data_disk_percent_over_threshold	OBServer 数据目录磁盘使用率超限	[> 97，严重]	服务器
ob_host_install_disk_percent_over_threshold	OBServer 安装目录磁盘使用率超限	[> 95，严重]、[> 97，停服]	服务器
ob_tenant_exists_expired_xa_trans	OceanBase 分布式数据库租户存在 XA 悬挂事务	[> 1200，严重]	租户
ob_cluster_active_session_count_over_threshold	OceanBase 分布式数据库集群活跃会话数超限	[> 10000，严重]	集群
ob_tenant_active_session_count_over_threshold	OceanBase 分布式数据库租户活跃会话数超限	[> 2000，严重]	租户
ob_host_active_session_count_over_threshold	OBServer 活跃会话数超限	[> 500，严重]	租户服务器
ob_cluster_sync_delay_time_too_long	OceanBase 分布式数据库集群同步延迟时间过长	[> 600，告警]	集群
ob_cluster_status_check_failed	OceanBase 分布式数据库集群状态检测失败	[== 0，停服]	集群
ob_cluster_sync_failed	获取 OceanBase 分布式数据库集群信息失败	[== 0，严重]	集群
ob_tenant_operation_info	OceanBase 分布式数据库租户操作提醒	告警等级：提醒	租户
ob_cluster_operation_info	OceanBase 分布式数据库集群操作提醒	告警等级：提醒	集群
tenant_memstore_percent_over_threshold	OceanBase 分布式数据库租户 memstore 使用百分比超限	[> 85，告警]、[> 95，严重]	租户
tenant_cpu_percent_over_threshold	OceanBase 分布式数据库租户 CPU 使用率超限	[> 95，告警]	租户
tenant_active_memstore_percent_over_threshold	OceanBase 分布式数据库租户活跃 memstore 百分比超限	[> 110，严重]	租户
ob_tenant500_mem_hold_percent_over_threshold	OceanBase 分布式数据库 500 租户内存使用率超限	[> 95，严重]	集群
ob_zone_sstable_percent_over_threshold	OceanBase 分布式数据库集群 Zone 数据盘使用率超限	[> 85，告警]、[> 97，严重]	集群
ob_server_sstable_percent_over_threshold	OBServer 数据盘使用率超限	[> 85，告警]、[> 97，严重]	服务器
ob_tenant500_mem_hold_over_threshold	OceanBase 分布式数据库 500 租户（特殊统计，不特指某一租户）的占用内存超限	[> 100，严重]	服务器
ob_host_disk_readonly	OBServer 磁盘只读	[== 1，严重]	服务器
ob_host_partition_count_over_threshold	OBServer 分区数量超限	[> 30000，严重]	服务器
ob_cluster_no_merge	OceanBase 分布式数据库集群合并检测失败	[> 108000，严重]	集群
ob_cluster_no_frozen	OceanBase 分布式数据库集群冻结检测失败	[> 90000，严重]	集群

表 8-13 应用告警项

告警项名称	说明	触发条件	告警范围
os_cpu_irq_error	服务器 CPU 软中断未打散	[> 3，严重]	服务器
node_file_inode_usage	服务器索引节点使用率过高	[> 80，严重]	服务器
os_tsar_traffic_overload	服务器网卡使用率过高	[> 80，严重]	服务器
os_nic_1000m_hwm	服务器千兆网卡高水位	[> 80，严重]	服务器
os_nic_1000m_full	服务器千兆网卡占满	[> 92，严重]	服务器
os_tsar_traffic_error	服务器网络收发包出错	[> 5，严重]	服务器
os_tsar_traffic_drop	服务器网络丢包过多	[> 1，严重]	服务器
os_tsar_cpu_util_hwm	服务器 CPU 使用率超限	[> 90，严重]	服务器
os_tsar_cpu_util_full	服务器 CPU 使用率爆满	[> 98，严重]	服务器
os_tsar_cpu_sys_abnormal	服务器 CPU 系统使用率过高	[> 40，严重]	服务器
node_file_root_usage	服务器根目录使用率过高	[> 95，严重]	服务器
same_alarm_rule_detect_too_many_targets	多个实例触发同一告警	告警等级：告警	服务器
node_load1_peak	服务器负载过高	[> 1.5，严重]	服务器
node_memory_peak	内存使用率过高	[>= 97，严重]	服务器
os_kernel_ntp_delay	服务器 NTP 不同步	[> 50，严重]	服务器
os_kernel_ntp_down	服务器 NTP 服务不存在	[== 0，严重]	服务器
host_agent_res_memory_over_threshold	服务器内存超限	[> 1.5，告警]	服务器
host_agent_open_fd_count_over_threshold	服务器文件句柄数超限	[> 1000，告警]	服务器
host_agent_goroutine_count_over_threshold	服务器协程数超限	[> 3000，告警]	服务器
ocp_local_obproxy_proxyro_user_password_not_same	OCP 节点本地反向代理用户密码设置错误	告警等级：告警	服务
ob_cluster_inspection_not_passed	OceanBase 分布式数据库集群巡检未通过	告警等级：告警	服务

技能点 8.2.2 巡检与问题排查

为了及时发现和修复 OceanBase 分布式数据库的问题，应重视数据库日常巡检。日常巡检主要关注 OceanBase 分布式数据库集群的核心指标，包括性能、可用性和数据备份等。

1. 检查集群状态

OceanBase 分布式数据库支持对集群的运行状态和合并状态进行检查。集群运行状态检查会全面排查集群的运行情况，针对异常的地方生成相应的异常报告，可以根据巡检报告查看异常项，并进行相应处理；合并状态检查会查看合并状态是否健康，异常会导致基线数据和增量数据无法合并，因此需要关注。通过视图查看所有返回记录中的合并状态，语法格式如下所示。

```
obclient[(none)]> SELECT status FROM oceanbase.DBA_OB_ZONES;
```

说明如下。

（1）返回结果为 'IDLE'：集群合并状态健康。
（2）返回结果非 'IDLE'：集群合并状态不正常，需对集群进行处理。

2. 检查集群参数

OceanBase 分布式数据库支持对集群最佳实践的参数进行检查。在问题分析阶段，可通过检查集群参数来进行问题排查，可以修改日志输出级别来获取更多的参数日志信息，待问题确定并修复后，将日志打印级别配置复原。通过 SQL 语句修改集群参数语法格式如下所示。

```
obclient[(none)]> ALTER SYSTEM SET param_name = expr
[COMMENT 'text']
[PARAM_OPTS]
[TENANT = 'tenantname']
PARAM_OPTS:
[ZONE='zone' | SERVER='server_ip:rpc_port']
```

说明如下。

（1）ALTER SYSTEM 语句不能同时指定 Zone 和 Server，并且在指定 Zone 时，仅支持指定一个 Zone；指定 Server 时，仅支持指定一个 Server。

（2）集群级别的配置项不能由普通租户设置，也不能由系统租户指定普通租户来设置。例如，ALTER SYSTEM SET memory_limit='100G' TENANT='test_tenant' 将导致报错，因为 memory_limit 是集群级别的配置项。

（3）PARAM_OPTS 表示修改配置项时所指定的其他限定条件，例如，指定 Zone、指定 Server 等。

3. 检查租户资源使用状态

OceanBase 分布式数据库支持对租户资源使用状态进行检查，包括但不限于 CPU、内存、副本数和磁盘使用空间。通过 SQL 命令查看租户资源的使用情况，语法格式如下所示。

```
obclient[(none)]> SELECT t1.tenant_name,concat(svr_ip,":",svr_port) as "unit_server",t3.max_cpu,
t3.min_cpu  FROM OCEANBASE.DBA_OB_TENANTS t1,OCEANBASE.
DBA_OB_UNITS t2,OCEANBASE.DBA_OB_UNIT_CONFIGS t3,OCEANBASE.DBA_OB_
RESOURCE_POOLS t4
WHERE t1.tenant_id = t4.tenant_id
AND t4.resource_pool_id=t2.resource_pool_id
AND t4.unit_config_id=t3.unit_config_id
ORDER BY t1.tenant_name;
```

检查租户使用状态参数及说明如表 8-14 所示。

表 8-14　检查租户使用状态参数及说明

参数	说明
tenant_name	租户名
unit_server	租户资源单元所在的 OBServer
max_cpu	租户资源单元允许使用的最大 CPU 核数
min_cpu	租户资源单元至少可使用的 CPU 核数
max_memory	租户资源单元允许使用的最大内存
min_memory	租户资源单元至少可使用的内存

4. 检查集群资源使用状态

OceanBase 分布式数据库支持对集群资源使用状态进行检查,包括但不限于 CPU、内存、副本数和磁盘使用空间。可使用系统租户登录,查看集群资源的使用情况,语法格式如下所示。

obclient [oceanbase]> SELECT * FROM GV$OB_SERVERS\G;

GV$OB_SERVERS 视图字段说明如表 8-15 所示。

表 8-15 GV$OB_SERVERS 视图字段说明

字段名称	类型	描述
svr_ip	varchar(46)	服务器 IP 地址
svr_port	bigint(20)	服务器端口号
zone	varchar(128)	Zone 名称
sql_port	bigint(20)	SQL 端口号
cpu_capacity	bigint(20)	observer 进程可用的 CPU 数量
cpu_capacity_max	double	observer 进程可用的 CPU 数量最大值
cpu_assigned	double	OBServer 已经分配的 CPU 数量,是 OBServer 上所有资源单元的 MIN_CPU 规格总和
cpu_assigned_max	double	OBServer 已经分配的 CPU 上界值,是 OBServer 上所有资源单元的 max_cpu 规格总和
mem_capacity	bigint(20)	observer 进程可用的内存大小
mem_assigned	bigint(20)	OBServer 已分配的内存大小,是 OBServer 上所有资源单元的 memory_size 规格总和
log_disk_capacity	bigint(20)	日志盘空间总大小
log_disk_assigned	bigint(20)	日志盘已分配空间大小,是 OBServer 上所有资源单元的 max_disk_size 规格总和
log_disk_in_use	bigint(20)	日志盘已使用空间大小
data_disk_capacity	bigint(20)	数据盘空间总大小
data_disk_in_use	bigint(20)	数据盘已使用空间大小
data_disk_health_status	varchar(20)	数据盘健康状态,具体介绍如下。 normal:正常状态。 warning:存在异常。 error:存在错误
data_disk_abnormal_time	timestamp(6)	数据盘上次出现异常和错误(warning 和 error 状态)的时间

5. 检查 OBServer 状态

OceanBase 分布式数据库支持对 OBServer 的状态进行检查,包括进程是否存在、副本数等,可以通过视图或者主机来检查 OBServer 状态。

(1)通过视图检查 OBServer 状态语法格式如下所示。

obclient[(none)]SELECT svr_ip,status FROM oceanbase.DBA_OB_SERVERS;

使用上述命令可能会返回 3 个状态,分别是 active、inactive、deleting,其说明如表 8-16 所示。

表 8-16　OBServer 状态说明

状态	描述
active	OBServer 处于正常运行状态
inactive	OBServer 处于下线状态
deleting	OBServer 处于正在被删除状态

（2）使用主机检查 OBServer 状态需要先登录 OBServer 所在的主机，之后使用下列命令检查 observer 进程。

```
ps -ef|grep observer
```

6. 检查 NTP 偏移量

OceanBase 分布式数据库支持对主机网络时间协议（Network Time Protocol，NTP）偏移量进行检查，OceanBase 分布式数据库集群主机节点的 NTP 偏移量如果相差太大，可能会导致选主异常。

NTP 可通过网络同步计算机系统之间的时钟。NTP 服务器可使组织中的所有服务器的时钟保持同步。

OceanBase 分布式数据库集群的多个节点以及 OCP 节点的时钟必须配置时钟同步服务 NTP，保证所有节点的时钟偏差在 100ms 以内。

运行 OBServer 的服务器上，系统时间是通过 NTP 服务进行同步的，但是当时间差过大的情况下，NTP 服务不会更改和校正系统时间。如果集群时间不同步，则可能影响 OceanBase 分布式数据库集群的选举模块，导致没有主副本。

可以使用 SQL 命令通过主机查看时钟偏移量，语法格式如下所示，要检查 NTP 同步的偏移量，应保证 ntpq 的 offset 值小于 50ms。

```
[root@hostname /]# ntpq -p|grep -E "\*|\=|remote"
```

7. 检查 OBProxy 连接状态

OceanBase 分布式数据库支持对 OBProxy 连接状态进行检查。客户端通过 OBProxy 访问 OceanBase 分布式数据库集群，如果 OBProxy 连接异常，会导致客户端请求集群异常。

应用程序通过 OBProxy 向 OBServer 发起请求，OBProxy 将请求准确地路由到数据副本所在的 OBServer 上。因为 OBProxy 的连接数是有上限的，所以除了检查 OBProxy 的状态外，还需要检查对应连接数，并做好扩容准备。

技能点 8.2.3　应急处理

1. 应急事件分类

在使用 OceanBase 分布式数据库过程中，不只是发生故障才需要应急处理，所有超出集群设计能力、规划预期的情况可能都需要应急处理。应急处理的首要目的并不是排查应急事件发生的原因，而是先让集群尽快恢复正常服务能力。常见应急事件如下。

（1）硬件和基础设施类故障

该应急事件通常由软硬件问题导致。其中多数单机问题 OceanBase 分布式数据库可以自行修复，但是一些问题依然需要通过应急手段进行主动干预。常见的基础设施类故障分为以下几类。

① 服务器硬件故障导致的宕机。

② 服务器 NTP 时钟偏移。

③ 机柜/机房级电力故障。

④ 单机网卡故障或机柜/机房网络抖动等。
⑤ ODP 集群负载均衡设备故障。

（2）业务访问变化导致的容量不足

若业务层的访问量由于营销活动等突然上涨，或者新业务发布上线，往往可能导致数据库访问量超过前期设计容量。此时就会出现性能下降、响应时间变长、连接超时等一系列问题。对于 OceanBase 分布式数据库，性能容量不足通常表现为以下几种情况。

① SQL 查询导致集群资源占用率过高。
② 集群节点磁盘 I/O 过高。
③ 集群节点网卡负载过高。
④ 租户请求队列积压。
⑤ 租户内存写满。
⑥ ODP 线程满。
⑦ 集群节点日志盘空间满。
⑧ 集群节点数据盘空间满。

（3）OceanBase 分布式数据库集群的其他应急事件

除上述两类应急事件外，还有一类应急事件是在 OceanBase 分布式数据库的分布式架构下，一些特有的使用场景或用户习惯触发的问题。这些问题一般包括以下几种。

① 租户转储卡住。
② 集群冻结/合并卡住。
③ 悬挂事务和长事务。
④ 系统租户队列积压。
⑤ 节点进程异常退出。
⑥ 内部模块内存不足/泄漏。
⑦ buffer 表（频繁插入和删除数据的表）问题。

2. 数据库应急的处理流程

数据库应急的处理流程一般分为应急事件感知、异常信息搜集、快速基础排查几个步骤。

（1）应急事件感知

应急事件的感知通常以应用系统告警、数据库告警、用户上报反馈、日常巡检等方式实现。无论以哪种方式实现，应急的第一步都应该是故障信息同步，以及异常报错信息的快速搜集，为下一步的分析和应急处理提供依据。

（2）异常信息搜集

通常异常信息可以从以下几个方面搜集。

异常表现：一般第一层是业务相关的信息，如用户无法登录、提交订单失败、无法打开指定页面等。可以从业务告警、监控信息中定位数据库相关的告警信息。

异常时间点以及持续时间：确认异常开始的具体时间点以及持续时间。

异常范围：确认异常发生在单个应用还是全部应用，对应的 OceanBase 分布式数据库集群是全局还是某个集群或租户受影响。对于全局范围影响的异常，往往先从基础设施异常入手排查。对于局部范围影响的异常，需要确认具体的集群、租户、数据库、OBProxy 详细信息。

报错相关日志：搜集异常触发期间报错日志信息，一般来自应用 DAL 层日志以及客户端日志。

是否有业务变更/发布：确认故障时间点前后是否有业务发布或变更，如果有，则需要搜集具体信息。在实际场景中，大量的故障往往都是由变更导致的。

对关联业务的影响：确认当前故障的影响面，判断是否会影响上下游其他系统，参考对应信息决定提前降级或限流。

（3）快速基础排查

应急事件的来源分为两大类，一类是应用发现的异常，另一类来自数据库自身的巡检和告警。后者一般为具体的锁表事件，快速基础排查思路如下所示。

① 快速执行一遍 OceanBase 分布式数据库集群健康检查。

在开始排查任何应急事件之前，将基础的异常情况尽早排除，避免无效排查。影响 OceanBase 分布式数据库正常工作的几个基础的软硬件因素主要有 NTP 时钟是否同步、服务器是否宕机、是否有日志磁盘或数据磁盘空间是否已满、机房网络是否抖动、负载均衡设备/组件（如 F5/LVS 等）是否故障等。

对于集群基础的健康检查项目，OceanBase 分布式数据库云平台已经提供了快速的健康巡检功能。

② 确认发生异常期间业务是否有流量升高。

排除了基础的外部异常后，要确认异常期间外部业务流量是否比平时的明显升高，即业务正常的流量升高是否导致各种资源不足等异常问题。

③ 从应用层分析数据库相关报错或异常。

在实际生产实践中，能够快速确认的信息往往只有一部分，例如明确的硬件宕机、断网、磁盘满以及业务流量增长等信息。而真实的场景中很多因素无法在一开始就能快速确认，例如网络抖动、数据分布变化等，此时就需要进一步分析。从应用层暴露出的数据库相关错误和异常主要有应用连接池满、应用请求超时、应用连接失败、应用写入失败、应用锁冲突等。

技能点 8.2.4　分布式数据库未来发展

随着数据的不断发展，各行各业的数据呈指数级增加，分布式数据库因其自身的高可用、可扩展性等优势，能够存储海量的数据，满足数据的高并发、多分布等要求。分布式数据库有以下几大发展趋势。

1. 分布式数据库走向原生分布式设计

分布式数据库的核心理念是让多台服务器协同工作，完成单台服务器无法处理的任务，尤其是高并发或者大数据量的任务。在高可用方面，数据库的容灾能力是关键业务系统是否选用该数据库的重要衡量指标。原生分布式在设计之初就假定硬件是不可靠的，它可以支持多个数据副本分散存储在不同地域，实现跨机架、跨 IDC、跨地域的容灾部署，能够最大程度地提高业务系统的容灾能力。在强一致事务的保护下，变更操作在多个地域保证成功提交，因此，当灾难发生时，数据不会丢失。

原生分布式设计优势主要有集群扩展和收缩对应用透明，并可以按需扩展，没有数量和规模限制；原生的多副本机制支持跨地域的访问和容灾；多活架构、硬件利用率高等。可以预见的是，未来更多的产品会走原生分布式的技术路线，原生分布式数据库也将迎来更好的发展机遇。

2. 分布式数据库将向混合负载发展

企业级应用的业务场景通常可以分为实时事务处理和实时分析处理两种，也称为 OLTP 和 OLAP 的业务应用。对于不同的应用场景，大型企业往往会选择多款数据库产品分别支持。这种组合式的解决方案要求数据在不同产品间进行流转，数据的同步过程可能面临时间延迟和数据不一致的风险，还会产生冗余数据，成本开销被迫增加，这在一定程度上限制了企业的发展。

HTAP 是近年来提出的一种新兴的应用框架，旨在打破事务处理和分析处理之间的"壁垒"。未来分布式数据库应具备混合负载能力，即在支持高并发、事务性请求的同时，也对分析型的复杂查询提供良好的支持，实现计算、I/O 资源互不干扰的 OLTP/OLAP 混合负载管理，提供高性能并行执行计算能力，充分释放资源，进一步提升系统稳定性。同时可以灵活配置两种负载的资源占比，使得在线交易和分析互不影响，一站式地满足企业级应用的各种需求，大幅度降低成本，并提高企业决策的效率。

HTAP 能够帮助企业提高诸多特定场景的分析决策的实时性，比如金融防欺诈、证券交易决策、信用风险评级等。

3. 分布式数据库应支持数据透明加密

2021 年 11 月 1 日《中华人民共和国个人信息保护法》正式施行之后，相关监管部门已在金融等行业中推广数据加密，要求敏感数据采用加密的方式进行存储。而数据库、存储产品等作为数据的承载媒介，有义务提供坚实的数据安全保障。

目前，对于敏感数据加密，业界普遍的做法是通过代码直接调用加密机来实现，这为实际的应用带来了负担，因为每次应用代码的迭代都要考虑是否完成了对敏感数据的加密。同时，应用开发人员需要与安全、审计人员协作完成这部分的工作，一旦出现遗漏，就易造成信息的泄露。

因而在分布式数据库的发展中，亟须实现更加简易的数据加密机制，而数据透明加密的出现不失为一种有益思路。其通过数据库层配置即可完成，开发人员无须修改代码。目前，数据透明加密的实现在透明传输加密及透明存储加密两个层面都取得了突破。

具体而言，透明传输加密使得即使网络包被复制，网络包中传输的数据也无法解密，其需要实现 SQL 代理到数据库服务器之间的通信加密。而透明存储加密使得即使数据库的文件被复制，也无法解密其中的数据。透明存储加密采用两级密钥管理，第一级密钥为根密钥，在国家认证的加密机里，而第二级密钥即数据密钥的密文需要在分布式数据库的内部表里管理。

任务实施　检查 OceanBase 分布式数据库集群运行状态

学习监控与告警、日常巡检与问题排查、应急处理等相关知识后，可通过以下几个步骤实现 OceanBase 分布式数据库集群运行状态的检查操作。

（1）通过视图查看所有返回记录中的合并状态，命令如下所示。

```
obclient[oceanbase]> SELECT status FROM oceanbase.DBA_OB_ZONES;
```

查看记录的状态结果如图 8-5 所示。

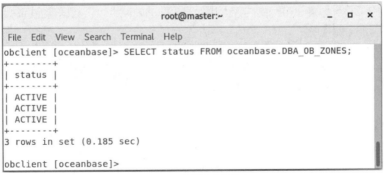

图 8-5　查看记录的状态

（2）检查 OceanBase 分布式数据库中各租户对 CPU、副本、内存资源的使用情况，命令如下所示。

```
obclient [oceanbase]> SELECT t1.tenant_name,concat(svr_ip,":",svr_port)
as "unit_server",t3.max_cpu,t3.min_cpu,t1.LOCALITY,t3.MEMORY_SIZE
```

```
FROM OCEANBASE.DBA_OB_TENANTS t1,
OCEANBASE.DBA_OB_UNITS t2,
OCEANBASE.DBA_OB_UNIT_CONFIGS t3,
OCEANBASE.DBA_OB_RESOURCE_POOLS t4
WHERE t1.tenant_id = t4.tenant_id AND
t4.resource_pool_id=t2.resource_pool_id   AND
t4.unit_config_id=t3.unit_config_id ORDER BY t1.tenant_name;
```

检查相关资源的使用情况结果如图 8-6 所示。

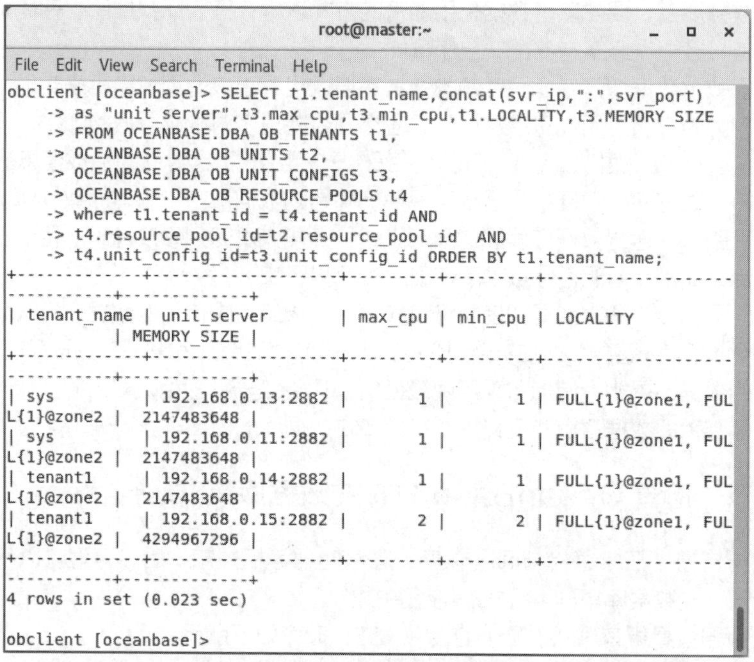

```
obclient [oceanbase]> SELECT t1.tenant_name,concat(svr_ip,":",svr_port)
    -> as "unit_server",t3.max_cpu,t3.min_cpu,t1.LOCALITY,t3.MEMORY_SIZE
    -> FROM OCEANBASE.DBA_OB_TENANTS t1,
    -> OCEANBASE.DBA_OB_UNITS t2,
    -> OCEANBASE.DBA_OB_UNIT_CONFIGS t3,
    -> OCEANBASE.DBA_OB_RESOURCE_POOLS t4
    -> where t1.tenant_id = t4.tenant_id AND
    -> t4.resource_pool_id=t2.resource_pool_id  AND
    -> t4.unit_config_id=t3.unit_config_id ORDER BY t1.tenant_name;
+-------------+-------------------+---------+---------+------------------
-----------+-------------+
| tenant_name | unit_server       | max_cpu | min_cpu | LOCALITY
           | MEMORY_SIZE |
+-------------+-------------------+---------+---------+------------------
-----------+-------------+
| sys         | 192.168.0.13:2882 |       1 |       1 | FULL{1}@zone1, FUL
L{1}@zone2 |  2147483648 |
| sys         | 192.168.0.11:2882 |       1 |       1 | FULL{1}@zone1, FUL
L{1}@zone2 |  2147483648 |
| tenant1     | 192.168.0.14:2882 |       1 |       1 | FULL{1}@zone1, FUL
L{1}@zone2 |  2147483648 |
| tenant1     | 192.168.0.15:2882 |       2 |       2 | FULL{1}@zone1, FUL
L{1}@zone2 |  4294967296 |
+-------------+-------------------+---------+---------+------------------
-----------+-------------+
4 rows in set (0.023 sec)

obclient [oceanbase]>
```

图 8-6　检查相关资源的使用情况

（3）查看 OceanBase 分布式数据库集群中各 OBServer 节点的服务器 IP 地址、可用 CPU 数量、已分配的 CPU 数量、可用的内存大小、已分配的内存大小、数据盘空间总大小和数据盘空间已使用大小，命令如下所示。

```
obclient [oceanbase]> SELECT SVR_IP, CPU_CAPACITY,CPU_CAPACITY_MAX,MEM_CAPACITY,
MEM_ASSIGNED,DATA_DISK_CAPACITY,DATA_DISK_IN_USE FROM GV$OB_SERVERS;
```

查看集群中各 OBServer 节点的相关信息结果如图 8-7 所示。

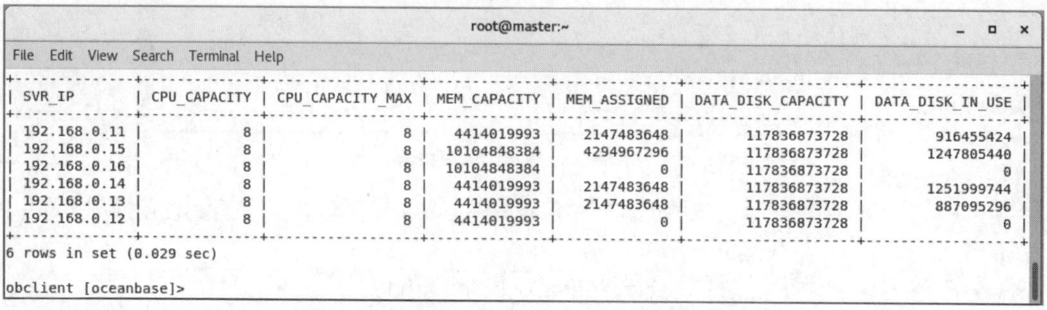

```
+--------------+--------------+------------------+--------------+--------------+--------------------+------------------+
| SVR_IP       | CPU_CAPACITY | CPU_CAPACITY_MAX | MEM_CAPACITY | MEM_ASSIGNED | DATA_DISK_CAPACITY | DATA_DISK_IN_USE |
+--------------+--------------+------------------+--------------+--------------+--------------------+------------------+
| 192.168.0.11 |            8 |                8 |   4414019993 |   2147483648 |       117836873728 |        916455424 |
| 192.168.0.15 |            8 |                8 |  10104848384 |   4294967296 |       117836873728 |       1247805440 |
| 192.168.0.16 |            8 |                8 |  10104848384 |            0 |       117836873728 |                0 |
| 192.168.0.14 |            8 |                8 |   4414019993 |   2147483648 |       117836873728 |       1251999744 |
| 192.168.0.13 |            8 |                8 |   4414019993 |   2147483648 |       117836873728 |        887095296 |
| 192.168.0.12 |            8 |                8 |   4414019993 |            0 |       117836873728 |                0 |
+--------------+--------------+------------------+--------------+--------------+--------------------+------------------+
6 rows in set (0.029 sec)

obclient [oceanbase]>
```

图 8-7　查看集群中各 OBServer 节点的相关信息

（4）检查集群中各 OBServer 主机的状态是否正常，命令如下所示。

```
obclient [oceanbase]> SELECT svr_ip,status FROM oceanbase.DBA_OB_SERVERS;
```

检查各 OBServer 主机的状态结果如图 8-8 所示。

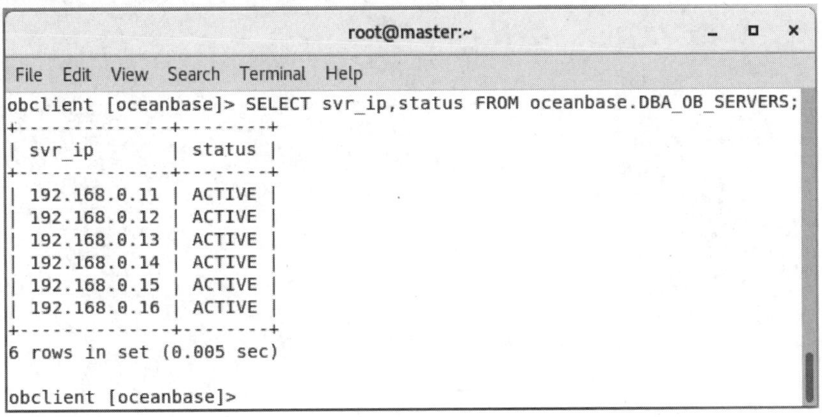

图 8-8 检查各 OBServer 主机的状态

项目总结

通过对性能调优与运维管理相关知识的学习，读者可以对性能调优与系统调优的方法有所了解，对监控与告警的概念、日常巡检与问题排查的方法、应急处理的作用及方案有所掌握，并能实现租户资源扩容以及集群运行状态检查。

课后习题

1. 选择题

（1）OceanBase 分布式数据库目前主要依赖（　　）的监控功能。
　　A. OCP　　　　　　B. 数据库内置　　C. Python　　　　D. 操作系统
（2）合并状态检查会查看合并状态是否健康，异常会导致基线数据和增量数据无法（　　）。
　　A. 删除　　　　　　B. 查询　　　　　C. 修改　　　　　D. 合并
（3）多数（　　）问题 OceanBase 分布式数据库可以自行修复。
　　A. 局域　　　　　　B. 单机　　　　　C. 互联　　　　　D. 同步

2. 简答题

（1）简述常用的应急处理方式。
（2）简述日常巡检与问题排查的流程。
（3）简述性能测试方法的区别。